区块链智能合约开发实战

江海　于洪伟　吴书博◎主编

孙劼　尹钧◎副主编

清華大学出版社

北京

内容简介

智能合约是区块链技术的重要组成部分,同时也是去中心化应用(DApp)开发过程中的核心。智能合约可以使用户实现与区块链的交互,执行用户操作。本书分为8章,讲解了以太坊和智能合约、搭建以太坊智能合约环境、Solidity基础、Solidity高级用法、智能合约应用、智能合约安全、智能合约交互、智能合约开发框架等内容。本书致力于让读者在学会Solidity语法的同时,也能通过案例编码练习提升编程能力。

本书适合作为高等院校区块链、软件工程相关专业的教材,也可作为有编程基础或经验的读者、去中心化应用开发工程师的自学用书。

图书在版编目(CIP)数据

区块链智能合约开发实战/江海,于洪伟,吴书博主编.—北京:清华大学出版社,2024.3(2024.8重印)
ISBN 978-7-302-65295-3

Ⅰ.①区… Ⅱ.①江… ②于… ③吴… Ⅲ.①区块链技术-程序设计 Ⅳ.①TP311.135.9

中国国家版本馆CIP数据核字(2024)第040148号

责任编辑:郭丽娜
封面设计:王 岩
责任校对:袁 芳
责任印制:杨 艳

出版发行:清华大学出版社
网　　址:https://www.tup.com.cn,https://www.wqxuetang.com
地　　址:北京清华大学学研大厦A座　　**邮　　编**:100084
社 总 机:010-83470000　　**邮　　购**:010-62786544
投稿与读者服务:010-62776969,c-service@tup.tsinghua.edu.cn
质量反馈:010-62772015,zhiliang@tup.tsinghua.edu.cn
课件下载:https://www.tup.com.cn,010-83470410
印 装 者:三河市龙大印装有限公司
经　　销:全国新华书店
开　　本:185mm×260mm　　**印　　张**:15.25　　**字　　数**:367千字
版　　次:2024年3月第1版　　**印　　次**:2024年8月第2次印刷
定　　价:59.00元

产品编号:101060-01

前　言

党的二十大报告指出，加快发展数字经济，促进数字经济和实体经济深度融合，打造具有国际竞争力的数字产业集群。区块链作为数字经济的基础支撑技术之一，促进了数字经济的创新和多样化，推进了数字经济新业务模式和服务的发展。

智能合约是区块链应用开发的核心，目前主要的智能合约开发语言有 Vyper、Serpent 和 Solidity 等。Vyper 旨在提供更安全和可靠的合约编写方式，但 Vyper 的生态系统相对较小；Serpent 是一种较早期的智能合约开发语言，语法类似于 Python，易于理解和编写，但缺乏一些高级特性和工具支持，已经逐渐被 Solidity 取代；Solidity 是最常用的智能合约开发语言，广泛应用于以太坊平台，其语法类似于 JavaScript，易于学习和使用，同时具备丰富的库和工具生态系统，提供了大量的开发资源和支持。

目前市面上缺少系统介绍从以太坊区块链网络到智能合约语言语法，再到智能合约交互的书籍，网络上的相关内容普遍比较零散，这为很多刚刚接触区块链技术、刚刚学习智能合约程序编写的读者带来诸多不便。

编者最早于 2016 年接触到比特币白皮书及其相关技术，进而系统了解和学习了区块链相关技术知识；从 2018 年开始接触 Solidity 编程语言，并开始编写智能合约程序，了解和学习相关的技术生态。近年来，支持智能合约的开发工具和编程库层出不穷，借助 Web3 技术新潮流呈现迅猛发展之势。在实际工作中，编者发现有些书籍偏向于介绍区块链的理论，而有些书籍偏向于介绍智能合约开发的基础语法，缺少操作和使用流程的介绍，也缺少从生态的角度对智能合约开发相关内容的介绍。基于此，编者萌生了写一本关于智能合约开发的书的想法。在家人和朋友的鼓励下，在学习其他优秀书籍的基础上，这一想法得以逐步付诸实施，最终完成了读者现在看到的《区块链智能合约开发实战》这本书。

本书以 1.10.26 版本的 Geth 客户端、0.8.20 版本的 Solidity 语言为基础，详细介绍了以太坊核心概念、Geth 的操作和使用流程，以及 Solidity 开发相关的语法和流程规范。得益于 Web3.js 和 Ethers.js 两个功能强大的 JavaScript 库，用户可以与智能合约进行交互，本书基于 1.8.0 版本的 Web3.js 和 2.6.1 版本的 Ethers.js 介绍两个库的具体用法和操作步骤。除此以外，安全问题是开发智能合约的重中之重，本书对常见的智能合约代码漏洞做了介绍和分析，并给出了预防和保护措施。

本书分为五个部分。

第一部分为第 1、2 章，这一部分介绍了区块链技术的发展阶段和以太坊的基础环境，方便读者从基础概念理解区块链的渊源，掌握以太坊网络的功能和概念。

第二部分为第 3、4 章，这一部分主要介绍了 Solidity 语言的语法用法和智能合约编码规范，帮助读者建立编程习惯。

第三部分为第 5 章，这一部分在 Solidity 基础语法的基础上，结合实际应用场景讲解智能合约的具体实践，帮助读者了解和掌握以太坊智能合约生态。

第四部分为第 6 章，这一部分主要介绍智能合约的安全问题，包括常见的代码漏洞和智能合约攻击方法分析及建议。

第五部分为第 7、8 章，这一部分主要介绍智能合约应用开发的相关技术，使用 Web3.js 和 Ethers.js 库实现与智能合约的通信交互；Truffle 和 Hardhat 是提高智能合约开发效率的常用框架。

本书为校企合作开发教材，由江西软件职业技术大学江海，北京千锋互联科技公司于洪伟，河北工程技术学院吴书博、孙劼、尹钧共同编写。在编写本书的过程中，编者尽力将自己学习积累的知识和教学经验转化为易于理解和实践的内容。然而，由于区块链技术和智能合约技术在不断地发展和变化，本书无法涵盖所有最新的进展和最佳实践。鉴于编者能力有限，本书可能存在深度不够等缺点，希望读者能够理解，并对本书中可能存在的不足之处保持宽容。如有任何问题、建议，我们将非常乐意听取您的反馈，以便改进本书的内容。

最后，希望本书能够为读者提供有价值的知识和实践指导，帮助读者在智能合约编程的过程中取得进步。

编　者

2024 年 1 月

目 录

第1章 以太坊和智能合约

区块链是近十几年才逐步发展起来的一个新概念，也是一系列技术的总称。从比特币到以太坊和智能合约，以及超级账本联盟链和Web3新潮流，区块链技术正以飞速发展之势开启去中心化理念的实践落地。

以太坊被广泛称为区块链2.0的代表，它在区块链技术的基础上引入了智能合约的概念和功能，从而使区块链不仅是一种去中心化的分布式账本，还能够执行和管理复杂的逻辑和业务。特别是依托于智能合约为核心的各种去中心化应用，丰富了区块链技术的应用场景。本章内容将从区块链的起源开始，介绍区块链技术的由来。然后引出区块链2.0时代的代表——以太坊，介绍以太坊的核心功能，分析以太坊的架构和运行原理。

1.1 区块链简介及分类

1.1.1 区块链发展起源

近年来，区块链技术开始走进大众的视野，越来越多的人加入学习、实践、应用区块链技术的队伍中。

区块链技术的历史，最早可以追溯到20世纪七八十年代。

1976年，迪菲(Diffie)和赫尔曼(Hellman)在《密码学的新方向》一文中提出了公钥密码(public-key cryptography)的思想，从而开创了现代密码学的新领域。

1982年，密码学家和计算机科学家大卫·乔姆(David Chaum)发表了一篇论文《用于不可追踪的支付系统的盲签名》(*Blind Signatures for Untraceable Payments*)，提出利用新的密码协议构建一个具备匿名性、不可追踪的电子货币系统的设想。

20世纪90年代，一些技术极客开始思考如何用技术手段保护用户在互联网上的隐私问题。为此，技术极客还成立了密码朋克组织，数学家埃里克·休斯(Eric Hughes)发表了《密码朋克宣言》，其中提到隐私权是一个社会在数字时代维持其开放性的必要条件。休斯最后写道："密码朋克以开发匿名系统为使命，我们用密码学、匿名邮件转发系统、数字签名和电子货币来保护自己的隐私。"

在之后的实践探索中，又相继出现了eCash、B-money等以密码学和分布式账本为技术依托的项目，但因为其时代和技术的局限性，这些尝试均以失败告终。虽然一直没有成功，但我们却积累了很多宝贵经验，也逐渐有了探索方向。

1.1.2 从0到1的比特币系统

2008年10月31日，在P2P(peer to peer，点对点)基金会网站上，一个名为中本聪的账号在一封邮件中首次提到了比特币，并附上了一篇关于比特币的文章，这篇文章就是大家所熟知的比特币白皮书。白皮书题目为《比特币：一种点对点的电子现金系统》(*Bitcoin：A Peer-to-Peer Electronic Cash System*)，中本聪在白皮书中详细介绍了比特币的功能和实现原理。

简单地说，中本聪提出的比特币系统是一个去中心化的网络系统，利用该系统可以实现从一个客户端到另一个客户端的直接转账，而不需要经过其他任何中间机构。正是这一特点，使其区别于以往传统的中心化系统，也由此拉开了区块链时代的序幕。

比特币系统作为一个去中心化系统，通过在每个节点上保存相同的数据备份来实现数据的去中心化存储。数据存储的单位称为区块，即将数据打包成一个数据块结构，并将生成的这些数据区块按照一定的逻辑顺序进行存储，如图 1.1 所示。

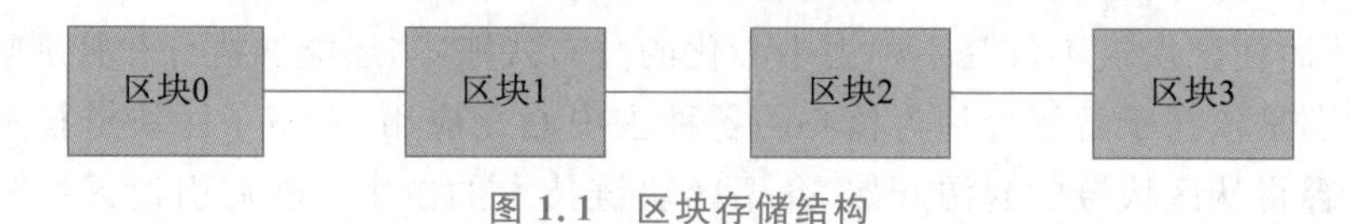

图 1.1 区块存储结构

2009 年 1 月 3 日，比特币系统开始运行，产生了比特币系统第一个区块，称为创世区块，创世区块数据如图 1.2 所示。

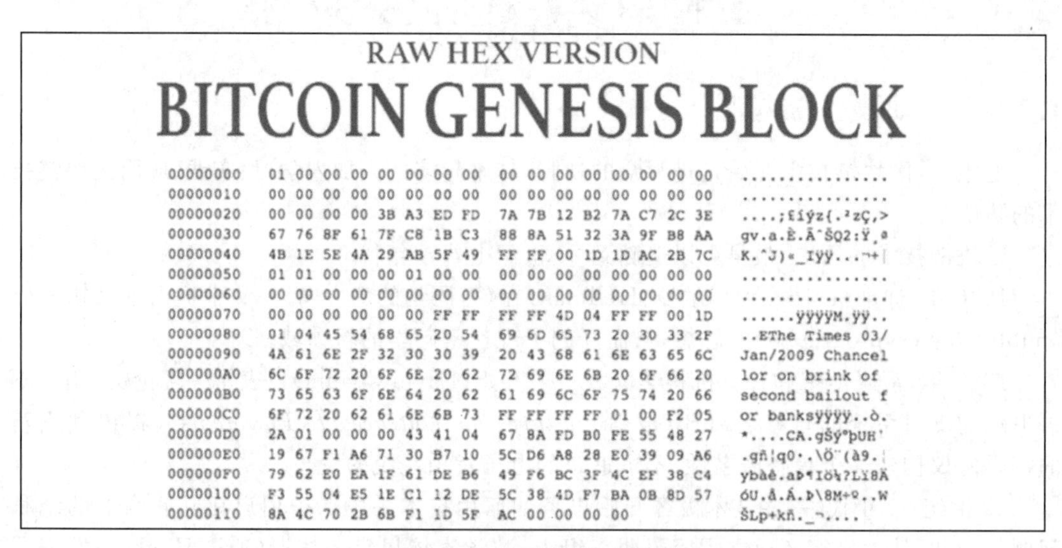

图 1.2 比特币创世区块数据

本质上，在比特币的实践中，中本聪解决了以下几个问题。

(1) 在现实世界中，大到港口贸易，小到街边商店，每天都会有无数的交易发生。根据交易场景可以将交易分为线下和线上两种。线下场景对应的是现金交易，交易双方完成现金和商品的互换。线上交易则有很大的不同，信息技术的一大特点就是电子信息可以被复制，且可以被无限复制，几乎不需要成本。因此，线上交易最大的问题是如何防止一次支付的金额被使用两次甚至多次，这类问题称为“双重支付”问题。传统的解决方案是引入保持中立的第三方机构作为结算中心，以防止出现“双重支付”问题。但第三方机构的加入增加了交易成本，使得本来可以双方同意即可发生的交易却需要等待第三方的确认，无形中降低了效率。另外,从理论上并不能确保第三方的绝对中立,由此可能产生仲裁争议等问题。相反,比特币作为一个去中心化的点对点电子现金支付系统,从技术上实现了不需要依赖任何第三方金融机构,即像线下场景一样,允许交易双方直接达成交易,这与传统的通过第三方金融系统进行结算的线上交易形式有本质区别。

(2) 比特币系统是一个开放的匿名系统。系统中不会出现用户真正的个人信息;同时在该系统中交易的数据是完全公开的,任何用户均可以浏览和验证。

(3) 将系统产生的数据通过分布式的方式记录在多个节点中,数据一旦被记录则无法修改,避免了传统第三方机构结算中可能产生的仲裁争议问题。

系统地学习区块链知识,必然无法绕开比特币系统。比特币系统作为第一个成功实践并持续运行至今的去中心化系统,其重要性已经成为所有区块链技术探索和实践者的一致共识。

1.1.3 从比特币到区块链

当比特币被越来越多的人了解后,逐渐从其系统功能延伸到总结支撑其系统运行的技术。这些技术共同支撑起该去中心化系统的运行。

(1) 公钥密码学技术:公钥密码学又称非对称密码学,以密钥对生成和数字签名技术为代表,保证了比特币系统中最核心的交易逻辑的运行。

(2) 点对点(P2P)传输技术:P2P 传输技术可以简单理解为去中心化,用户不需要中心服务器即可完成信息的传输。比特币系统不需要依赖任何第三方机构运行,系统交易数据通过 P2P 技术保存在多个系统节点中。

(3) 哈希现金技术:该技术主要基于哈希算法,其特点是给定任意的输入内容,都可计算得到固定长度的唯一输出内容。

(4) 区块存储和链式结构:数据以区块结构进行存储,并通过特定的逻辑将数据区块进行组装,形如链式结构。

至此,在总结和摸索中,人们将可以支撑去中心化系统网络运行的相关技术统称为区块链技术,将符合这种特点的网络系统称为区块链。

1.1.4 区块链简介

简单来说,区块链是分布式数据存储、点对点传输、共识机制、加密算法等计算机技术的一种新型的综合应用模式,区块链系统本质上是一个分布式的去中心化的账本数据库。在该系统中,数据存储在参与系统的诸多节点上,且多个节点之间具有完全相同的结构与内容。

在实现形式上,区块链采用“块-链”式结构,将网络中产生的数据存储在区块结构中。区块结构通常由区块头和区块体组成。区块头中父区块哈希值、版本、时间戳、难度、随机数等数据信息;区块体中通常存放某一时段内系统中发生交易的详细数据,以便供用户查询和验证。照此逻辑,生成的新区块中总是包含有当前最新区块的哈希值数据,并通过这种逻辑关系来确定新旧区块的序列顺序。随着时间的推移,便形成一条以区块为单位的链式结构,“块-链”式结构示意图如图 1.3 所示。

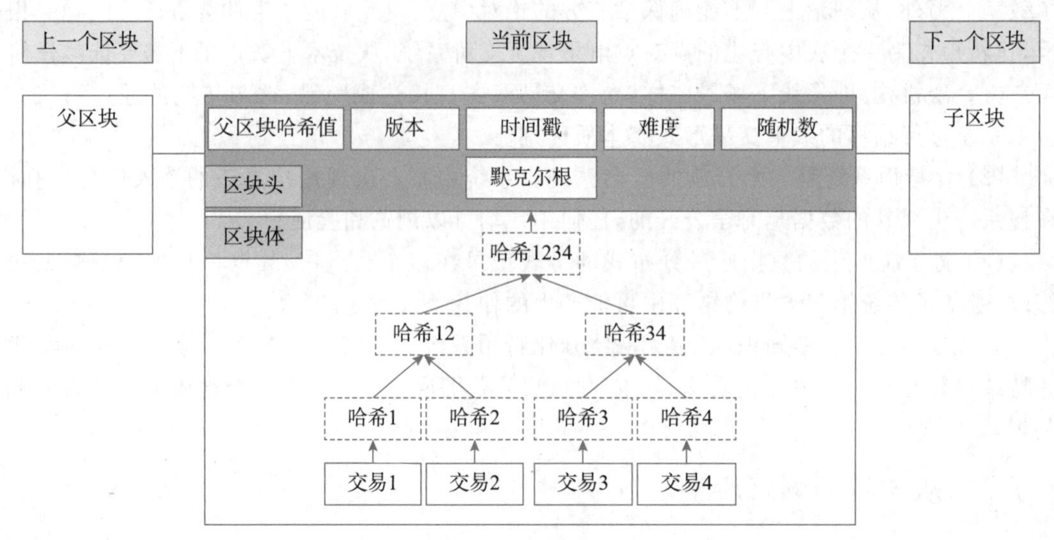

图 1.3 “块-链”式结构示意图

在运行机制上，去中心化系统中的各个节点之间是“地位平等”的关系，不能指定某个节点生成新区块，否则被指定的节点就存在作恶的可能。解决方案是引入共识机制，多个节点遵守同一套生成新区块的规则，根据各节点运行规则程序的执行结果来确定生成新区块的节点。随着学习的深入，读者可以学习到区块链中很多常见的共识机制算法，比如工作量证明机制(proof of work，PoW)、权益证明机制(proof of stake，PoS)、委托权益证明机制(delegated proof of stake，DPoS)、实用拜占庭容错机制(practical byzantine fault tolerance，PBFT)等。

在结果上，这种新型的应用模式可以使去中心化系统中的参与者之间实现互相信任，从而达到点对点之间可直接进行数据传输的效果。

1.1.5 区块链分类

通常按照开放程度的不同，将区块链系统分为公有链、私有链和联盟链三种类型。

(1) 公有链：公有链是与前文已经介绍过的比特币系统一样的区块链系统，其特征是一个去中心化的分布式账本，且该账本对任何人都是开放的，任何人和组织都可以参与账本数据的维护和读取等操作。除比特币外，本书即将学习的以太坊平台也是具有代表性的公有链之一。在实际的讨论中，有的人将公有链理解为公共数据库，数据由参与者共同记录，同时保持公平、公正、公开的原则和数据不可篡改的特点，这与分布式账本的理解本质是相同的。

(2) 私有链：私有链是与公有链相反的一种类型，通常是仅限于某个组织或者机构内部搭建使用的一条私有区块链网络。一方面，私有链在开放程度上是最低的，仅限于某个小范围内部使用，因此其去中心化程度最弱。另一方面，私有链因为其去中心化程度很低，节点数量往往可控，因此整个系统的数据处理效率相较于公有链而言会提高很多。

(3) 联盟链：除上述两种类型外，还有一种联盟链系统，是介于公有链和私有链之间的一种类型。联盟链主要面向某个特定的领域或者行业，其目标宗旨是利用区块链技术解决某个特定行业的问题，提高行业运行效率。联盟链通常是由同领域内的众多企业牵头组建而成，网络节点分布在各个企业之间，整个网络账本数据由参与该网络的众多企业共同维护和管理。在开放程度上，联盟链是有准入机制的，即只有经过认证并获得准入身份和资格的企业才能以参与方的形式加入系统，成为其中一员。在具体应用上，联盟链有很多种，比如面向供应链领域的联盟链、面向农业溯源领域的联盟链、面向金融领域的联盟链等。其参与者可以是企业、机构、组织，甚至是国家。由于联盟链的目标通常是解决具体行业和领域的问题，提高生产效率，故对整个系统的处理能力有一定的要求，在实践中通常会以指定节点记账的方式运行，且记账节点数量通常是固定的。

综上所述，公有链、私有链和联盟链在开放程度上是逐渐降低的。系统的开放程度与系统的数据处理效率呈负相关，即公有链开放程度最高，但其处理速度最慢，效率最低；私有链和联盟链随开放程度的减弱，其运行速度和处理效率逐渐提高。在具体的应用实践中，每一种区块链类型都有其作用和适用场景，需根据具体情况进行分析和选择。

1.2 以太坊基础

1.2.1 以太坊简介

同比特币一样，以太坊也是一个公有链系统，任何人和组织均可自由加入和使用该系统。与比特币不同的是，以太坊是一个可以运行智能合约程序的区块链平台。

目前我们在对区块链技术进行定义时，通常把2013年之前以比特币系统为代表的阶段称为区块链1.0阶段；从以太坊提出智能合约开始，称为区块链2.0阶段。

1.2.2 以太坊发展历史

2013年11月，以太坊最重要的创始人Vitalik Buterin（以下简称Vitalik）首次发布了以太坊白皮书，介绍了关于比特币及区块链技术拓展延伸的思考，并首次提出了以太坊的概念。在Vitalik完成初始工作的基础上，其他智囊团以不同的身份陆续加入进来，包括Gavin Wood、Charles Hoskinson、Amir Chetrit、Anthony Di Iorio、Jeffrey Wilcke、Joseph Lubin和Mihai Alisie等人，他们均称为以太坊项目的联合创始人。

2014年4月1日，Gavin Wood发布了以太坊黄皮书，在该篇文章中详细讲解了如何实现以太坊相关技术细节和相关技术协议的内容。

2014年7月22日—9月2日，以太坊项目进行了40余天的预售。在预售期内，投资者可按照固定的兑换比例，使用比特币兑换将来可在以太坊系统中流通使用的以太币。通过预售，共筹集到价值约1800万美元的比特币，这些资金被用来支撑完成以太坊项目的启动、开发测试等后续的工作。

经历了接近一年的开发和数次测试版本的发布，以太坊网络于2015年7月30日正式上线。虽然以太坊网络于2015年上线，但根据规划，整个以太坊网络的构建将会是一个持续数年的漫长过程。规划为以太坊在不同的阶段分别设定了要达成的目标，并为以太坊未来的发展设定了Frontier、Homestead、Metropolis和Serenity四个阶段。因此，以太坊网络正式启动只是整个网络持续构建的第一步。2015年以太坊网络启动后，随即进入以太坊的第一个阶段——Frontier 阶段。

2016 年 3 月 14 日，以太坊进入其发展构建过程中的第二个阶段——Homestead 阶段。该阶段与 Frontier 相比，并没有明显的技术迭代，只是表明以太坊网络已平稳运行，整体已趋于安全和可靠。

2017 年，以太坊进入其发展规划的第三个阶段——Metropolis 阶段。根据规划，Metropolis 阶段共包含两次升级，分别称为 Byzantium 升级和 Constantinople 升级。2017 年 10 月 16 日，以太坊网络成功实施 Byzantium 升级；2019 年 2 月 28 日，以太坊网络成功实施 Constantinople 升级，正式进入 Metropolis 阶段的第二部分。随后，以太坊网络又于同年 12 月 8 日实施 Istanbul 升级，于 2020 年 1 月 2 日实施 Muir Glacier 升级。

2022 年 9 月 15 日，以太坊网络顺利完成升级，此次升级标志着以太坊网络的共识机制正式由 PoW 机制转换为 PoS 机制。同时，也标志着以太坊网络正式进入其发展规划的第四个阶段——Serenity 阶段。Serenity 阶段也是规划中以太坊网络最终的阶段，随着以太坊的共识机制从 PoW 转为 PoS，以太坊网络正式进入 2.0 的全新阶段。

1.3 以太坊核心概念

1.3.1 以太坊

以太坊全称 Ethereum，是一个类似于比特币系统的去中心化区块链网络。该系统由分布在全球各地的节点彼此连接成一个网络。在该网络中，所有的节点都是平等的，都可以彼此连接并实现通信，没有任何一个绝对的中心可以管理或者控制该网络。任何对该网络感兴趣的用户，均可以自由地加入或者退出。参与网络的各节点均会自己维护一份数据账本，且该数据账本的内容与其他节点保持一致。同时，各个节点均可以根据需要向用户提供数据浏览和查询的服务。用户可以通过浏览器访问和查看以太坊网络的相关数据和整个网络的情况。

简单地说，以太坊类似于一台超级计算机，该计算机是由众多节点共同组成的，每个节点均独立维护一份数据，且节点之间彼此维护的数据保持一致。用户可以通过手机软件、计算机浏览器等方式使用该计算机。

1.3.2 以太币

以太币全称 Ether，简称 ETH，是可以在以太坊系统中使用的一种加密数字货币，用户可以像使用比特币一样使用以太币。用户通过互联网实现给其他用户转账以太币或从其他用户处接收以太币等操作，这些功能均由以太坊系统提供。当用户在使用以太坊系统，向别人发起转账交易时，需要网络中的其他参与者帮助记录交易数据，并验证交易的正确性。在此过程中，用户需要支付一定的以太币作为激励，才能接受交易验证的服务。

在以太坊网络中，帮助验证交易并记录交易的参与者称为验证者。验证者像是以太坊网络的记录管理员，这些管理员负责检查并证明没有人作弊，完成交易的验证和记录交易的工作后，作为回报，系统会奖励这些验证者一定数量的以太币。整个网络中的以太币就是这样源源不断地产生和流通。因此有大量的验证者为了得到以太币而主动参与到网络中。这些验证者通过搭建节点参与到以太坊网络中获得以太币的过程，需要消耗大量的时间和工作，非常辛苦，因此这些验证者通常也被称为“矿工”。

1.3.3　Gas、Gas Price、Gas Fees

用户在使用以太坊网络时，会使用不同的功能，其所需要的系统资源也是不同的。为了能够衡量在以太坊网络上执行特定操作所需要的计算工作量，人们提出了 Gas 的概念。简单地说，Gas 是用来衡量以太坊网络中执行某项操作所需要的计算工作量的单位，类似于现实生活中以小时为单位来估算某项工作所需要的工作量。

前文已经介绍过，用户在使用以太坊网络的功能时，需要提供一定的以太币（ETH）作为服务报酬支付给网络验证者。而 Gas 是用来衡量用户的不同操作所需要的计算工作量的单位，因此就有了 Gas Price 的概念，也称为 Gas 价格。实际运行中，根据不同时刻以太坊网络的运行情况和使用情况，Gas 价格是动态变化的。Gas 价格类似于现实生活中的小时工资，工厂按小时工资计算员工薪酬，而根据不同的季节，不同的工作时段，小时工资是变动的。

Gas 价格使用以太币单位 Gwei 进行衡量。Gwei 和以太币最大单位 ETH 之间的换算关系是：$1\text{Gwei}=10^{-9}\text{ETH}$，或者 $1\text{ETH}=10^{9}\text{Gwei}$。

比如，某个时刻以太坊网络的 Gas 价格有较慢交易速度的 Gas 价格为 14.3Gwei；中等交易速度的 Gas 价格也是 14.3Gwei；较快交易速度的 Gas 价格为 53Gwei 三种水平。此处的较慢、中等、较快三种交易速度的描述，是指用户的操作被网络验证者接收和确认的时间。若用户希望自己的操作或者交易尽快地被确认，就需要付出较高的成本。以太坊网络的实时 Gas 价格如图 1.4 所示。

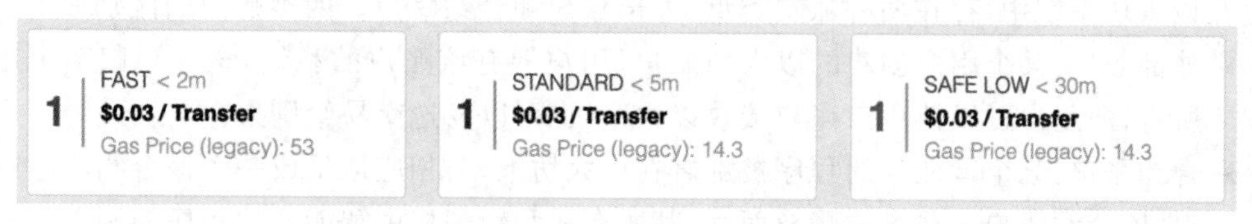

图 1.4　以太坊网络的实时 Gas 价格

有了 Gas 作为计算工作量的估算单位，和 Gas 价格作为单位 Gas 的费用，最终用户付出的以太币就是 Gas Fees。

1.3.4　以太坊虚拟机

从事计算机相关工作的读者对虚拟机的概念应该都不陌生，虚拟机是模拟物理计算机行为的程序，虚拟机具有独立的存储和处理单元。

以太坊虚拟机（ethereum virtual machine，EVM）是虚拟机程序容器，它允许部署和执行代码。用户可以通过以太坊客户端访问 EVM，并执行以太坊上的程序。本质上来说，EVM 相当于一台“世界计算机”，由分散在世界各地的各个部分组成，在这些分布式环境中执行软件操作。

另外，EVM 是图灵完备的，利用 EVM 可以实现各种复杂的算法和计算。而比特币采用脚本语言开发保证其交易的安全性，无法执行复杂的算法和计算，因此是非图灵完备的，这也是以太坊和比特币较为明显的一个区别。

知识加油站

什么是图灵完备？图灵完备是指机器执行任何其他可编程计算机能够执行计算的能力。简单来说，一切可计算的问题都能计算，这样的虚拟机或者编程语言就是图灵完备的。这个词源于引入图灵机概念的数学家艾伦·图灵。如果一个计算系统可以计算每一个图灵可计算函数，或者说，这个系统可以模拟通用图灵机，那么这个系统就是图灵完备的。图灵完备性也可以用来描述计算机语言的计算能力。

具有图灵完备性的计算机语言，被称为图灵完备语言。绝大多数的编程语言都是图灵完备语言，例如，Java、Python 等高级编程语言均是图灵完备的。简单地总结为，图灵完备语言都有一个共性，即可以执行条件分支和循环语句，并实现逻辑控制。

EVM 通过使用一系列的操作码来执行不同的任务。在 EVM 中存在着 140 余个操作码，每个操作码都可以执行不同的操作，实现不同的功能。比如，操作码 01 表示整数的加法运算，当接收两个整数并调用 01 操作码，即可得到两个整数之和。每个操作码的执行都需要消耗一定数量的 Gas。

1.3.5 账户

可以将以太坊账户类比为现实生活中的银行账户，在以太坊账户中，包含有账户余额的属性信息，该属性描述的是某个账户所拥有的以太币的数量信息。类似于银行账户的转账，以太坊账户的拥有者可以通过以太坊网络发送交易。

在以太坊系统中，存在两种账户类型：外部账户和合约账户。两类账户的区别如下。

- 外部账户：某个用户创建的以太坊账户，用户拥有该账户的私钥，该账户归某个用户所有，即用户可以使用该账户接收以太币，也可以发送交易给别人。
- 合约账户：某个智能合约程序被部署在以太坊上，会相应地生成一个该合约对应的账户，即合约账户。对合约账户而言，其所有权和管理权由智能合约程序控制。

无论是外部账户还是合约账户，均能够接收和发送以太币交易；另外，两种类型的账户均可以和其他智能合约进行交互和通信。下面对两种账户的区别分别进行分析。

1. 外部账户

外部账户由用户创建，创建时首先生成一对密钥，分为私钥和公钥。由私钥产生对应的公钥，公钥经过变换计算，得到一串以 0x 开头、长度为 20 的字符串，称为账户的地址，用于在后续的转账过程中标记识别具体的账户，类似于银行账户的账号。外部账户通常包括如下四个字段属性，如图 1.5 所示。

- nonce：该字段是一个整型数值，用于计数，描述账户所发送的交易数量。外部账户每发送一笔交易，nonce 数值就会加 1。
- balance：该字段存储了某个地址对应的账户所存储的 Wei 的数量。前文已经提到 Gwei 是以太币单位的一种，而此处的 Wei 则是以太币的最小单位，Wei 和 ETH 的换算关系为 $1ETH=10^{18}Wei$，或者 $1Wei=10^{-18}ETH$。
- storageRoot：该字段与以太坊账户的存储相关，存储的是默克尔树根节点的哈希值。

➢ codeHash：外部账户中，该字段值为空。该字段只对合约账户有用，用于存储该账户所对应的EVM代码的哈希值。

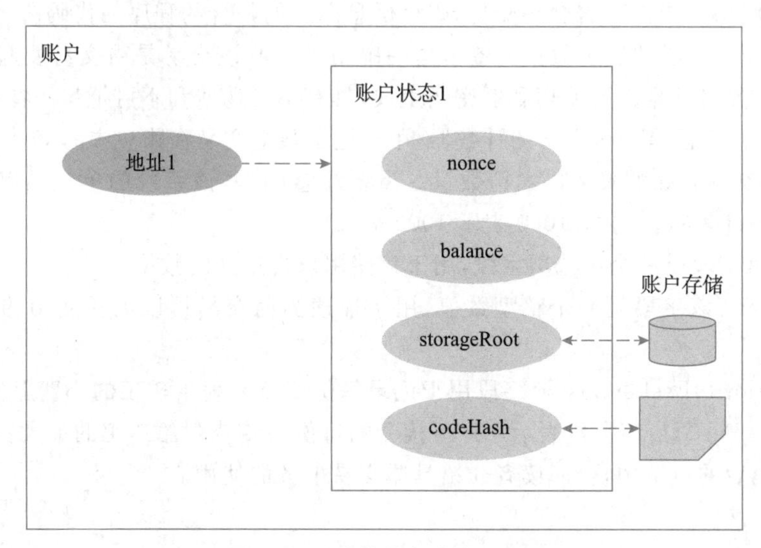

图1.5 以太坊外部账户示意图

2. 合约账户

当用户部署已经开发好的智能合约到以太坊网络时，会得到一个该合约所对应的合约账户。部署智能合约需要使用以太坊网络资源，消耗一定的Gas，因此创建合约账户时需要支付成本，而非免费的。

另外，与外部账户的所有权通过私钥控制有所不同的是，合约账户没有私钥。合约账户由智能合约程序代码的逻辑进行控制。

1.3.6 交易

以太坊中的交易是指包含一组指令且加密签名的数据消息，这些消息可以描述为从一个账户向另外一个账户发送以太币的具体信息，或者描述为与部署在区块链上的智能合约进行交互的信息细节。当用户发起交易操作时，交易会通过广播机制广播给以太坊网络中的其他节点，其他节点接收到交易信息，会对交易进行验证，验证通过后的交易会被节点放入临时的交易缓冲池中的交易队列。当节点生成新区块时，从交易缓冲池中的队列中取出交易数据，结合其他信息，一起构建得到新区块，然后新区块被广播至全网节点。

目前，以太坊中的交易主要分为常规交易、部署合约交易和执行合约交易三类。

➢ 常规交易：两个外部账户之间发生的交易就是常规交易，也可以说是普通交易。

➢ 部署合约交易：当用户部署智能合约到以太坊网络时，会创建一个合约账户，该过程就是部署合约交易。在该类型的交易中，因为不是转账交易，所以交易的接收者地址是空的，取而代之的是交易中的data字段，存放的是智能合约的编码。

➢ 执行合约交易：与部署的智能合约进行交互的交易。该类型的交易中，交易的目标地址为智能合约地址。

具体到某一笔交易，描述交易的信息主要包含以下内容。

➢ from:交易发起者的账户地址。
➢ recipient:交易的接收方。如果是外部账户之间的转账交易,则该信息存放的是接收者的地址;如果是部署合约交易,则该信息存放的是合约程序的代码。
➢ signature:交易的签名数据。签名是一串用于证明该交易是由交易发起者确认后的数据。签名数据需要使用私钥密钥生成,具有不可伪造和不可抵赖的特点。
➢ nonce:该字段是一个自增的计数器,用于记录某笔交易在账户中的交易编号。
➢ value:交易转账的具体以太币数量。需要注意的是,该字段的单位用以太币的最小单位 Wei 表示。例如,1000 表示 1000Wei。
➢ data:该字段是一个可选项字段,用于存储用户自定义的数据。
➢ gasLimit:该字段是一个整型数值,用于描述当前交易可以消耗使用的 Gas 的数量上限。
➢ maxPriorityFeePerGas:该字段用于记录每份 Gas 支付给矿工的小费上限。
➢ maxFeePerGas:该字段表示用户可接受的每份 Gas 支付给矿工的最大费用。

在本书稍后的章节中,会向读者介绍具体交易事务的使用。

1.3.7 区块

为了存储以太坊网络中产生的交易数据信息,且使得各个节点之间存储的交易数据、顺序等保持一致,引入了区块结构的概念。

区块是以太坊系统中数据存储的基本单位,区块与区块按照先后顺连接起来,形成一条链式结构。区块链系统中规定,新生成的区块中总是包含前一个区块的哈希值,将其作为一项数据保存下来。通过后一个区块存储前一个区块哈希值的方式确定了区块的前后顺序,使得区块与区块之间可以连接起来,即总能以逆序的方式通过后一个区块,得到前一个区块信息,由此便可以访问整个区块链的数据。

交易和区块的示意图如图 1.6 所示。

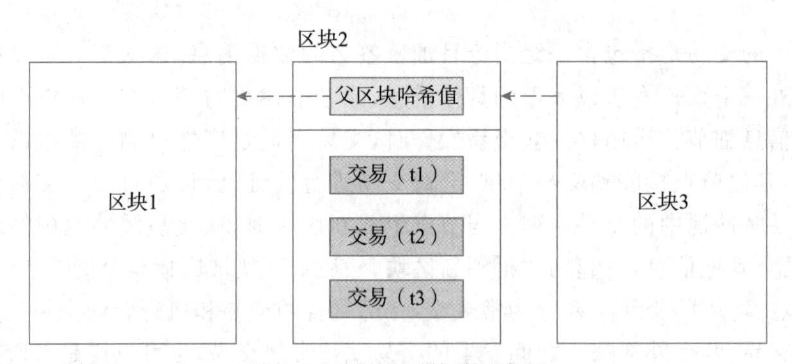

图 1.6 交易和区块的示意图

1.3.8 节点和客户端

前文已经提到,以太坊是一个去中心化的分布式区块链网络,该网络由众多的独立计算机彼此连接形成,这些独立参与网络的计算机被称为节点。在这些独立的节点上,运行着可以验证区块和交易数据的程序软件,被称为客户端。可以简单总结为:运行以太坊客户端软件的节点连接到其他同样运行以太坊软件的节点形成网络，这些节点之间根据协议规则验证数据并保持网络的安全。

在以太坊发展的前三个阶段，以太坊客户端软件只有一个，执行的是工作量证明机制（PoW）。一个客户端软件同时提供了执行环境和区块数据的共识验证机制。

2020年，以太坊网络成功执行了合并升级。合并后，以太坊网络的共识机制过渡到权益证明机制（PoS），执行层和共识层可以共同验证以太坊的状态。目前，以太坊客户端由执行层和共识层两部分组成。每个部分都有不同的客户端软件，分别称为执行客户端和共识客户端。

➢ 执行客户端：又称为执行引擎、EL客户端、Eth1客户端。执行客户端主要负责监听和接收网络中广播的新交易和新消息，并在以太坊虚拟机（EVM）中执行，同时更新以太坊数据的最新状态。目前，学习和研究的重点在执行层客户端。执行层客户端有很多使用不同语言开发的版本。

- Geth客户端：使用Go语言开发的以太坊执行层客户端，支持Linux、Windows和macOS三个版本，支持Snap和Full两种数据策略。从以太坊项目启动开始，该版本就一直是主要的客户端版本之一，也是目前最受欢迎的客户端版本。在Github上，该项目已获得超过41000个点赞。该版本客户端也将作为本书学习以太坊的示例。
- Nethermind客户端：使用C＃和.NET开发的以太坊客户端，同样有Linux、Windows和macOS三个版本。该版本客户端适合C＃和.NET专业的技术开发者进行研究和学习。
- Besu客户端：使用Java语言开发的以太坊客户端。在Github上，Besu客户端获得了超过1100个点赞。
- Erigon客户端：使用Go语言开发的另外一个客户端版本，与Geth版本客户端不同的是，Erigon版本只有Full一种数据同步策略，默认为归档模式。
- 其他客户端：除上述几个客户端版本外，还有使用其他语言开发的一些客户端版本，但是有的已经废弃，有的使用者较少，有的更新缓慢，因此基本可以忽略。

➢ 共识客户端：又称为CL客户端、Eth2客户端。该客户端主要负责实现权益证明机制（PoS）。

执行客户端和共识客户端的工作示意图如图1.7所示。

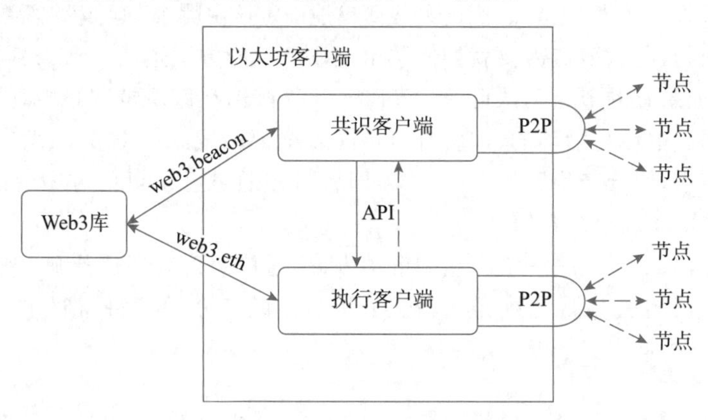

图1.7 执行客户端和共识客户端的工作示意图

另外，根据使用和维护数据的不同，节点分为不同的类型。一共有三种类型的客户端节点可供选择，即全节点、轻节点和归档节点。不同类型的节点具有不同的特点，可以适用于不同的需求和场景。具体的区别和特点如下。

- 全节点：全节点存储了以太坊网络上完整的区块链数据。全节点提供区块验证服务，可以验证所有的区块数据和状态；另外，全节点还可以对外提供查询服务，根据用户的要求提供特定的数据。需要注意的是，参与以太坊网络的矿工一定都是全节点，因为矿工需要验证数据，并生成新的区块数据。
- 轻节点：全节点对硬件设备和网络条件都有一定的要求，需要较高的硬件配置和较高带宽，这一点是普通用户无法达到的。为了使普通用户也能轻松使用和参与以太坊网络，提出了轻节点的概念。与全节点不同，轻节点并不会同步全部数据，只同步每个区块的区块头数据，这样就使得轻节点软件运行所需要的条件大大降低。当需要数据时，轻节点通过请求全节点，从全节点处获取。由于运行轻节点所需的条件很低，普通用户的手机、个人计算机等都可以成为轻节点。普通用户能够通过轻节点使用和参与以太坊网络，如发送以太币交易。
- 归档节点：归档节点中不仅存储了全节点中的所有数据，还保存了以太坊网络的历史状态数据。账户是用户在以太坊网络中的身份标识，账户中余额的变化其实是状态的变化。比如，A 时刻账户 1 有余额 1ETH，B 时刻账户 1 有余额 2ETH，这就描述了同一账户不同时刻的不同状态。如果有用户希望查询区块高度为 1000 时的账户余额信息，就可以通过归档节点进行查询。由此可以推测，归档节点的数据量是巨大的，因为其记录了整个以太坊网络的状态变化过程。当然，普通用户几乎使用不到归档节点的相关功能和服务，但是一些第三方钱包厂商、区块链数据分析师等群体会使用到归档节点的数据和服务。

1.3.9 共识机制

区块链系统是分布式、去中心化的，由众多节点彼此连接形成的区块链网络。每个节点都独立维护了自己的一份数据，这就形成了区块链的数据副本。在此过程中，保证每个节点维护的数据内容一致是需要解决的难题。一个基本的解决思路是，由一个节点记录存储新的数据内容，然后广播给其他节点，以此实现所有节点的数据一致。但由于网络中的每个节点都是平等的，不存在绝对的中心权威节点，因此无法简单地确定该由哪个节点记录新数据。

为解决该问题，所有节点需要就如何选出记账节点的方案达成一致，共同遵守同一套规则，达成共识。如果有的节点不认可，那么便产生了分歧，在区块链网络中，具有分歧的节点是无法在同一网络中参与活动的，即所有节点必须全部达成统一共识。若节点之间就某个问题无法达成共识，便会产生区块链的分叉，即各自按照自己认可的方案解决某个问题，区块链也会分叉成两条甚至多条链。

简单总结为，共识机制是一组完整的解决方案、通信协议和激励措施，其目的是使分布式节点能够就区块链上存储的数据状态达成一致。此处介绍两种常见的共识机制：PoW 和 PoS。

1. PoW

PoW 全称为 proof of work，即工作量证明机制。比特币网络中共识机制采用的就是该算法，以太坊网络在前三个阶段采用的也是该算法。简单来说，工作量证明机制需要区块链网络的节点共同计算一道难度非常大的数学题，率先得到数学难题的解的节点，获得网络的数据记账权，其他节点同步并验证该节点生成的区块数据，最后存储到自己的数据副本中。

考虑到节点间的数据同步可能有差异，以及网络延迟等问题，通常规定以最长链作为主链，各个节点只有在主链上工作才有效。因此，节点总是希望加入最长链并延长这条链。在这个过程中，为了获得整个网络的记账权，需要消耗硬件算力、电力资源和时间进行大量的计算，该过程是一个竞争激烈的比赛过程。

读者可能会疑惑：节点参加竞争，参与最长链的延长工作的动力是什么？为了使各个节点能够自发地为网络做贡献，当节点获得记账权并产生了新区块数据，且被网络的大部分节点验证通过后，作为对记账节点的奖励，系统会给记账节点发放一定数量的代币，比特币网络中的代币是比特币，以太坊网络中的代币是以太币。这些代币可以在对应的区块链网络中流通使用，从而产生价值。

PoW 算法的最大优点是公平、安全，节点挖出新区块获得记账权及预设奖励的概率与该节点占全网总算力的百分比具有一致性。同理，若有恶意攻击者企图攻击整个区块链网络，则恶意攻击者的算力需要占全网 50%以上。另外，即便在理论上存在恶意攻击者占据全网 50%以上算力进而攻击网络的可能，实际也不可能发生，因为实施恶意攻击是有成本的，考虑到攻击所需要的成本和相应的收益，任何个人和组织都不会轻易采取行动。

另外，PoW 算法的缺点也非常明显，算力竞赛最后比拼的是计算机硬件设备的先进性，从最初的 CPU 到 GPU，再到专用矿机，以及专用显卡和芯片，硬件的投入越来越高；此外，电力的消耗也相当大，因此从环保和可持续发展的角度，PoW 算法并不友好。

2. PoS

为了弥补 PoW 算法的能耗问题，不需要消耗大量算力资源的 PoS 算法成为很多公链系统的共识机制。

PoS 全称为 proof of stake，又称为权益证明机制，该算法要求用户证明自己拥有一定数量的代币所有权，即权益。同时引入“币龄”的概念，币龄是指代币的数量与代币持有时间的乘积。比如，A 用户向 B 用户转账 10 个代币，B 持有代币 5 天，则 B 拥有的币龄为 $10\times5=50$；某个时刻 B 将 10 个代币转账给其他人，则系统中 B 持有代币的币龄变为 0。

很显然，币龄越高的用户，获得网络记账权的概率也会越大，可以理解为，在 PoS 算法中，新区块的创建与用户的经济权益有关。

与 PoW 算法相比，首先，PoS 算法使得算力资源浪费的问题有所缓解。其次，由于获得区块生成的记账权与币龄呈正相关关系，若有恶意攻击者企图攻击网络，则必须持有大量的代币才行，这意味着实施攻击的代价会非常高，难度非常大，在去中心化网络中发生的可能性非常低。最后，由于代币的价值关系到所有代币持有人的利益，这意味着维护整个网络的群体非常庞大。

PoS 算法也有其缺陷，比如因为币龄概念的引入，会引发代币所有者群体的自发囤币惜售行为，这有可能使整个系统中代币的流通率下降，进而影响网络活跃度。

1.4 智能合约与去中心化应用

1.4.1 智能合约

智能合约本质是一段程序代码，开发者将编写好的程序部署到以太坊网络，当需要调用某个功能时，通过传递不同的参数请求特定的功能代码片段，EVM 会按照开发者预先编写好的逻辑进行执行，然后输出结果给用户，从而完成用户与以太坊区块链的交互通信。因此，我们可以把智能合约想象成由程序开发者创造的自动售货机，当机器正常工作时，用户可以根据喜好选择要购买的商品，并输入购买数量，自动售货机会接收用户输入的信息，并自动计算账单金额，从而完成销售功能，当然用户也可以使用其他功能。

1.4.2 去中心化应用

传统的应用程序，通常由客户端和服务器两部分组成。客户端程序可以运行在浏览器、移动设备等方便用户操作和使用的产品中；服务器程序集中部署在服务器上运行，对外向客户端提供服务。

区块链技术出现后，基于去中心化网络的区块链系统，开发者多了一种选择。如前文所述，开发者可以选择将预先编写好的程序部署在以太坊网络中，并与之进行交互。这与传统的程序部署在中心化服务器上形成对比。通常，将开发和部署在区块链网络上的面向各种复杂场景的应用程序称为去中心化应用。去中心化应用全称为 decentralized application，简称为 DApp。对以太坊网络而言，DApp 在以太坊上运行，任何人和机构都无法控制。

1.4.3 去中心化应用的特点

相较于传统的中心化应用程序，去中心化应用具备以下特点。

- 隐私性：在以太坊网络中，用户可以通过外部账户部署开发的智能合约程序，而外部账户是由私钥控制的，并不需要任何个人的真实身份信息。因此，用户在参与和使用去中心化应用功能时，不会泄露任何个人隐私信息。对用户而言，相当于匿名参与网络活动，很好地保护了用户的个人隐私。
- 数据的完整性和不可篡改性：在区块链网络中，通过使用密码学技术保证数据的不可篡改性，例如，交易的签名数据只能通过使用私钥对交易数据进行签名得到。在传输、存储过程中，若签名数据被篡改或丢失，签名验证就会失败，以此来确保交易数据不能被修改。
- 去信任化：也称为去中介化。传统模式下，为了使参与网络活动的双方完成业务活动，必须引入第三方作为信任中介，在第三方的撮合下完成相关交易。比如，银行等金融机构作为被广泛接受的信任中介，为所有用户提供转账、存贷等服务，此过程需要用户无条件信任金融机构的公平性和中立性。这种情况在以太坊为代表的区块链系统中得到改进，参与网络活动的用户操作会按照预先编写好的逻辑在区块链中执行，该过程完全由区块链网络自动执行，不需要任何第三方中介机构。该过程的实现，使得业务活动的双方可以直接进行交互，减少了业务环节，提高了效率。

1.5 比特币与以太坊系统架构

从技术设计和实现上，以太坊系统的开发者参考了很多比特币系统的经验和架构设计思路。接下来为大家分别介绍比特币系统架构和以太坊系统架构。

1.5.1 比特币系统架构

从整体上看，整个比特币系统大致分为六层，由下至上依次为：数据持久化层、数据结构层、网络通信层、共识机制层、RPC 层和应用层，如图 1.8 所示。

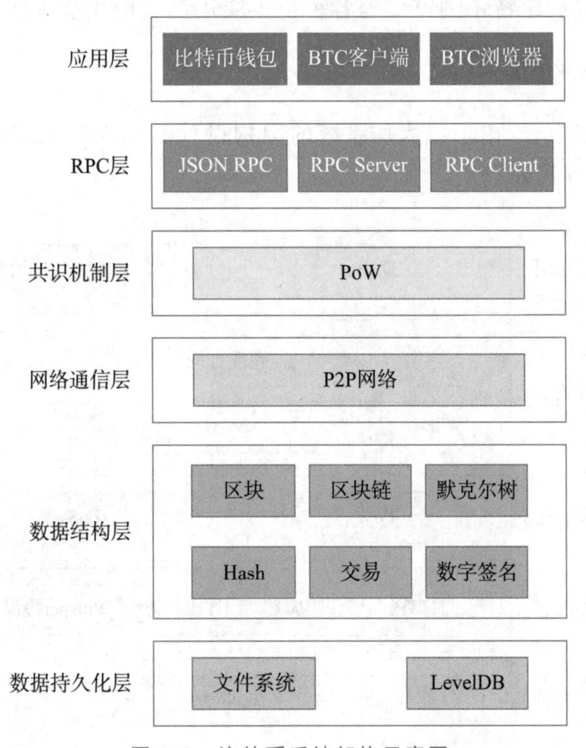

图 1.8 比特币系统架构示意图

每一层的主要功能如下。

- 数据持久化层：也称存储层，主要用于存储比特币系统运行中的区块数据，存储技术主要使用文件系统和 LevelDB。
- 数据结构层：数据结构层定义了比特币系统中所涉及的各种数据结构，封装了具体的实现。在数据结构的封装过程中，还使用到一些具体的技术，如 Hash、时间戳、数字签名等技术。该层主要的功能是处理比特币交易中的各类数据，如将数据打包成区块、将区块维护成链式结构、区块中内容的加密与哈希计算、区块内容的数字签名及增加时间戳印记、将交易数据构建成默克尔树并计算默克尔树根节点的哈希值等。
- 网络通信层：也称网络层，该层主要用于构建一个基于 P2P 通信模式的分布式网络，即构建比特币底层的 P2P 网络。该 P2P 网络支持多节点动态加入和离开，并可以对网络连接进行有效管理，最终为比特币数据传输和共识达成提供基础网络支持服务。

➢ 共识机制层：也称共识层，比特币系统中采用的共识算法是 PoW 算法。在比特币系统中，每个节点都不断地生成随机数(nonce)，直至找到符合要求的随机数为止。在一定的时间段内，第一个找到符合要求的随机数的节点将得到打包区块的权利，这构建了一个工作量证明机制。
➢ RPC 层：RPC 全称为 remote procedure call，又称远程过程调用。该层主要实现了 RPC 服务，并提供基于 JSON API 的协议规范供客户端访问区块链底层服务。
➢ 应用层：该层主要承载各种比特币的应用，比如比特币开源代码中提供了 bitcoin client。该层主要是作为 RPC 客户端，通过 JSON API 与 bitcoin 底层交互。除此之外，比特币钱包、比特币浏览器等各种衍生应用都在应用层上实现。

1.5.2 以太坊系统架构

在以太坊白皮书中，给出了以太坊系统的架构设计。以太坊系统架构与比特币系统架构非常相似，如图 1.9 所示。

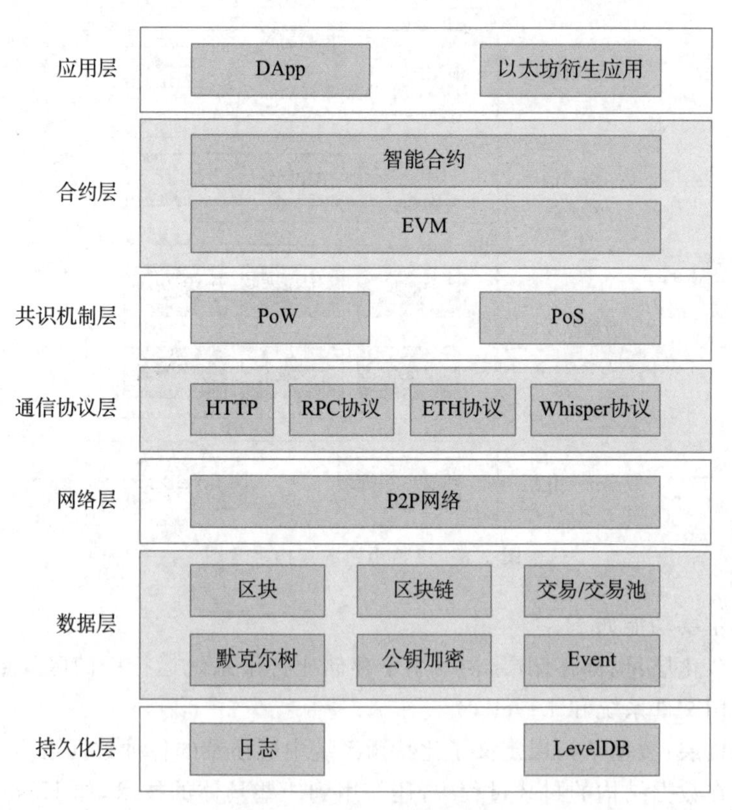

图 1.9 以太坊系统架构示意图

相较于比特币系统架构，以太坊系统中增加了合约层，这是因为以太坊系统中提出了智能合约的概念。除此之外，共识机制方面，以太坊使用两种共识算法：PoW 和 PoS。以太坊系统每层的具体作用如下。

- 持久化层：也称存储层，存储层主要用于存储以太坊系统运行中的日志数据及区块链元数据。
- 数据层：主要用于处理以太坊交易中的各类数据，如将数据打包成区块、将区块维护成链式结构等。相对于比特币，以太坊添加了交易池，用于存放通过节点验证的交易，这些交易会放在矿工挖出的新区块里。Event（事件）是指调用以太坊虚拟机提供的日志功能的接口，当事件被调用时，对应的日志信息被保存在日志文件中。
- 网络层：与比特币一样，以太坊系统也是基于 P2P 网络的，网络中的每个节点既有客户端角色，又有服务端角色。
- 通信协议层：该层是以太坊提供的供系统各模块相互调用的协议支持，主要有 HTTP、RPC 协议、LES 协议、ETH 协议和 Whipser 协议等。以太坊基于 HTTP Client 实现了对 HTTP 的支持，实现了 GET、POST 等 HTTP 方法。外部程序通过 JSON RPC 调用以太坊的 API 时需通过 RPC 协议。
- 共识机制层：上文已经提到，在以太坊系统中有 PoW 和 PoS 两种共识算法。
- 合约层：合约层又可以分为两层，底层是以太坊虚拟机（EVM），上层的智能合约运行在 EVM 中。一个智能合约往往包含数据和代码两部分。智能合约系统将约定或合同代码化，由特定事件驱动触发执行。因此，在原理上适用于对安全性、信任性、长期性有较高要求的约定或合同场景。在以太坊系统中，智能合约的默认编程语言是 Solidity，在本书的稍后章节，我们将介绍该语言的相关语法。
- 应用层：除了 DApp，还包括以太坊钱包、以太坊链上浏览器等多种衍生应用，是目前开发者最活跃的一层。

本章小结

本章从区块链概念开始，介绍了区块链技术的第一个应用比特币系统及其运行原理。以太坊是区块链 2.0 阶段的代表，本章重点介绍了以太坊的核心概念，剖析了以太坊的工作原理。最后，介绍的是比特币与以太坊系统架构。

能力自测

1. 简述以太坊的账户类型及其区别。
2. 简述以太坊架构及其运行原理。
3. 比特币和以太坊有哪些共同点？又有什么区别？

第2章 搭建以太坊智能合约环境

在正式学习以太坊具体知识之前，我们先学习如何搭建以太坊的环境，包括以太坊网络类型、以太坊客户端的安装和使用、智能合约开发语言和智能合约开发环境等内容。从大的类型上来说，以太坊网络可以分为两类：公共网络和专用网络。公共网络是指通过公开网络访问的以太坊开发环境；专用网络是指在某个局域网内部搭建的开发环境。在本章中，将向读者介绍两种以太坊网络，安装并运行以太坊节点客户端，搭建以太坊私有链，最后介绍以太网钱包和智能合约开发语言 Solidity 及开发工具 Remix。

2.1 以太坊公共网络

任何由互联网连接的个体或者系统都可以访问以太坊公共网络，并在公共网络上执行操作，如读取以太坊区块链的链上数据、发送交易到以太坊公共网络、验证正在执行的交易、查询地址的账户余额等。目前，以太坊公共网络又由三种类型组成，分别是以太坊主网络、以太坊测试网络和 Layer 2 测试网络。

2.1.1 以太坊主网络

以太坊主网络官方称为 Mainnet，也可称为以太坊正式网络。全世界众多的以太坊网络开发者、创业者、以太坊生态的参与者产生的数据信息和以太币的转账交换等真实账本数据均记录在主网络中。包括众多区块链项目的智能合约的部署和调用，也记录在主网络的数据账本中。主网络的编号为 1。

2.1.2 以太坊测试网络

以太坊测试网络主要是面向程序开发者的一类网络。在编写完智能合约程序后，正式部署到主网络之前，通常首先将智能合约程序部署到测试网络中，测试其功能是否符合预期以及能否得到正确结果。可见，测试网络是类似于主网络运行环境的一种非正式运行环境，供测试使用。另外，当以太坊协议和功能有重大改变和升级时，开发团队往往会将要升级的功能或者协议代码首先部署在测试网络中进行验证和测试。当确定稳定性没有问题时，再决定正式网络升级的时间和节点。

与主网络相比，测试网络并不止一个，每个测试网络之间也会有所区别，比如有的测试网络使用与主网不同的共识机制。另外，测试网络上也有对应的测试以太币，只是没有实际的价值。程序开发人员可以通过水龙头网站获得测试网代币。所谓水龙头网站，是指专门提供测试代币的网站，每个人都可以在水龙头网站通过填写测试网络的账户地址获得一定数量的测试币。

在以太坊发展历史上，有过很多测试网络，如 Olympic、Morden、Ropsten、Kovan 和 Rinkeby，也有很多测试网络因为种种原因被废弃而不再推荐使用。目前，主要有 Rinkeby、Goerli 和 Sepolia 三个以太坊测试网络。下面介绍一些常见的测试网络的特点和区别。

- Olympic 测试网络：该测试网络是第一个公开的以太坊测试网络，在以太坊正式发布之前用于最终测试，该测试网络采用 PoW 共识机制。随着 2015 年 7 月以太坊主网络的上线运行，该测试网络被弃用。该测试网络的编号为 0，也是以太坊正式网络运行前的最后一个版本的测试网络。
- Morden 测试网络：该网络于 2015 年 7 月开始使用，主要服务于以太坊正式网络运行后的测试工作。随着时间的推移，该测试网络积累了很多垃圾数据，2016 年 11 月被弃用。该测试网络的编号为 2。
- Ropsten 测试网络：该网络是以太坊的第三个也是最后一个采用 PoW 共识机制的测试网络，该测试网络支持所有的以太坊客户端。2017 年 2 月，Ropsten 测试网络遭到大量 DDoS 攻击。因为恶意攻击占用了大量网络资源，导致很多客户端无法从 Ropsten 网络正常同步数据。经过不懈努力，最终技术团队成功恢复了 Ropsten 网络，并删除了大量因恶意攻击产生的垃圾数据区块。Ropsten 测试网络的编号为 3。
- Kovan 测试网络：因为 Ropsten 测试网络遭到攻击无法正常使用，从而产生了几个新的测试网络，Kovan 就是其中一个。不同的是，Kovan 测试网络采用的是 PoA (proof-of-authority)共识机制。PoA 共识机制，通常翻译为权威证明，最早由以太坊联合创始人 Gavin Wood 提出，该算法是 PoW 和 PoS 之外的又一种区块链共识机制。该测试网络的编号为 42。
- Rinkeby 测试网络：为了解决 Ropsten 测试网络受到很多攻击和恶意交易行为给测试网络带来的干扰和困难，开发了 Rinkeby 测试网络作为长期使用的解决方案。Rinkeby 网络只支持 Geth 客户端。该测试网络的编号为 4。
- Goerli 测试网络：根据以太坊的早期路线图规划，以太坊共有四个阶段，前三个阶段采用 PoW 共识机制，然后逐步转换为 PoS 共识机制。Goerli 测试网络正是以太坊从 PoW 共识机制向 PoS 共识机制切换的最后一个测试版本。在 Goerli 网络中，已经切换为 PoS 共识机制。另外，根据以太坊官方网站的描述，该测试网络将在不久后弃用，后续将被 Holesovice 网络(简称 Holesky)取代。
- Sepolia 测试网络：目前，Sepolia 是进行智能合约程序开发相关工作推荐使用的测试网络。该测试网络中的所有验证者均是经过许可的，同时该网络是一个历史比较短的新的测试网络，整体账本数据较少。因此，在数据同步上速度很快，并且占用的存储空间相对较小。若需要进行智能合约项目的开发和测试，推荐使用该网络。

如上可述，根据时间的先后，介绍了以太坊在发展过程中的很多测试网络。可以预见的是，在未来，还会出现其他的以太坊测试网络，现有的以太坊测试网络也可能会被停用或者废弃。通过了解这些不同的网络，我们可以深入了解和学习以太坊项目发展的历程。最后，总结以太坊测试网络的情况见表 2.1。

表 2.1　以太坊测试网信息表

测试网名称	共识机制	开始时间	长期解决方案	终止时间	状　态
Olympic	PoW	2015 年	否	2015 年	停止运行
Morden	PoW	2015 年	否	2016 年	停止运行
Ropsten	PoW	2016 年	否	2022 年	停止运行
Kovan	PoA	2017 年	否	2019 年	停止运行
Sepolia	PoA	2021 年	1 年	2026 年	活跃
Holesky	PoS	2023 年	1 年	2028 年	计划中
TBD	PoA	2025 年	1 年	2030 年	计划中

2.1.3　Layer 2 测试网络

Layer 2 简称 L2。想要了解 L2，首先应该了解什么是 L0 和 L1。

首先需要明确的是，无论是 Layer 1 还是 Layer 2，该概念并不单单指以太坊网络。在区块链技术发展进步的过程中，行业内借鉴计算机网络通信体系架构的 OSI(open system interconnection，开放系统互联)参考模型，将区块链逻辑架构划分为三层，分别是 Layer 0、Layer 1 和 Layer 2。将两者进行对比总结，如图 2.1 所示。

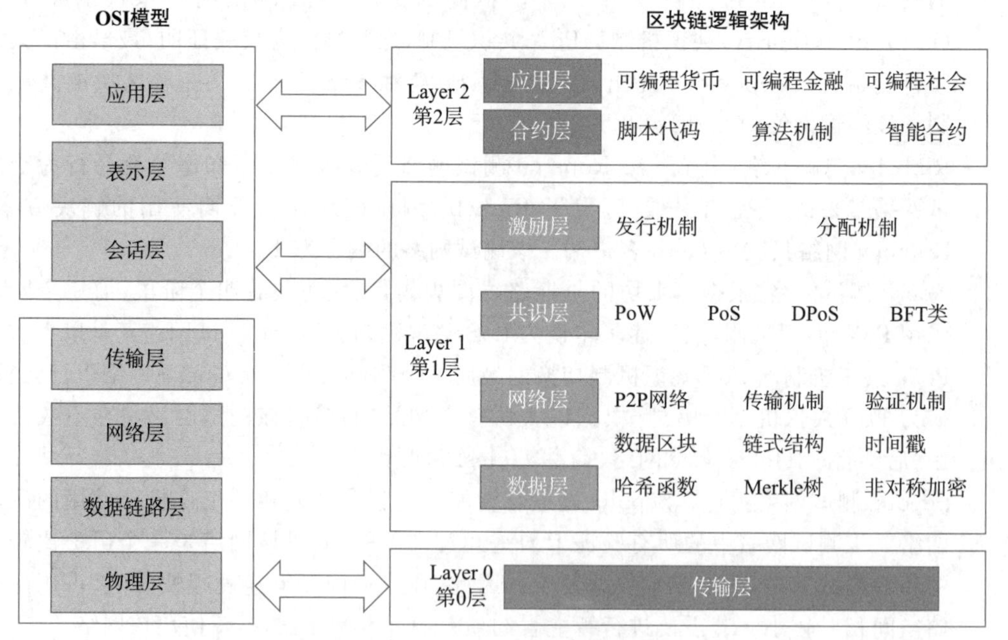

图 2.1　OSI 模型与区块链逻辑架构

图 2.1 中，区块链的 Layer 0 是由各种协议组成的传输层，对应 OSI 七层模型的底层协议，主要包括物理层、数据链路层、网络层和传输层四层；Layer 1 主要包括数据层、网络层、共识层和激励层四层；Layer 2 主要包括合约层和应用层，这两层对应 OSI 模型的会话层、

表示层和应用层。

按照上述的标准进行划分，我们可以列举出一些具体的案例，比如比特币、以太坊等主流公链项目隶属于 Layer 1 范畴。而在众多隶属于 Layer 1 的区块链项目中，以太坊网络上运行了数量最多的智能合约和 DApp 程序，也是用户活跃度最高的公链网络。因此，有关以太坊 Layer 1 和 Layer 2 的讨论也是最多的，通常提到 Layer 1 和 Layer 2 均默认是指以太坊。

在以太坊网络中，Layer 1 的主要作用就是确保网络安全、去中心化及最终的状态确认，做到状态共识，并作为一条公链网络中可信的加密机构，通过智能合约设计的规则运行。总的来说，以太坊 Layer 1 主要有四个方面的作用。

- 提供一个可以验证数据和状态的安全网络。
- 生成区块数据，并产生数据账本。
- 提供历史数据和状态查询服务。
- 通过共识机制，完成去中心化网络中的共识过程。

在区块链技术发展中，长期存在一个被称为“区块链不可能三角”的难题。“区块链不可能三角”这一概念由以太坊创始人 Vitalik 提出，主要是说区块链技术不可能同时满足去中心化程度高、安全性高和性能高效的要求。以太坊目前的网络状态是每天会发生 100 多万笔交易，这些交易均需要快速被执行，并快速被确认。在用户交易活跃需求增加的时期，整个网络的交易数会更高，这将直接导致交易的成本急剧上升。基于这种现实情况，亟须一种解决方案，能够解决由交易量上升导致的整个以太坊网络效率下降问题。这也正是以太坊 Layer 2 网络的由来。

Layer 2 的目标是在不牺牲去中心化或安全性的情况下，提高整个网络的处理速度和吞吐量，追求更高效的性能。从图 2.1 所示的区块链逻辑架构中可以看到，作为第 2 层网络，可以替 Layer 1 承担大部分计算工作。近年来，不少项目都是基于 Layer 2 搭建的，将交易行为从主链上分离出来，降低 Layer 1 网络的负担，提高业务处理效率，从而实现扩容。在这个过程中，Layer 2 虽然只做到了局部共识，但是基本可以满足各类场景的需求。需要注意的是，Layer 2 是一个独立的区块链，它扩展了以太坊，并拥有和以太坊一样的安全保障。

通过上面的描述，我们可以总结为：Layer 2 是在 Layer 1 的基础上，致力于提高以太坊网络的可扩展性和交易效率的解决方案的总称。目前 Layer 2 有状态通道、侧链等具体的解决方案，关于 Layer 2 的具体技术方案，此处暂不讨论。

2.2 以太坊专用网络

如果某个以太坊网络节点没有连接到公共网络，那么称其为专用网络，即该网络与公开的网络节点相互隔离。有的资料也把专用网络翻译为私有网络，均表示非公开网络的意思。

2.2.1 开发网络

开发网络适合智能合约开发者和编写以太坊相关衍生应用程序的专业技术人员使用。开发者在编写自己的智能合约或者其他应用程序的过程中，可以在本地搭建的开发网络上进行程序调试工作。在应用程序正式部署之前，也可以先部署在本地开发网络上，对系统的功能进行整体测试。

因此，开发网络需要开发人员在本地环境中搭建，运行本地的开发网络比访问测试网络更方便、更快捷。关于开发网络的搭建，我们稍后会详细介绍。

2.2.2 联盟链

在某些情况下，我们希望搭建一个可受管理的以太坊区块链网络，可以通过搭建一个联盟链实现。比如，在公司内部，每个地区分公司管理一个独立的节点，所有分公司管理的节点可以依据联盟链的规则，搭建形成一个专属于该公司的联盟链网络。在该例的联盟链网络中，每个节点仍然独立运行，并参与网络中区块数据的产生、数据验证等操作。

如果把以太坊公共网络（主网和公共测试网）比作公共互联网，那么联盟链就类似于某个区域内的局域网。

2.3 以太坊客户端

在第1章中已经介绍了节点和客户端的概念，节点是以太坊客户端的运行实例，客户端程序启动运行后，对应的计算机便成为节点。节点通过算法与其他运行以太坊客户端的计算机彼此相连便形成了网络。本节将详细介绍Geth客户端的安装和使用、区块同步、区块数据的存储，以及节点的启动。

2.3.1 为什么要有客户端

早期的以太坊项目，在众多不同的操作系统中就有多个可以彼此协作的客户端。客户端的多样性对于整个生态系统来说是巨大的成功。对终端用户来说，没有通用的以太坊安装程序供他们使用，会在学习和使用以太坊区块链过程中顺利很多。自2016年9月起，以太坊官方推荐的客户端为Geth和Parity。除此之外，还有其他的客户端，相关内容在前文已经介绍过。

2.3.2 安装Geth客户端

Geth是由以太坊基金会提供的官方客户端软件，使用Go语言编写，全称是goethereum。Geth也是目前使用最多的客户端，当前有66%以上的网络节点使用Geth。

若读者希望自己尝试运行一个节点，并连接到以太坊主网，可以参考本书中关于客户端的安装介绍。需要说明的是，大部分情况下，我们都不需要自己独立运行一个节点。下面介绍在主流的几种操作系统中如何安装Geth。

1. macOS

在macOS中，可以通过Homebrew工具安装Geth。若要检查Homebrew是否已安装，可使用如下命令查看Homebrew的版本号。

```
1  brew -v
```

如果Homebrew工具已安装，上述命令将会返回Homebrew的版本号。若无法识别

brew 命令，则需要首先安装 Homebrew 工具。

使用如下命令执行 Geth 的安装。

```
1  brew tap ethereum/ethereum
2  brew install ethereum
```

上述命令表示安装最新的稳定运行的 Geth 版本。对于一些专业技术开发人员，如果希望了解 Geth 最新的功能，可以指定安装开发版。开发版的特点是功能比较新，但有可能不稳定，开发版本 Geth 的安装命令如下：

```
1  brew install ethereum - - devel
```

当 Geth 客户端发布了新版本，节点需要更新时，首先将节点停止运行，然后执行以下升级命令。

```
1  brew update
2  brew upgrade
3  brew reinstall ethereum
```

完成上述命令的操作后，再次启动节点，Geth 会自动进行数据同步，将节点停止运行期间缺少的区块同步到本地，最终完成升级。

2. Windows

在 Windows 操作系统环境下安装 Geth 客户端，首先要登录官网下载 Geth 客户端软件，本书中下载并使用的是 v1.10.26 版本。

下载后双击运行安装程序，在安装过程中程序会自动将 Geth 添加到系统环境变量 PATH 中。Windows 环境中的 Geth 节点升级同样需要先停止运行节点，然后下载和安装最新版本，最后重新启动节点，自动同步缺失的区块数据。

3. Ubuntu

Ubuntu 中可以通过中断命令安装 Geth，具体操作命令如下：

```
1  sudo add - apt - repository  - y ppa:ethereum/ethereum
2  sudo apt - get update
3  sudo apt - get install ethereum           //安装 Geth
4  sudo apt - get upgrade geth               //更新到最新版本
```

4. 查看 Geth 版本

在 Geth 安装结束之后，通过查看 Geth 的版本号可以检测 Geth 是否安装成功。打开终端命令行，键入 geth version 命令，结果如下：

```
$  geth version
Geth
Version: 1.10.26 - stable
Git Commit: e5eb32acee19cc9fca6a03b10283b7484246b15a
Git Commit Date: 20221103
Architecture: amd64
Go Version: go1.18.5
Operating System: darwin
```

可以看到当前计算机上安装的是 v1.10.26 的稳定版本，结果中还提供了其他信息。

2.3.3 同步区块

同步的意思是指把网络上的区块全部下载到本地，以同步到网络的最新状态。使用客户端前必须先同步区块。Geth 客户端主要有两种同步方式：全节点同步模式和快速同步模式。同步命令如下。

- 全节点同步模式：geth。
- 快速同步模式：geth --fast --cache=1024，命令中的 fast 即为快速同步模式。

快速同步时还可以做更多设置，如在同步过程中把日志输出到指定文件中，命令如下：

```
1  geth --fast console 2>network_sync.log
```

通过上述命令，可以边同步数据，边使用控制台。

2.3.4 数据存放目录

在 macOS 中，主网络区块数据的默认存放目录是～/Library/Ethereum。在其他系统中，可以执行以下命令。

```
1  geth -h
```

在上述命令输出的帮助信息中，搜索 datadir，该选项后的值即是默认的目录。除此之外，如果用户希望将同步的区块数据下载到指定目录，可以使用以下命令完成。

```
1  geth --datadir <path>
```

其中，path 是指自定义的硬盘路径。进一步地，如果本地已经有区块文件，可以直接将区块文件导入；也可以选择将区块数据导出到某个硬盘文件。导入和导出的命令如下：

```
1  geth  import  filename  //该命令用于导入已经存在的区块文件
2  geth  export  filename  //该命令用于导出区块数据到某个外部文件
```

2.3.5 启动节点

Geth 客户端借助启动节点来进行初始化。启动节点以编码的方式存在于 Geth 的源代码中，支持用户修改。开发者可以按以下形式进行修改。

```
1  geth --bootnodes "enode://pubkey1@ip1:port1 enode://pubkey2@ip2:port2
   enode://pubkey3@ip3:port3"
```

其中，pubkey、ip 和 port 依次为启动节点的公钥地址、ip 地址和端口号，一般不需要修改。

2.4 启动客户端

2.4.1 启动主网客户端

主网客户端的启动方法非常简单，可以直接使用一条单 geth 命令，或者指定具体的数据存储目录，比如：

- 启动主网客户端，并使用默认的区块存储目录：geth。
- 启动主网客户端，并将区块存储在指定目录中：geth --datadir <path>。

2.4.2　启动测试网络客户端

相较于主网而言，测试网络客户端的启动方式多了 networkid 参数。

```
1  geth --datadir <path> --networkid <id>
```

通过该命令连接与 networkid 相同的节点。主网络的 networkid 是 1，所以 networkid 只要不是 1 就可以，当然，测试网络的 networkid 也是有编号的，具体要查询后再进行启动。除上面的启动方式外，更常用的方式是启动客户端的同时进入控制台模式，命令如下：

```
1  geth --datadir <path> --networkid id console 2>console.log
```

2.4.3　启动客户端的可选项配置

在启动客户端时，还可以设置更多的参数，比如：

```
1  geth --identity <node_name> --http --http.port <port_id> --http.
   corsdomain "*" --datadir <path> --port <listen_port> --nodiscover --
   http.api <api_list> --networkid <network_id>
```

上述启动命令很长，命令中对很多配置选项进行了设置，这些选项配置参数含义如下。

- --identity <node_name>：为节点设置身份标识，以便在节点列表中展示。
- --http：开启 HTTP-RPC 服务。
- --http.port <port_id>：指定 HTTP-RPC 服务端口。
- --http.corsdomain "*"：设置能连接到当前节点的 URL(uniform resource locator，统一资源定位符)，用来完成 HTTP-RPC 任务；* 指任何 URL 都能连接到当前节点。
- --datadir <path>：指定存放区块数据的文件夹。
- --port <listen_port>：指定监听其他节点的端口。
- --nodiscover：该配置选项用于设置当前节点不会被其他人发现，除非他们手动添加当前节点。
- --http.api <api_list>：设置提供给别人使用 HTTP-RPC 的 API，默认为 web3 接口。
- --networkid <network_id>：设置要连接的网络编号，networkdid 参数值相同的节点会连接到一起。

进入控制台终端中，还可以通过以下命令查看连接状态。

- net.listening：检查网络是否连接。
- net.peerCount：查看当前已连接的节点个数。
- admin.peers：返回连接到的节点的详细信息。
- admin.nodeInfo：返回本地节点的详细信息。

2.5　搭建私有链

无论是启动主网还是测试网，同步数据都需要占用一定的存储空间。另外，还可以有第三种选择：利用 Geth 客户端搭建属于自己的区块链，通常被称为私有链。

2.5.1 准备工作

准备工作主要是指 Geth 客户端的安装和环境变量的配置。

除了要正确安装 Geth，并且正确配置环境变量，还要注意，有些文件在普通 cmd 终端中无法运行，需要以管理员的身份启动 cmd 终端。

安装成功后，通过 geth version 命令查看自己的配置信息是否正确。命令执行结果如下：

```
Geth
Version: 1.10.26 - stable
Git Commit: ea9e62ca3db5c33aa7438ebf39c189afd53c6bf8
Git Commit Date: 20230420
Architecture: amd64
Go Version: go1.20.3
Operating System: darwin
GOROOT =
```

2.5.2 创建创世区块配置文件

要运行私有链，就需要定义自己的创世区块，创世区块信息写在一个 JSON 格式的配置文件中。首先将下面的内容保存到 JSON 文件中，如 genesis.json。

```
{
  "config": {
        "chainId": 1245,
        "homesteadBlock": 0,
        "byzantiumBlock": 0,
        "constantinopleBlock": 0,
        "eip150Block": 0,
        "eip155Block": 0,
        "eip158Block": 0
  },
  "coinbase": "0x0000000000000000000000000000000000000000",
  "difficulty": "0x20000",
  "extraData": "",
  "gasLimit": "0xffffffff",
  "nonce": "0x0000000000000042",
  "mixhash": "0x0000000000000000000000000000000000000000000000000000000000000000",
  "parentHash": "0x0000000000000000000000000000000000000000000000000000000000000000",
  "timestamp": "0x00",
  "alloc": {}
}
```

上述 genesis.json 文件中的初始化参数配置及其说明见表 2.2。

表 2.2 genesis.json 文件中的初始化参数配置及其说明

初始化参数	作　　用
coinbase	矿工的账号，可任意填，初始化时先不填

续表

初始化参数	作　用
difficulty	设置当前区块的难度，如果难度过大，CPU 挖矿就很难，所以设置较小难度
extraData	附加信息，可任意填
gasLimit	设置对 Gas 的消耗总量限制，用来限制区块能包含的交易信息总和，对于私有链，需要填最大值
nonce	nonce 是一个 64 位的随机数，用于挖矿
mixhash	由上一个区块的一部分生成的哈希值，与 nonce 配合用于挖矿
parentHash	上一个区块的哈希值，因为是创世块，所以这个值是 0
timestamp	设置创世块的时间戳
alloc	用来预置账号以及账号的以太币数量，因为私有链挖矿比较容易，所以不需要预置有币的账号，需要时自己创建即可

2.5.3 初始化：将创世区块信息写入区块链

准备好创世区块配置文件后，需要初始化区块链，将上面的创世区块信息写入区块链中。首先要新建一个目录用来存放区块链数据，假设新建的数据目录为/private_chain/nodedata，genesis.json，保存在/private_chain 中，此时目录结构如下：

```
private_chain
├────── nodedata
└────── genesis.json
```

接下来进入 private_chain 中，执行初始化命令：

```
1  $ cd private_chain
2  $ geth --datadir nodedata init genesis.json
```

上面的命令主体是 geth init，表示初始化区块链，命令可以带有选项和参数，其中 datadir 选项后面跟一个目录名，这里为 nodedata，表示指定数据存放目录为 nodedata，genesis.json 是 init 命令的参数。

运行上面的命令，读取 genesis.json 文件，根据其中的内容，将创世区块信息写入区块链中。如果看到以下的输出内容，说明初始化成功了。

```
…
Successfully  wrote  genesis  state
…
Successfully  wrote  genesis  state
…
```

初始化成功后，会在数据目录 nodedata 中生成 geth 和 keystore 两个文件夹，此时目录结构如下：

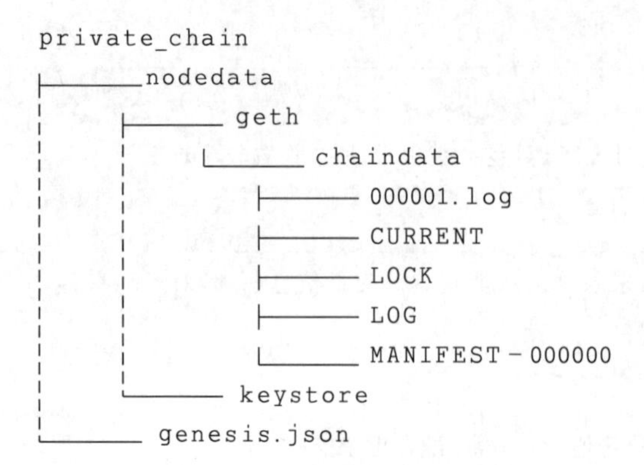

```
private_chain
├───── nodedata
│      ├───── geth
│      │      └───── chaindata
│      │             ├───── 000001.log
│      │             ├───── CURRENT
│      │             ├───── LOCK
│      │             ├───── LOG
│      │             └───── MANIFEST-000000
│      └───── keystore
└───── genesis.json
```

其中,geth/chaindata 中存放的是区块数据,keystore 中存放的是账户数据。

2.5.4 启动私有节点

在终端中输入以下命令。

```
1  $ geth --datadir nodedata  --networkid 1245 console
```

运行上面的命令后,就启动了区块链节点并进入 JavaScript 控制台。

```
Welcome to the Geth JavaScript console!

instance: Geth/v1.10.26-stable-e5eb32ac/darwin-amd64/go1.18.5
at block: 0 (Thu Jan 01 1970 08:00:00 GMT+0800 (CST))
  datadir: /Users/xxx/private_chain/nodedata
  modules: admin:1.0 debug:1.0 engine:1.0 eth:1.0 ethash:1.0 miner:1.0 net:1.0
    personal:1.0 rpc:1.0 txpool:1.0 web3:1.0
>
```

对该控制台解释如下:这是一个交互式 JavaScript 执行环境,可以执行 JavaScript 代码。在这个环境里也内置了一些用来操作以太坊的 JavaScript 对象,可以直接使用这些对象。主要对象如下。

- personal:包含一些以太坊账户管理的方法。
- eth:包含一些跟操作区块链相关的方法。
- net:包含一些查看 P2P 网络状态的方法。
- admin:包含一些与管理节点相关的方法。
- miner:包含一些启动和停止挖矿的方法。
- txpool:包含一些查看交易池的方法。
- web3:除包含以上对象外,还包含一些单位换算的方法。

常用命令如下。

- personal.newAccount():创建账户。
- personal.unlockAccount():解锁账户。
- eth.accounts:枚举系统中的账户。
- eth.getBalance():查看账户余额,返回值的单位是 Wei。
- eth.blockNumber:列出区块总数。
- eth.getTransaction():获取交易。

- eth.getBlock():获取区块。
- miner.start():开始挖矿。
- miner.stop():停止挖矿。
- web3.fromWei():Wei 换算成 ETH。
- web3.toWei():ETH 换算成 Wei。
- txpool.status:交易池的状态。
- admin.addPeer():连接到其他节点。

2.5.5 Geth 的 JavaScript 控制台操作

进入以太坊 JavaScript 控制台后,就可以使用里面的内置对象做一些操作,这些内置对象提供的功能很丰富,如查看区块和交易、创建账户、挖矿、发送交易和部署智能合约等。接下来介绍几个常用功能,在下面的操作中,前面带">"的表示在 JavaScript 控制台中执行的命令。

1. 创建账户

前面只是搭建了私有链,并没有自己的账户,可以在 JavaScript 控制台中输入 eth.accounts 来验证。

```
> eth.accounts
[]
```

接下来使用 personal 对象创建一个账户。

```
> personal.newAccount()
Passphrase:
Repeat passphrase:
"0x60cf35c6576f5454e0ba008440eaa78b85014afc"
```

上述命令会提示输入密码和确认密码,输入密码不会有显示,只要输入即可,之后会显示新创建的账户地址。可以通过上述命令创建多个账户。账户默认保存在数据目录的 keystore 文件夹中。查看目录结构,发现 nodedata/keystore 中多了个文件,这个文件就对应刚才创建的账户,这是一个 JSON 格式的文本文件,可以打开查看,里面存的是私钥经过加密后的信息。

2. 查看账户余额

使用 eth.getBalance()命令查看账户余额,例如:

```
> eth.getBalance("0x60cf35c6576f5454e0ba008440eaa78b85014afc")
0
> eth.getBalance(eth.accounts[0])
0
```

目前账户的以太币余额是 0,表示还没有以太币,需要稍后通过挖矿获取。

3. 启动和停止挖矿

(1) 通过 miner.start()启动挖矿。其中,start 可以接收一个数值类型的参数,表示挖矿使用的线程数。第一次启动挖矿会先生成挖矿所需的 DAG 文件,这个过程有点慢,等进度达到 100%后,就会开始挖矿,此时屏幕会被挖矿信息刷屏。

(2) 挖矿：挖到一个区块会奖励两个以太币(Geth 版本为 v1.10.26)，挖矿所得的奖励会进入矿工的账户，这个账户叫作 coinbase，默认情况下 coinbase 是本地账户中的第一个账户，通过 miner.setEtherbase()可将其他账户设置成 coinbase。

要查看有多少个以太币，可以用 getBalance()查看余额(单位是 Wei)，然后用 web3.fromWei()将返回值换算成 ETH。

```
> web3.fromWei(eth.getBalance(eth.accounts[0]),'ether')
45
```

(3) 通过 miner.stop()停止挖矿。

4. 发送交易

可以通过发送一笔交易，从 A 账户转移 N 个以太币到 B 账户。需要注意的是，在交易过程中，无论交易的代币是什么，都需要把这些代币转为 Wei 存储在以太坊区块链中。

```
amount = web3.toWei(5,'ether')
"5000000000000000000"
```

账户默认是锁住的，想要发送交易，必须先解锁账户，由于要从账户 0 发送交易，所以要解锁账户 0。

```
> personal.unlockAccount(eth.accounts[0])
Unlock account 0x675fda0eac2af486c0b8778ce386150af5140458
Passphrase:
true
```

输入创建账户时设置的密码，就可以成功解锁账户。然后发送交易。

```
eth.sendTransaction({from:eth.accounts[0],to: "0xcf8f35756e2c0643596f0344269e
bf4cd6d56b69",value:amount})
```

此时交易已经提交到区块链，返回交易的 hash，但还未被处理，这可以通过查看 txpool 来验证。

```
> txpool.status
{
  pending: 1,
  queued: 0
}
```

其中有一条状态为 pending 的交易，pending 表示已提交但还未被处理的交易。

要使交易被处理，必须要挖矿。这里首先启动挖矿，挖到一个区块之后就停止挖矿。

```
> miner.start(1);admin.sleepBlocks(1);miner.stop();
```

当 miner.stop()返回 true 后，txpool 中 pending 的交易数量为 0，说明交易已经被处理了。

```
> txpool.status
{
  pending: 0,
  queued: 0
}
```

此时，交易已经生效，账户收到了 5ETH。

```
> web3.fromWei(eth.getBalance(eth.coinbase),'ether')
5
```

5. 查看区块和交易

eth 对象封装了查看交易和区块信息的方法。比如，查看当前区块总数。

```
> eth.blockNumber
24
```

通过区块号(高度)查看区块信息。

```
eth.getBlock(24)
{
  difficulty: 131072,
  extraData: "0xd983010a1a846765746888676f312e31382e358664617277696e",
  gasLimit: 4195426478,
  gasUsed: 0,
  hash: "0xa65b9ef5592f7af3a0e1c86f9e1aaedcd6e9a4a24bf8afd4ca27389e5c22854a",
  …
  transactions: [],
  transactionsRoot: "0x56e81f171bcc55a6ff8345e692c0f86e5b48e01b996cadc001622fb
  5e363b421",
  uncles: []
}
```

通过交易的哈希值查看交易。

```
>
eth.getTransaction("0xa763e37236344f884b9bde87e9776cc576c0888172d207a37cdcd659
ea64afca");
{
  blockHash: "0x3a8cb3ea9badad0514c61e8d539d5892c74d7a0673cfbaef38553bae864ab15f",
  blockNumber: 10,
  chainId: "0xa",
  from: "0x60cf35c6576f5454e0ba008440eaa78b85014afc",
  gas: 21000,
  gasPrice: 1000000000,
  hash: "0xa763e37236344f884b9bde87e9776cc576c0888172d207a37cdcd659ea64afca",
  input: "0x",
  nonce: 0,
  …
  value: 5000000000000000000
}
```

2.6 搭建多节点私有链

利用 Geth 搭建多节点私有链，与 2.5 节内容中搭建单节点私有链类似。核心思路是，分别创建多个节点，分别启动运行这些节点。然后通过节点发现的方式，将多个节点连接起来，实现数据同步和后续操作。在本书中，我们以搭建两个节点并组成一个私有链网络为例，向大家介绍相关操作。为了方便起见，将两个节点分别称为 node1 和 node2。

2.6.1 创建节点目录

在计算机上创建两个新目录，目录名称为node1和node2。node1和node2类似于2.5节中的目录private_chain，用于存放节点产生的区块链数据。

2.6.2 分别初始化节点

复制2.5节中的私有链初始化配置文件genesis.json，分别粘贴到node1和node2目录中。然后在两个目录中分别执行geth的初始化操作，即分别执行以下命令。

```
1 geth --datadir /node1/data  init genesis.json  //初始化 node1 节点
2 geth --datadir /node2/data  init genesis.json  //初始化 node2 节点
```

2.6.3 启动节点

在node1目录下执行如下命令，对node1节点进行启动操作。

```
1 geth --datadir ./data --networkid 1234 --nodiscover console
```

上述命令中，nodiscover选项表示该节点不会被发现。由开发者手动发现节点和添加节点操作，以此来控制接入私有链网络的节点数量。

因为node1启动后就进入了JavaScript控制台，因此启动另一个节点时，需要重新打开一个终端窗口，然后切换至node2目录下，执行上述启动命令。但是node2并不能如期启动，具体报错如下：

```
Fatal: Error starting protocol stack: listen tcp: 30303: bind: address already
in use...
```

原因是默认节点占用的端口是30303，node1已经把30303端口占用了，因此node2需要重新占用一个端口。修改node2的启动命令，添加port参数，指定端口为30307，代码如下：

```
1 geth --datadir ./data  --networkid 1234 --nodiscover --port 30307 --
  authorpc.port 8552  console
```

上述命令执行后，若输出如下所示内容，则表示节点启动成功。

```
Welcome to the Geth JavaScript console!
```

2.6.4 查看节点信息

前文提到，Geth客户端中包含很多模块。其中，admin模块主要用于节点的管理。我们可以先查看节点信息，在node2的终端交互窗口中，执行如下节点信息查看命令。

```
admin.nodeInfo.enode;
```

该命令会输出当前节点的编码信息。

```
"enode://83173f625e08987e2dcb7e036c2fafa0c85b7a45586f6236c4e2377c02028b0995c9035
439f0a137e2971d1a69c809f8824026a44ebf0be40c28e374a0ca472e@[::]:30307?discport=0"
```

另外，使用admin的属性peers可以查看当前节点与哪些节点连接，具体命令如下：

```
admin.peers
```

上述命令可以分别在 node1 和 node2 的终端交互窗口中执行。因为目前两个节点设置为不会被主动发现,因此目前都还没有 peers 信息。

2.6.5 手动添加节点

在 admin 中还能看到 addPeer 方法,该方法用于手动添加节点,需要接受被添加节点的编码信息。因此,我们可以选择在其中一个节点的终端交互中,执行节点添加操作,添加另外一个节点。例如,在 node1 终端交互中执行添加 node2 的操作。具体操作如下:

```
admin.addPeer("enode://83173f625e08987e2dcb7e036c2fafa0c85b7a45586f6236c4e2377c
02028b0995c9035439f0a137e2971d1a69c809f8824026a44ebf0be40c28e374a0ca472e @ [::]:
30307?discport = 0")
```

上述命令执行后输出 true,即表示添加成功。然后重新执行 admin. peers 命令,可以输出添加的节点信息。

```
[{
    caps:["eth/63"],
    id:"83173f625e08987e2dcb7e036c2fafa0c85b7a45586f6236c4e2377c02028b0995c903543
    9f0a137e2971d1a69c809f8824026a44ebf0be40c28e374a0ca472e",
    name: "Geth/v1.10.26 - stable - b52bb31b/darwin - amd64/go1.10.3",
    network: {
      inbound: false,
      localAddress: "[::1]:54445",
      remoteAddress: "[::1]:30307",
      static: true,
      trusted: false
    },
    protocols: {
      eth: {
        difficulty: 131072,
        head: "0x5e1fc79cb4ffa4739177b5408045cd5d51c6cf766133f23f7cd72ee1f8d790e0",
        version: 63
      }
    }
}]
```

也可以通过以下命令查看当前节点一共连接了多少个节点。

```
web3.net.peerCount
```

上述命令会返回连接节点的个数。

2.7 以太坊钱包

2.7.1 以太坊钱包的概念

以太坊钱包是一种用于实现用户与以太坊账户及以太坊网络进行交互的工具。如果把整个以太坊网络比喻成一个互联网银行应用,那么通过以太坊钱包工具,用户就可以查看自己的余额,还可以发起交易或者链接到其他应用。下面从两个维度来介绍以太坊钱包。

- 在宏观上,钱包是用户参与以太坊网络活动的工具。钱包控制对用户资金的访问,管理密钥和地址,追踪余额及创建和签署交易。另外,一些以太坊钱包还可以与合约进行交互。
- 在微观上,钱包是可以用于存储和管理用户密钥的程序,每个钱包都有一个密钥管理组件。对于一些钱包来说,这就是全部。其他一些钱包是更广泛类别的一部分,即"浏览器",它是以太坊去中心化应用(DApps)的接口。在"钱包"这个术语下混合的各种类别之间没有明确的区别。

2.7.2 钱包的分类

在钱包技术中,主要有非确定性钱包和确定性钱包两种类型。

1. 非确定性(随机)钱包

非确定性钱包是指每个私钥都是完全随机产生的,私钥与私钥之间互相没有关联。在 Geth 客户端的数据目录下,keystore 用于存放账户私钥文件,其中的私钥是以 JSON 格式编码的文件,私钥加密后存储在 JSON 文件中。例如:

```
{
    "address": "d91a7e77c1c2a6b68f734ab087211c42b8058a99",
    "crypto": {
        "cipher": "aes-128-ctr",
        "ciphertext": "1f88e4e1d84780b32c5be6d68aaf331bf485dbfbeff6161116c6320f
        3b34b4c0",
        "cipherparams": {
            "iv": "b4ba7a9e5e8083848ecc7bb61cbd06dc"
        },
        "kdf": "scrypt",
        "kdfparams": {
            "dklen": 32,
            "n": 262144,
            "p": 1,
            "r": 8,
            "salt": "fcc7a4b1600eda70b5f0a84fb93bae435a9411df0a3efc9e370f93e315a5667e"
        },
        "mac": "79f63e492b1de69f91e3a1f47bc09cf094f8d3540b1fd402c498053f7a0f2557"
    },
    "id": "bbff44e2-8312-45fd-b744-8b8ca615fc75",
    "version": 3
}
```

从 keystore 文件示例中,可以看到私钥采用 AES(advanced encryption standard,高级加密标准)算法进行了加密,以提高私钥的安全性。在实际应用中,并不推荐使用非确定性钱包,因为过于麻烦。

2. 确定性钱包

确定性钱包也称"种子"钱包,因其所有的私钥都来源于同一个种子而得名。在创建钱包时,种子是随机产生的,在此基础上可以导出众多的私钥,即根据一个种子就可以派生出很多密钥,这个特点用在钱包的备份中特别方便。确定性钱包最常见的形式是 HD (hierarchical deterministic)钱包,也称分层确定性钱包。HD 钱包的示意图如图 2.2 所示。

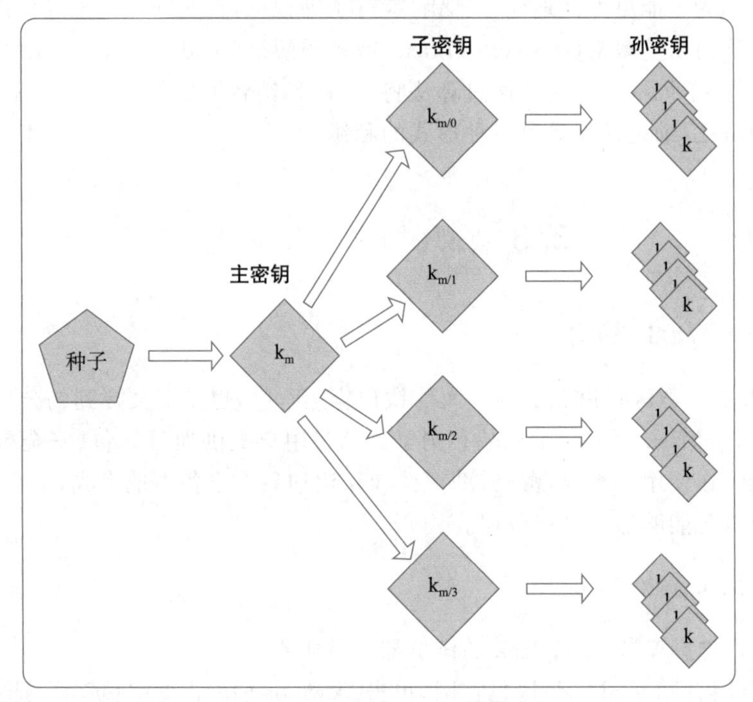

图 2.2 HD 钱包原理示意图

2.7.3 钱包中的重要概念

在钱包的使用中,有如下一些重要的概念需要熟悉和掌握。

1. 地址

前文已经介绍了以太坊账户的概念,地址是以太坊账户的一个标识,就像银行账号是银行账户的标识一样。在以太坊中,外部账户和合约账户都会对应一个账户地址。规范的以太坊地址以 0x 开头,后面跟着 40 个十六进制字符。例如,0xd91a7e77c1c2a6b68f734ab087211c42b8058a99 就是一个以太坊外部账户地址。用户在进行收款、转账和查询账户余额等操作时,都要使用到账户地址。

以太坊地址的生成依赖于密码学技术。首先生成账户独一无二的私钥,根据私钥可以生成对应的公钥,再将公钥经过推导计算,即可得到一个账户地址。

2. 私钥

私钥是管理和使用代币的最关键的部分,私钥决定了代币的所有权,只有拥有私钥才能支配相应的代币资产。简言之,如果私钥丢失,代币也将面临丢失的风险。在技术细节上,私钥是由加密算法产生的 256 位随机数,通常以 64 位十六进制字符表示,其生成的方式是完全随机的。随机生成这样的字符串多达 2^{256} 个。但在记忆和存储私钥时,如此一长串的字符太过复杂,并不方便。

3. 助记词

上文提到了确定性钱包有很广泛的应用,在 HD 钱包中,要对随机产生的私钥进行妥善安全的保存,并不是一件容易的事情。因为私钥通常由一串很长的字符组成,这就有记错或者漏记的风险。为了能更方便地保存私钥,就有了助记词,旨在降低种子存储的难度。

助记词也称为恢复短语(recovery phrase)或种子短语(seed phrase),是由加密货币钱包生成的12～24个单词构成。它是通过算法将64位私钥转换成的若干个常见的英文单词,便于记忆。换言之,助记词就是另一种形式的私钥。

2.8 MetaMask 钱包

2.8.1 MetaMask 简介

MetaMask是一款区块链领域的以太坊钱包应用程序,也是上文提到的分层确定性钱包(HD钱包)。MetaMask可以在手机端和浏览器端为用户提供加密钱包、安全登录和代币交换等操作功能。在使用过程中,密码、助记词和私钥均只在设备本地生成,不会上传服务器,确保只有用户自己能够访问账户数据。

2.8.2 MetaMask 的安装

本书中我们选择安装MetaMask的浏览器插件版本。

使用浏览器访问MetaMask钱包官网,单击Download按钮进入下载页,选择浏览器,如Chrome,在打开的页面中继续单击"添加至Chrome"按钮,安装完毕,即可在浏览器的拓展图标中显示出MetaMask的图标,是一只小狐狸图案。

第一次安装完插件后,会连接以太坊主网,打开MetaMask开始界面,如图2.3所示。

图2.3 MetaMask 安装成功界面

2.8.3 创建新钱包

第一次使用MetaMask钱包,选中"I agree to Metamask's 使用条款",选择创建新钱包,在新页面中选中“我明白 MetaMask 无法为我恢复此密码。”选项，然后输入密码，如图 2.4 所示。此处的密码是指钱包的登录密码，需要用户妥善保存该密码。

图 2.4 输入 MetaMask 新钱包的密码

输入密码后，单击“创建新钱包”按钮，进入查看和保存钱包助记词的界面，如图 2.5 所示。

图 2.5 查看和保存钱包助记词界面

在图 2.5 所示的界面中单击“显示助记词”按钮，即可看到助记词。需要注意的是，助记词非常重要，只有助记词的单词拼写和顺序都正确，才能在后续需要时将钱包恢复回来，否则会有很大的风险。通常的建议是，将钱包的助记词抄写在纸上，然后妥善保存。避免助记词接触网络，以免有丢失风险。

在确认全部抄写正确后，单击“下一步”按钮，会出现补全助记词的界面，用户需要按照前一页中助记词的顺序依次填写，补充完整。然后单击“确定”按钮，至此一个新的 MetaMask 钱包就创建成功了。

将钱包创建成功的网页关闭，在浏览器的扩展栏中单击小狐狸图标，可显示 MetaMask 的主界面，如图 2.6 所示。

2.8.4 连接不同的网络

1. 以太坊网络

MetaMask 钱包应用程序可以连接到不同的网络，如以太坊主网、测试网络和私有链网络等，切换连接的网络，就会展示不同网络上相关账户的信息。MetaMask 钱包创建后，默认连接至以太坊主网；用户也可以根据不同的需求，切换至常用的以太坊测试网络，如图 2.7 所示。

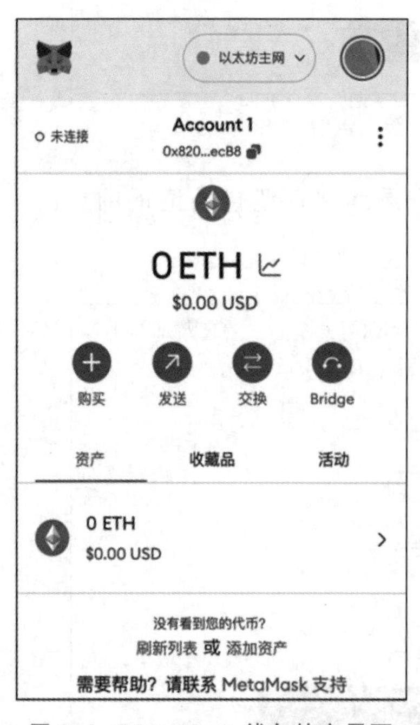

图 2.6 MetaMask 钱包的主界面

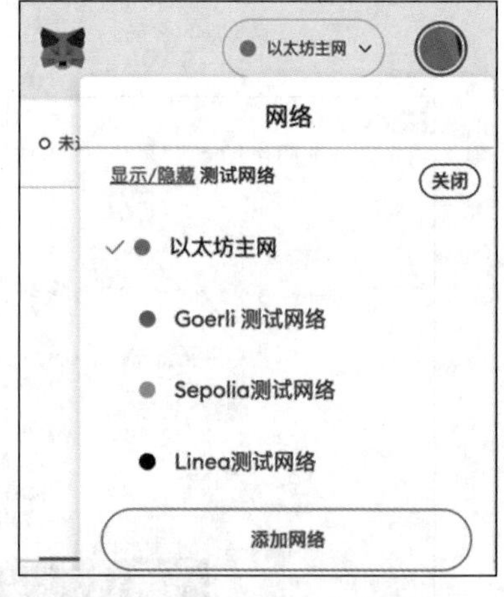

图 2.7 MetaMask 切换网络

2. 添加连接其他网络

除以太坊主网和测试网络外，还可以在如图 2.7 所示的界面中单击“添加网络”按钮，添加自己需要连接的网络。MetaMask 支持添加很多区块链网络，可以实现钱包连接操作，并自动添加网络。具体操作如下。

（1）在浏览器中访问 ChainList，在其主页中单击 Connect Wallet 按钮，如图 2.8 所示。

（2）在弹出的“与 MetaMask 连接”界面中选择 MetaMask 钱包账户，单击“下一步”按钮，如图 2.9 所示。

（3）单击“连接”按钮，如图 2.10 所示。

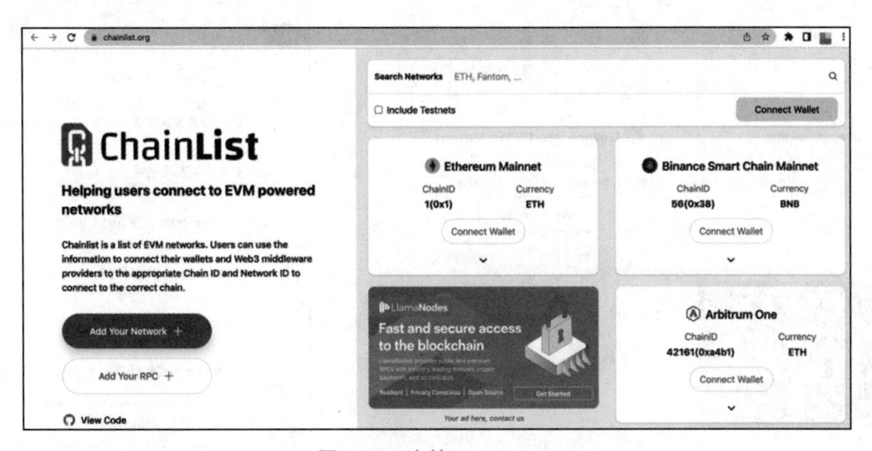

图 2.8　连接 ChainList

图 2.9　与 MetaMask 连接

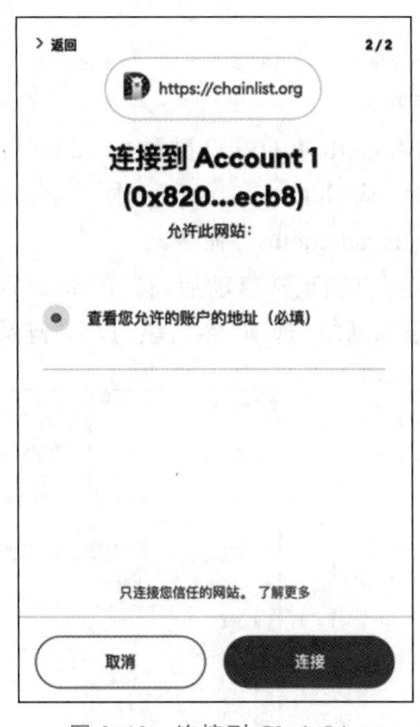

图 2.10　连接到 ChainList

(4) 连接 ChainList 成功后，即可到 ChainList 主页中选择自己要添加的区块链网络，如 Binance Smart Chain Mainnet，然后单击 Add to Metamask 按钮，如图 2.11 所示。

(5) 在弹出的 MetaMask 界面中，单击“允许”按钮，最终成功为 MetaMask 添加一个可以连接的区块链网络，如图 2.12 所示。

3. 连接至私有链

前文已经学习了如何使用 Geth 客户端搭建私有链的操作，因此，还可以将 MetaMask 连接至搭建的私有链，查看私有链的相关账户信息。

首先要启动本地私有链的客户端，保证私有链正常运行。启动私有链的操作与前文私有链 Geth 客户端的启动操作相同。

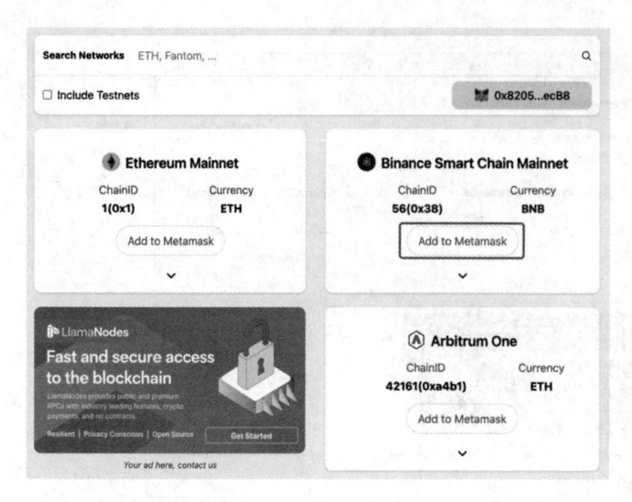

图 2.11 新区块链网络添加至 MetaMask

图 2.12 添加了新区块链的 MetaMask 钱包

```
1 geth --datadir ./nodedata --http --networkid 10 --nodiscover
console
```

启动后 Geth 客户端会默认在 8545 端口进行监听。上述命令中可选项 http 表示启动 RPC 服务。从 Geth 1.10.9 版本开始，不再支持可选项配置中的 rpc、rpcaddr、rpcport、rpcapi、rpccorsdomain 等命令。

Geth 客户端正常启动后，打开 MetaMask，单击“添加网络”按钮。在新打开的界面中单击“手动添加网络”选项，然后填写将要连接的私有链的信息，如图 2.13 所示。

图 2.13 手动添加私有链

2.9 Solidity 编程语言和开发工具

2.9.1 Solidity 简介

Solidity 是一种编程语言，用于在以太坊等区块链网络上编写智能合约。它是以太坊虚拟机(EVM)的一种高级语言,可以用于定义合约的状态和行为。Solidity 的语法类似于 JavaScript,支持面向对象编程的特性,如继承、接口、库等。另外,Solidity 还提供了丰富的数据类型和内置函数,以及与以太坊区块链交互的功能。使用 Solidity,开发者可以通过编写智能合约来实现各种功能,如数字货币、去中心化应用(DApp)、投票系统和众筹平台等。Solidity 代码可以通过 Solidity 编译器编译成字节码数据,然后部署到以太坊等区块链网络上,部署后,智能合约就可以被其他用户调用和执行。同时,Solidity 也提供了一些安全性功能,如访问控制修饰符、异常处理、事件等,以帮助开发者编写安全可靠的智能合约。

2.9.2　Solidity 程序结构和编程规范

1. Solidity 程序结构

使用 Solidity 语言编写的程序,是以.sol 为结尾的源文件。如下展示的是一个最基础的 Solidity 智能合约程序 Hello.sol。

```
1  // SPDX-License-Identifier: MIT
2  pragma solidity >=0.8.2 <0.9.0;
3
4  contract HelloWorld  {
5     string public hello = "Hello World!";
6  }
```

以上程序展示的是 Solidity 源程序的基本结构,主要包括以下内容。

- 首行注释:以//开头的首行内容为程序的注释,用于描述当前代码所使用的软件许可协议。即 Solidity 中,以//开头的内容表示注释,注释不会被执行。
- 版本声明:第二行语句用于声明当前源程序使用的 Solidity 版本,之所以声明版本,是因为不同的版本对应的 Solidity 语法会有差别。上述代码版本声明表示该程序可在 0.8.2 与 0.9.0(不含)之间的版本上运行。注意,Solidity 语法以分号(;)作为语句的结尾。
- 合约程序:第四行声明创建名为 HelloWorld 的合约程序,合约的关键字为 contract,合约程序内容被包裹在两个花括号之间。第五行是合约具体内容,声明了一个名为 hello 的字符串变量,并将其赋值为“Hello World!”。

更多关于 Solidity 的语法,我们会在第 3 章和第 4 章详细介绍。

2. Solidity 编程规范

和其他编程语言一样,Solidity 语言也有对应的编程规范,主要的编程规范可以归纳为以下七条。

(1) Tab 缩进。

(2) 避免无效空格。

① 小括号、中括号和花括号等后面应该避免出现空格。

② 逗号、分号之前也应该避免出现空格。

③ 赋值运算操作符前后均只需要一个空格,避免出现多个空格。

(3) 花括号的使用。

① 通常左侧花括号和声明在同一行,花括号与声明之间使用一个空格。

② 右侧花括号和声明保持相同的缩进位置即可。

(4) 当 if 条件判断语句内部为单条语句时,可以不使用花括号。

(5) 声明数组类型变量时,数据类型和左侧中括号之间无须空格。

(6) 函数的默认修饰符应该放在其他自定义修饰符的前面。

(7) 通常在对变量、函数、合约名、地址名、事件和接口等进行命名时,遵循以下命名规范。

① 合约首字母通常大写,且整体采用驼峰命名规则。

② 变量名通常采用小驼峰命名规则。

③ 事件通常采用大驼峰命名规则。

④ 函数名通常采用小驼峰命名规则。

⑤ 合约程序中涉及的常量要全部大写,单词间用下划线进行分割。

⑥ 功能修饰符全部小写,单词间用下划线进行分割。

⑦ 当名称与内置保留字发生冲突时,使用单下划线结尾。

2.9.3 智能合约开发工具 Remix

Remix 是一个可以在浏览器中直接访问的在线编辑工具,作为以太坊官方推荐的智能合约程序开发编辑器,凭借其简洁易用的操作界面和强大的开发调试功能,深受开发者群体的喜爱。开发者在浏览器中输入图 2.14 所示的地址即可打开 Remix 首页,最新的 Remix 版本是 v0.33.0。

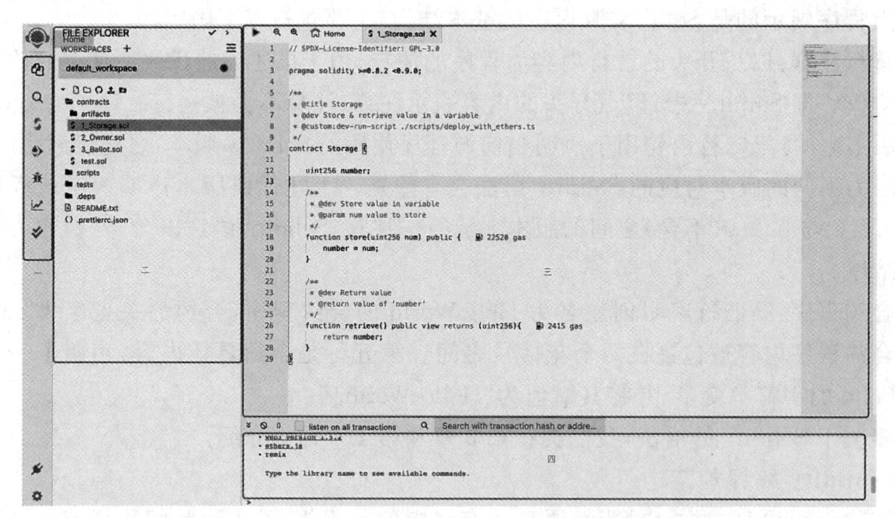

图 2.14 Remix 开发工具

选择左侧文件区域的 contracts 目录,打开其中一个.sol 文件。整个 Remix 开发工具大致由四个部分组成。

- 功能面板:左侧第一部分为整个编辑器的功能面板,主要有文件浏览、搜索、编译、部署和交互调用、调试、统计分析及单元测试等功能模块。可以通过单击操作在不同的功能模块间进行切换。
- 功能操作区:左侧第二部分为整个编辑器的功能操作区域,用户单击不同的功能模块,相应的操作界面就会展示在功能操作区。
- 代码编辑区:右侧的主区域为代码编辑区,主要完成智能合约程序代码的编写。

➢ 控制台：在智能合约程序的编译、部署和调用、调试等过程中，程序的执行过程和细节均会通过控制台输出，方便程序开发者更好地调试和编写程序。

2.9.4　智能合约部署和调用

在代码编辑区中编写智能合约代码，代码编写完毕后，单击功能面板的“编译”按钮，显示出编译配置选项。开发者可以选择适合的编译器版本和要编译的合约程序，然后单击“编译”按钮，如图 2.15 所示。

也可以在代码编辑界面，直接使用快捷键 Ctrl＋S 进行编译。编译完成后进入合约部署阶段，单击左侧功能面板中的“部署”按钮，进入部署功能界面。在默认情况下，Remix 会使用 JavaScript 虚拟机来模拟以太坊区块链运行智能合约，相当于在浏览器中提供一个简单的以太坊测试链环境（在最新的版本中，该 JavaScript 测试环境被称为 Remix VM）。同时，JavaScript 虚拟机还提供若干个（当前为 5 个）测试账号给开发者使用，每个账号中默认有 100ETH 余额（测试代币，无实际意义）。开发者选择已经编译好的要部署的智能合约，然后单击 Deploy 按钮，即可执行合约部署操作，如图 2.16 所示。

部署操作完成后，会在控制台输出部署结果信息。部署成功后，会在部署功能操作界面出现合约名称，比如此处的 HelloWorld，同时也会显示出合约的地址、合约中可供调用和交互的成员变量和函数等。在此例中，HelloWorld 合约中仅有一个字符串类型的变量“hello”。单击 hello 按钮后稍等片刻，“hello”变量的内容就显示在界面上，同时控制台输出了此次调用交互的详细信息，如图 2.17 所示。

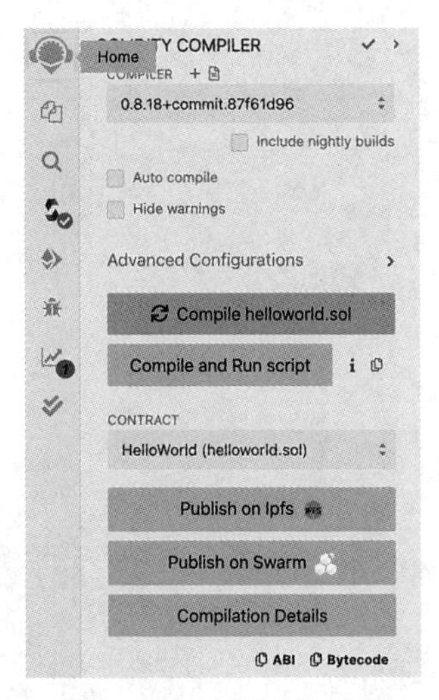

图 2.15　编译智能合约

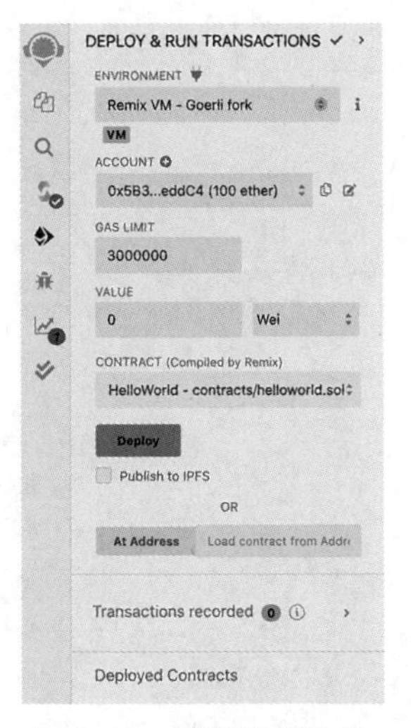

图 2.16　部署智能合约

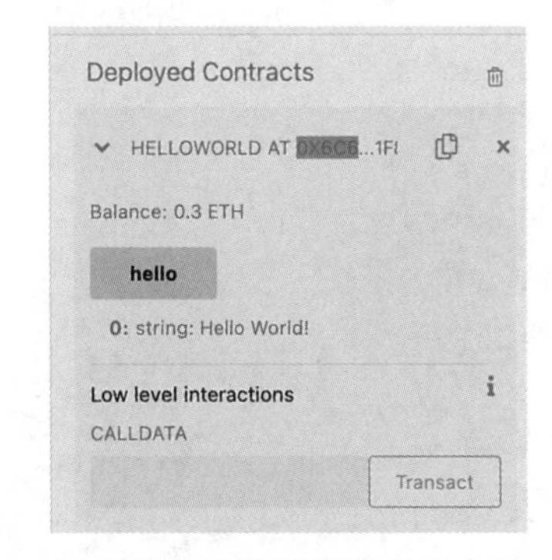

图 2.17　与智能合约进行交互

本 章 小 结

作为开发智能合约的基础，本章介绍了以太坊区块链网络的类型，并介绍了以太坊客户端。本章以 Geth 节点为例，讲解了以太坊本地客户端节点的运行、私有链的搭建及多节点联盟链的搭建步骤;然后介绍了钱包的概念,安装了钱包工具MetaMask,并成功连接到测试网络和本地私有链节点。最后介绍了在线编辑集成开发环境(IDE)Remix的功能和使用方法。

能力自测

1. 简述使用Geth客户端搭建以太坊私有链的操作步骤。

2. 使用Geth中的账户管理模块功能创建两个新账户,并尝试执行解锁账户的操作。

3. 操作Geth客户端查看节点信息,尝试手动执行添加节点操作,并查看是否添加成功。

4. 简述MetaMask连接自定义节点的操作步骤。

第3章　Solidity基础

在第2章中,我们已经介绍了以太坊和智能合约的理论知识及其开发工具。在本章中,我们将逐步介绍Solidity的语法规则和使用方法,包括数据类型、变量声明、函数定义、流程控制语句和面向对象编程等。在后续章节中,我们还将探讨如何与以太坊区块链进行交互,以及如何处理异常和事件。

Solidity是一种静态类型的编程语言,即在编译阶段就要明确变量的数据类型,因此在使用变量前必须先声明该变量的数据类型。Solidity所支持的数据类型又可以归纳为值类型、引用类型和映射类型三类。

3.1　值　类　型

值类型又称基本数据类型,主要特点是变量的值是一个数值、一个字符或者一个布尔值等。当变量作为参数进行传递或者赋值时,总会发生内容的复制。

3.1.1　布尔型

布尔型在Solidity中的关键字为bool,是一种二值类型,即取值只有两种:true(真)或false(假)。在程序中,布尔型变量支持的运算操作包括逻辑与(&&)、逻辑或(||)、逻辑非(!)、等于(==)和不等于(!=),例如:

```
1  //SPDX-License-Identifier: MIT
2  pragma solidity  >=0.8.2 <0.9.0;
3
4  contract Primitives {
5      bool public boo = true;             //定义值为 true 的布尔型变量
6      bool public boo1 = !boo;            //对变量 boo 取非操作,boo1 的值为 false
7      bool public boo2 = boo && boo1;     //boo 和 boo1 执行逻辑与操作,结果为 false
8      bool public boo3 = boo || boo2;     //boo 和 boo2 执行逻辑或操作,结果为 true
9      bool public boo4 = boo == boo3;     //判断 boo 和 boo3 的值是否相等,结果为 true
10     bool public boo5 = boo != boo4;     //判断 boo 和 boo4 是否不相等,结果为 false
11  }
```

需要说明的是,逻辑与和逻辑或两个操作均符合短路原则。短路原则是指从左向右按顺序进行运算时,若前者满足要求,则不再执行后者。例如表达式 $x||y$,从左到右进行运算,首先判断 x 表达式是否为真,如果结果为真,则 y 就不再执行,整个表达式 $x||y$ 的最终结果为真。

3.1.2 整型

整型根据数值的正负分为两类：有符号整型和无符号整型。有符号整型用 int 表示，无符号整型用 uint 表示。有符号整型表示的数据范围中包含负数，无符号整型表示的数据范围中没有负数，只有 0 和正整数。

在 Solidity 语言中，有符号整型和无符号整型又根据占据空间大小的不同，各有一系列的数值类型。例如，无符号整型有 uint8，uint16，uint24，…，uint256，每两个相邻的单位中间相差 8，其中的数字表示数据的二进制位的个数；同理，有符号整型有 int8，int16，int24，…，int256，与 uint 系列特点相同。另外，在 Solidity 编写的程序中，定义变量为 int 和 uint，指的分别是 int256 和 uint256，即 int 是 int256 的别名，uint 是 uint256 的别名。同时，我们整理出 int 和 uint 两个系列类型分别表示的数据范围，见表 3.1。

表 3.1 Solidity 中 int 和 uint 两个系列类型分别表示的数据范围

数据类型	表示数的范围	表示数的个数
int8	$-2^{7}\sim2^{7}-1$	2^{8}
int16	$-2^{15}\sim2^{15}-1$	2^{16}
⋮	⋮	⋮
int256	$-2^{255}\sim2^{255}-1$	2^{256}
uint8	$0\sim2^{8}-1$	2^{8}
uint16	$0\sim2^{16}-1$	2^{16}
⋮	⋮	⋮
uint256	$0\sim2^{256}-1$	2^{256}

整型变量支持的运算操作包括以下内容。

- 算术运算：+、-、*、/、%、** 六种运算，其中，** 为乘方运算，也称指数运算。
- 比较运算：<=、<、==、!=、>=、>，以上这些比较运算的结果均是布尔值，即 true 或者 false。
- 位运算：&、|、^、~。
- 移位运算：<<、>>。

以下程序代码演示了整型变量支持的运算操作。

```
1  //SPDX-License-Identifier: MIT
2  pragma solidity  >=0.8.2 <0.9.0;
3
4  contract Primitives {
5      //无符号整型
6      uint8 public u8 = 1;
7      uint16 public u16 = 21;
8      uint256 public number256 = 20230520;
9      uint public u256 = 1000;
10
```

```
11      //有符号整型
12      int8 public i8 = -2;                          //整数,包括负数
13      int16 public i16 = 1314;
14      int256 public i256 = 3709211990;
15
16      //整型变量的运算
17      //算术运算
18      int public number1 = 5;
19      int public _number1 = number1 + 5;        //+加法
20      int public _number2 = number1 * 5;        //*乘法
21      uint256 public _number3 = 2 * * 2;        //* * 2的2次方,指数运算
22      uint256 public _number4 = 7 % 2;          //%取余数
23      //比较运算
24      bool public _numberbool = _number3 > _number4; //比大小,结果为true
25      //位运算
26      int public _number5 = _number1 & _number2;      //& 按位与运算 10 & 25
27      //移位运算
28      int public _number6 = 2023520 >> 4; //对应的二进制数向右移4位,数值缩小至原来的1/16
29  }
```

在上述代码中,既包含无符号整型变量,也包含有符号整型变量,同时还涉及相关的运算操作,读者可以自己尝试给出上述代码的运算结果,以检测对整型变量运算的掌握程度。实际上,上述合约程序部署后,依次查看合约中的变量,可以得到每个变量的值,即为运算的结果,内容如下:

```
_number1: 10
_number2: 25
_number3: 4
_number4: 1
_numberbool: true
_number5: 8
_number6: 126470
```

除此之外,还可以获得具体某个数值类型的最大值和最小值,使用形式为 type(integer_type).max 和 type(integer_type).min,示例如下:

```
1  // SPDX-License-Identifier: MIT
2  pragma solidity >=0.8.2 <0.9.0;
3
4  contract Primitives {
5      int8 public i8Max = type(int8).max;          //输出值为127
6      int8 public i8Min = type(int8).min;          //输出值为-128
7      uint16 public u16Max = type(uint16).max;     //输出值为65535
8      uint16 public u16Min = type(uint16).min;     //输出值为0
9  }
```

3.1.3 地址类型

address 是 Solidity 中的一种数据类型,用来表示以太坊网络中的地址,在智能合约开发中使用非常广泛。address 的形式为以 0x 开头的 40 个十六进制数字。即每个地址类型的

数据长度是固定的，为 20 字节，即 160 个二进制位，因此也可以用 uint160 表示地址类型。在使用中，address 主要有两种使用方式。

➢ address 类型：普通的以太坊账户地址或合约程序的地址。

➢ address payable 类型：形式和长度与普通的地址相同，但因为有 payable 关键字，所以该种类型的地址变量还有 send 和 transfer 方法。

可以使用 Solidity 语言定义一个 address 类型的变量，并通过访问 balance 属性查看地址的余额。例如：

```
1  //SPDX-License-Identifier: GPL-3.0
2  pragma solidity >=0.8.2 <0.9.0;
3
4  contract Primitives {
5      //普通地址
6      address public addr = 0xCA35b7d915458EF540aDe6068dFe2F44E8fa733c;
7      //可以接收以太币、转账的地址
8      address payable public addr1 = payable(addr);
9      uint256 public balance = addr1.balance;//查看地址的余额
10 }
```

地址类型是 Solidity 语言中非常重要的组成部分，在本书的后续章节中会详细介绍。

3.1.4 字节数组

字节数组根据其长度是否固定，可分为固定长度字节数组和可变长度字节数组(不定长度字节数组)两种。字节数组使用关键字 bytes 表示，bytes 后面可跟有数字，表示字节数组的长度。

➢ 固定长度字节数组：是值类型的一种，即字节数组的长度在变量声明时就确定了，不可改变。例如，bytes1、bytes2、bytes32 分别表示 1 字节大小的数组、2 字节大小的数组、32 字节大小的数组。Solidity 中规定，固定长度字节数组的最大容量为 32 字节，即 bytes32。可以通过 length 属性获取数组的长度，返回值为 uint8 类型。

➢ 可变长度字节数组：属于引用类型中的一种数据类型，其特点是数组的长度可以根据需要变化，如 bytes 等。

```
1   bytes1 public byte1 = "h";                 //长度为 1 字节的数组
2   bytes2 public byte2 = "my";                //长度为 2 字节的数组
3   bytes32 public byte32 = "hello world";     //长度为 32 字节的数组
4   bytes public bytes_ = "i love you";        //长度可变的字节数组
5   uint8 public len = byte32.length;          //获取 bytes32 数组变量的长度
```

固定长度字节数组支持比较运算、位运算、移位运算和元素内容访问四类操作。各类操作具体包含的运算如下。

➢ 比较运算：<=、<、==、!=、>=、>等，两个固定长度字节数组可以直接进行比较运算，运算结果为布尔型。具体运算规则为：先比较两个字节数组的长度，若长度一样，则继续按内容从第一个字节开始比较。

➢ 位运算：&、|、^、~。

➢ 移位运算：同样支持左移和右移运算。

➢ 元素内容访问：固定长度字节数组还支持通过下标访问数组中某个字节的内容。比如有字节数组 b1，其容量为 8 字节，可以通过 b1[0]访问其第一个字节的内容。示例程序如下：

```
1  bytes1 public b1 = byte32[0];//访问 byte32 字节数组的第一个字节的内容,赋值给 b1 变量
```

3.1.5 枚举

关键字 enum 表示 Solidity 中的枚举类型。枚举是用户定义的类型，用于定义一组有限的常量。在定义枚举常量时，通常全部使用大写字母表示。关于枚举的定义举例如下：

```
1  enum Grade {
2      A,
3      B,
4      C,
5      D,
6      E
7  }
```

上述代码定义了枚举类型 Grade，其中包含 A、B、C、D、E 五个枚举常量，枚举常量默认从 0 开始，自动递增。枚举类型的作用主要是减少对代码魔法数值（莫名其妙出现的数字）的使用，提高代码的可读性和可维护性。我们可以使用枚举类型来代替一些魔法数值。例如：

```
1  function doSomething(uint status) {
2      if (status = = 0) {
3          // do something
4      }
5      else if (status = = 1) {
6          // do something
7      }
8      else if (status = = 2) {
9          // do something
10     }
11     // ...
12     else if (status = = 9) {
13         // do something
14     }
15 }
```

上述代码使用 0～9 的状态码来执行不同的操作。这样的代码不仅难以维护，而且可读性不好。使用枚举类型可以解决该问题。

```
1  enum Status {
2      Start,
3      Processing,
4      Completed,
5      Failed,
6      // ...
7  }
```

```
8
9  function doSomething(Status status) {
10     if (status == Status.Start) {
11         // do something
12     }
13     else if (status == Status.Processing) {
14         // do something
15     }
16     else if (status == Status.Completed) {
17         // do something
18     }
19     else if (status == Status.Failed) {
20         // do something
21     }
22     // ...
23 }
```

3.2 函　　数

3.2.1 函数的概念和定义

函数是一组为了完成特定任务而执行的代码块，一个函数可以包含一条或多条语句，可以接收数据，经过执行并返回结果。在 Solidity 语言中，使用关键字 function 表示一个函数，函数通常由函数名、输入参数、返回值、访问修饰符和函数体等部分组成。

函数的定义又称函数的声明，用于完成某个特定功能。通过 function 关键字定义一个函数的格式如下：

```
1  function functionName(type parameter1,type parameter2 ) accessSpecifier returns
   (returnType) {
2      //函数体
3      return returnValue;
4  }
```

上述示例为标准的函数声明格式。其中，functionName 表示函数名，主要用于标识函数；parameter1 和 parameter2 为形式参数，表示函数提供输入数据的变量；type 表示参数所对应的数据类型，可以是值类型，或者是引用类型中的一种；accessSpecifier 表示函数的访问修饰符，主要用于设置函数的可见性；returnType 表示函数的返回类型，用于指定函数的输出类型，特别地，在 Solidity 中一个函数允许有多个返回值，因此可能会有多个 returnType 的情况。当某个函数有多个返回值类型时，返回值类型之间使用逗号分隔。

3.2.2 函数的可见性

函数的可见性决定了函数可以被谁访问和调用。Solidity 中提供了四种函数可见性修饰符。

➢ public：意为公共的、公开的，被 public 修饰的函数可以被任意地调用，包括合约程序内部、外部及合约本身等。

- private：意为私有的、隐秘的，私有函数只能在合约程序内部被调用，不能被外部调用访问。
- internal：意为内部的，被该修饰符修饰的函数称为内部函数。内部函数只能被当前合约程序及继承了当前合约的子合约程序调用，不能被其他调用。
- external：意为外部的，被该修饰符修饰的函数称为外部函数。外部函数只能被外部调用，不能从合约内部调用。

默认情况下，Solidity 中的函数都是公开的，public 是合约程序开发中最常见的一种可见性修饰。以下程序展示了关于函数可见性的修饰符的用法。

```
1  contract MyContract {
2      //状态变量
3      uint256 private myNumber;
4      //私有函数
5      function privateFunction() private returns (uint256) {
6          //在这里实现私有函数
7          return myNumber;
8      }
9      //内部函数
10      function internalFunction() internal returns (uint256) {
11         //在这里实现内部函数
12         return myNumber;
13     }
14     //公共函数
15     function publicFunction() public {
16         //在这里实现公共函数
17     }
18     //外部函数
19     function externalFunction() external {
20         //在这里实现外部函数
21     }
22 }
```

3.2.3 pure 和 view 关键字

除函数的可见性修饰外，也可以使用 pure 和 view 关键字修饰函数。之所以要引入 pure 和 view 关键字修饰函数，是因为在以太坊中每次执行交易均需要消耗 Gas。合约的状态数据存储在以太坊链上，修改状态的 Gas 花费很高。如果某个操作不需要改变链上的合约状态，那么可以不支付 Gas 费用。因此，引入 pure 和 view 关键字来修饰函数，用于说明被修饰的函数不会改变链上数据状态，用户也不需要支付 Gas 费用。

在以太坊中，会修改链上合约状态的主要操作包括以下情况。

- 向链上写入状态变量。
- 释放事件。
- 创建合约操作。
- 使用 selfdestruct 操作。

➢ 发送以太坊交易。
➢ 调用未使用 view 或 pure 关键字修饰的函数。
➢ 使用低级调用。
➢ 使用包含某些操作码的内联汇编。

1. pure 关键字

pure 英文原意为纯净的、纯粹的，在 Solidity 中使用 pure 修饰的函数，表示该函数是一个纯函数，既不会访问合约的状态，也不会修改合约的状态。纯函数仅能够以输入参数作为输入，计算并返回结果，并不会改变合约的任何状态。当然，纯函数的执行也不会消耗 Gas。pure 修饰的合约程序如下：

```
1  function add(uint a,uint b) public pure returns (uint) {
2          uint c = a + b;
3          return c;
4  }
```

上述 add 函数不会访问任何状态，因此使用了 pure 修饰符。该函数的作用是将传入的两个参数 a 和 b 相加，并返回计算结果。在 add 函数中，并没有访问合约的任何状态，也没有执行写入操作，仅对输入参数进行了计算操作，因此执行该函数不会消耗 Gas。

2. view 关键字

与 pure 功能相近的还有 view 关键字。使用 view 关键字修饰的函数，表示该函数是一个只读函数，在函数内部不会做修改合约状态的操作，只会进行读取合约状态数据或者计算数据等操作，并不会对链上数据进行修改。因此，view 修饰的函数在执行时不会消耗 Gas。例如，有以下函数定义。

```
1  function getBalance() public view returns (uint) {
2          return address(this).balance;
3  }
```

上述函数代码不会对合约状态进行任何修改，因此使用了 view 修饰符。该函数的作用是返回合约地址当前的余额。view 修饰的函数访问合约状态的示例程序如下：

```
1  //SPDX-License-Identifier:GPL-3.0
2  pragma solidity >=0.8.2 <0.9.0;
3
4  contract Functions{
5      uint8  num = 1;
6      function add() public view returns(uint8){
7          uint8 num1 = num +1;
8          return num1;
9      }
10 }
```

上述程序代码中，定义了合约 Functions，声明了 num 变量，初始值为 1，并定义了 add 函数，在函数中访问了合约变量 num，并对其进行+1 操作，最后返回新变量 num1 的值。在该函数中，访问了合约成员 num 的状态，且执行了计算，并没有修改合约成员 num 的状态，因此该函数使用 view 关键字修饰。

3.2.4 payable 关键字

除 pure 和 view 关键字用于表示函数是纯函数和只读函数外，还可以使用 payable 关键字修饰函数。payable 关键字用于标识一个函数可以接收以太币作为函数调用的一部分。当一个函数被标记为 payable 时，它就可以接收调用者通过 send 或 transfer 方式发送的以太币，这些以太币将存储在合约的地址中，并在后续被合约的其他部分使用。

对于 payable 函数，调用者可以发送任意数量的以太币，这些以太币将作为函数的一个参数被处理，可以在函数中访问 msg.value 来读取发送的以太币数量。如果一个函数没有标记为 payable，则无法接收以太币。

例如，在以太坊中接收以太币的操作代码如下：

```
1  pragma solidity >= 0.8.2 <0.9.0;
2  contract MyContract {
3      uint public totalReceived;
4
5      function receiveEther() public payable {
6          totalReceived + = msg.value;
7      }
8  }
```

上述 receiveEther 函数被标记为 payable，故可以接收调用者发送的以太币，累计接收的总金额存储在 totalReceived 变量中。

另外，被 payable 关键字修饰的函数必须是 public 类型的。

3.2.5 函数的返回值

函数返回值用于表示函数执行后的输出结果，以便在后续程序中进行处理。在一个函数中，可以有返回值，也可以没有返回值。有返回值的函数，可以用来表示该函数的执行结果，返回给调用者。没有返回值的函数，表示其功能主要是完成某些操作。

1. returns 和 return 关键字

returns 关键字在函数声明时使用，跟在函数名后面，用于声明返回值的类型和为返回值定义名称。return 关键字在函数体内使用，用于在函数体执行结束后，将函数的执行结果返回。以下程序展示了 returns 和 return 的用法及所在位置的区别。

```
1  function getBalance() public view returns (uint) {
2      return address(this).balance;
3  }
```

在上述合约程序中，getBalance 函数的声明行使用 returns 关键字声明返回一个 uint 类型的返回值，函数体内使用 return 关键字将结果返回。

在 Solidity 中，函数可以返回一个或者多个值，主要有返回值列表和命名式返回两种方式。

2. 返回值列表

若函数有多个返回值，可以在声明函数的第一行使用关键字 returns 来指定多个返回值的类型。例如，声明一个具有两个返回值的函数，两个返回值均为 uint 类型。

```
1 /**
2  *计算给定两个数相加的结果,以及两个数相乘的结果
3  **/
4 function sumAndProduct(uint a,uint b) public pure returns (uint,uint) {
5     uint c = a + b;
6     uint d = a * b;
7     return c,d;
8 }
```

在上述合约程序中，在函数中定义两个 uint 变量，变量 c 用于接收 a 和 b 两数之和，变量 d 用于接收 a 和 b 两数之积，最后使用 return 关键字返回 c 和 d 变量。

3. 命名式返回

除返回值列表方式外，还可以为每个返回值定义名称，此时在函数内部就不再需要 return 关键字返回语句。合约程序如下：

```
1 function sumAndProduct1(uint a,uint b) public pure returns (uint sum,uint
  product) {
2     sum = a + b;
3     product = a * b;
4 }
```

在上述合约程序中，将两个返回值分别定义为 sum 和 product，在函数体内对 sum 和 product 进行了赋值。

4. 解构式赋值

解构式赋值是一种在一行中同时创建多个变量的方法，通常用于将多个返回值分配给对应的变量，或者从对象或数组中提取元素并将其分配给变量。在 Solidity 中，可以使用解构式赋值对函数的返回值进行分解赋值。例如，有如下合约程序。

```
1 function sumAndProduct(uint a,uint b) public pure returns (uint,uint) {
2     return (a + b,a * b);        //使用元组(tuple)同时返回两个值
3 }
4
5 function getResult() public pure returns (uint,uint) {
6     (uint sum,uint product) = sumAndProduct(5,10);
7     return (sum,product);
8 }
```

在上述示例程序中，sumAndProduct 函数会返回两个无符号整数作为该函数的返回值。在 getResult 函数中使用解构式赋值语法，从 sumAndProduct()函数返回的元组中提取出两个值，并将它们分配给 sum 和 product 变量，最后返回这两个变量的值。

3.3 引用类型

引用类型(reference types)是一种特殊的数据类型，用于存储复杂的数据结构，如数组、结构体和映射。与值类型不同，引用类型存储的是对数据的引用，而不是数据本身。这意味着修改引用类型的成员会影响到原始数据。由于引用类型变量比较复杂，占用的存储空间

大，因此在使用时必须要声明数据存储位置。

3.3.1 数据存储位置

数据存储位置用于指明变量值应存储在哪里，主要包括内存、持久化存储（以持久化的方式存储在区块链网络上）及不可修改的非持久化存储三种形式。在 Solidity 中，通过关键字修饰的形式可以指定某个引用类型变量的数据存储位置，三个关键字分别为：memory、storage 和 calldata。在默认情况下，值类型变量存储在内存中，引用类型变量持久化存储。

1. memory

memory 是一种临时的数据存储位置。memory 类型的变量值只保存在函数和程序执行的上下文中，函数或程序执行完毕后就会被清空。在实际使用中，函数中声明的参数和临时变量通常使用 memory 修饰，这样可以使智能合约的执行效率更高。如果一个函数的参数被定义为 memory，那么调用该函数时，传入的参数值将会存储在内存中。展示 memory 用的合约程序如下：

```
1  contract Example {
2      bytes byteArray = "0x1234";
3      function updateMemory() public view returns(bytes1){
4          bytes memory b = byteArray;
5          b[0] = "2";
6          return b[0];
7      }
8  }
```

在上述合约程序中，b 变量被定义为 memory，当函数执行完毕后，该变量的值将被释放并从内存中删除。

2. storage

使用 storage 关键字修饰的变量，变量的值会被永久存储在区块链上，并且可以通过相应的访问函数进行访问或修改。在 Solidity 中，合约中的全局变量默认保存在区块链上，即变量的值会保存在每一个节点中。展示 storage 类型变量使用的示例程序如下：

```
1  pragma solidity ^0.8.0;
2
3  contract Example {
4      string private myString;
5
6      function setString(string memory newString) public {
7          myString = newString;
8      }
9
10      function getString() public view returns (string memory) {
11          return myString;
12      }
13  }
```

在上述合约程序中，声明了一个名为 myString 的字符串私有变量，默认情况下它的存储位置为 storage，并提供了两种操作 myString 的函数：setString()和 getString()，分别用于设置和获取字符串的值。在两个函数中,分别使用了 memory 关键字声明函数参数和返回值的存储位置,默认情况下它们的存储位置为 memory。

3. calldata

calldata 是一个不可修改的、非持久化存储的区域。calldata 和 memory 有些类似,将变量值存储在内存中,不会永久保存在区块链上。与 memory 类型不同的是,使用 calldata 修饰的变量不能被修改,通常使用在函数参数的声明处。因此,calldata 类型的主要特点可总结如下。

- 只能使用在函数声明中,用于修饰函数参数。
- calldata 类型的变量不能被覆盖和修改,否则程序会出现编译错误。
- 使用 calldata 修饰函数的参数,执行操作时消耗的 Gas 更少,执行代价更低。

展示 calldata 用法的示例程序如下:

```
1 function f(bytes calldata _in) public pure returns(bytes memory){
2     // _in[0] = 0   //程序会报错
3     bytes memory bx = _in;
4     bx[0] = 0;      //程序不会报错
5     return bx;
6 }
```

函数 f()包含一个 bytes 类型的参数_in,被修饰为 calldata 存储类型。若在函数内部对_in 的第一个字节内容进行修改,则程序会报语法错误。在函数内部定义 memory 类型的变量 bx,并将_in 赋值给 bx,随后对 bx[0]进行内容修改,最后将 bx 作为返回值返回。函数的返回值类型被修饰为 memory 类型。

3.3.2 数据位置与赋值规则

在实际程序中,合约的全局变量、函数的参数变量、函数内部变量有时会出现相互赋值的情况。特别是在函数调用和对变量进行修改的情况下,涉及变量内容的修改是否会改变原变量内容的问题。在 Solidity 中,数据位置与赋值规则主要有四种情况,下面通过示例做详细分析。

1. storage 类型的变量作为参数,赋值给 memory

storage 类型的变量作为参数,赋值给 memory,示例程序源码如下:

```
1 //SPDX-License-Identifier:GPL-3.0
2 pragma solidity >=0.8.2 <0.9.0;
3
4 contract ContractCode {
5     int public _num;
6
7     constructor (int num){
8       _num = num;
9     }
10
11    function update() public view{
12      modifyNum(_num);
13    }
```

```
14
15     function modifyNum(int num) public pure{
16       num = 100;
17     }
18 }
```

在此例中，部署合约时传入num变量值，假如传入的num值为20，此时_num的值为20；然后运行update()函数，其中使用storage类型的_num作为函数modifyNum()的参数，相当于创建了一个临时变量num(memory类型)，将storage类型的变量_num赋值给memory类型的变量num，是值传递，所以在modifyNum()函数中，num变量的值的变化并不会影响到_num变量的值。因此再查看_num的值，仍然是20。

2. storage类型的变量作为参数，赋值给storage

storage类型的变量作为参数，赋值给storage，示例程序源码如下：

```
1  //SPDX-License-Identifier:GPL-3.0
2  pragma solidity >= 0.8.2 <0.9.0;
3
4  contract ContractCode {
5      string public  _city;
6
7      constructor(){
8          _city = "Beijing";
9      }
10
11     functionupdate() public{
12         modifyCity(_city);
13     }
14
15     function modifyCity(string storage city) internal {
16         string storage city1 = city;
17         bytes(city1)[0] = 'N';
18     }
19 }
```

在此例中，modifyCity(.)函数的参数为string类型，并使用storage修饰，同时该函数使用internal修饰。需要注意的是，如果modifyCity()函数不声明为internal会报错，原因是Solidity中的形参默认为memory类型的，此例声明为storage类型，函数的类型就必须声明为internal或者private。

部署该合约时，全局变量_city被赋值为"Beijing"。调用update()函数时，首先会将storage类型的_city变量地址赋给modifyCity()函数storage类型的参数city，为引用传递；然后在modifyCity()函数中，将storage类型的city变量地址赋值给storage类型的city1变量，为引用传递；最后city1值的变化会导致_city的值变化。调用update()函数前，_city的值为"Beijing"；调用update()函数后，_city的值为"Neijing"。

3. memory类型的变量作为参数，赋值给memory

memory类型的变量作为参数，赋值给memory，示例程序源码如下：

```
1  //SPDX-License-Identifier:GPL-3.0
```

```
2  pragma solidity >= 0.8.2 <0.9.0;
3
4  contract ContractCode {
5
6       function modifyName(string memory name) public pure returns(string
        memory){
7           string memory name1 = name;
8           name1 = "Beijing";
9           return name;
10      }
11  }
```

在此例中，调用 modifyName()函数，将 memory 类型的 name 赋值给 memory 类型的 name1，为值传递。此时改变 name1 的值，name 的值不会随之改变。

4. memory 类型的变量作为参数，赋值给 storage

memory 类型的变量作为参数，赋值给 storage，示例程序源码如下：

```
1  //SPDX-License-Identifier:GPL-3.0
2  pragma solidity >= 0.8.2 <0.9.0;
3
4  contract ContractCode {
5       string public  _name;
6
7      constructor() {
8          _name = "Beijing";
9      }
10
11     functionupdate(string memory name) public{
12         _name = name;
13         name = "Nanjing";
14     }
15  }
```

在此例中，合约部署时，_name 变量被赋值为“Beijing”。调用 update()函数，将 memory 类型的 name 赋值给 storage 类型的_name，为值传递。第 12 行处_name 的值会被修改成 name 的值，然后不再随 name 的改变而改变。

3.3.3 数组

数组是 Solidity 中常用的一种引用类型。在程序开发中，数组主要被用来存储一组相同类型的数据，如整型、字节数组、地址类型等。数组主要分为固定长度的数组和可变长度的数组。

1. 固定长度的数组

固定长度的数组，顾名思义其长度是固定不变的，在数组声明时就已经明确了其长度，在后续的使用和操作中，数组的长度不可改变。使用 Type[n]的形式声明固定长度的数组，其中 Type 表示数组的数据类型，如 uint、int、bytes 等；n 表示数组的长度。例如，声明以下数组变量。

```
1  address[3] addArray;          //声明长度为 3 的地址类型数组变量,变量名为 addArray
2  uint[10] uArray = [2,9,1,10,5,7,111,99,89,32];//在声明数组变量的同时,对其进行初始
                                                  化赋值
3  bool[5] bArray;
4  //byte[3] b3;                 //程序会报错
5  bytes3[3] b3Array;
6
7  function setArrayValue() public {
8
9      addArray[0] = address(this);
10
11     uArray[0] = 0;
12     uArray[1] = 10;
13
14     bArray[3] = true;
15     //bArray[5] = false;     //下标越界,报错
16     bArray[4] = false;       //下标未越界
17
18     b3Array[2] = "80";       //将 b3Array 变量的元素 2 的内容赋值为 "80"
19 }
```

在固定长度的数组中,比较特殊的是固定长度字节数组。本书 3.1 节中已经介绍过,使用 bytes 表示固定长度字节容量,例如,bytes1、bytes2 和 bytes3 不需要使用[],上述程序中 byte[3]的声明形式会报错。若开发者希望定义一个长度固定的字节数组,可以使用 bytesk[k]进行声明,如上述代码中 b3Array 变量的声明。

固定长度的数组在声明时,所有元素的默认值均为相应数据类型的默认值,例如,uint 类型的默认值为 0,bool 类型的默认值为 false。如果需要给定数组元素初值,那么可以在数组声明的同时对其进行初始化赋值。另外,还可以通过索引访问数组元素,数组的索引从 0 开始。例如,在上述合约程序 setArrayValue 函数中,描述了对数组元素的一系列赋值操作。

2. 可变长度的数组

可变长度的数组,又称动态数组,其数组空间大小是不固定的,并支持动态调整元素的数量。动态数组的声明和固定长度的数组声明方式类似,只是没有长度限制:type[ ] name。动态数组的声明和操作示例程序如下:

```
1  uint[] public duArray;//定义动态数组 duArray
2  bool[] public dbArray = [false,true,true,false];
                        //定义了动态数组 dbArray,并为其初始化了 4 个元素值
3
4  function updateArray() public returns(uint,uint){
5      duArray.push(10086);             //向 duArray 数组中添加一个元素值
6      duArray.push(10010);             //继续向 duArray 数组中添加第二个元素值
7      uint len = duArray.length;       //获取到数组 duArray 的长度
8
9      dbArray.push(false);             //向 dbArray 中添加元素值
10     dbArray.push(true);
11     uint dlen = dbArray.length;
```

```
12      return (len,dlen);
13  }
```

在上述合约示例中，创建了动态数组 duArray 和 dbArray，其中变量 dbArray 在声明的同时做了初始化赋值操作。在函数 updateArray()中，使用 push 操作向 duArray 和 dbArray 数组中各添加两个新元素，并通过属性 length 获取数组的长度，将两个数组的长度作为返回值返回。当通过 push 操作向数组中添加元素时，数组的大小会动态增长。另外，还可以通过 pop()方法删除数组末尾的元素。若用户需要对某个特定位置的元素进行修改，可以使用索引访问元素或者修改元素。动态数组的元素删除和修改操作如下：

```
1   uint[] public duArray;      //定义动态数组 duArray,数组长度为 0
2   bool[] public dbArray = [false,true,true,false];
                                //定义了动态数组 dbArray,并为其初始化了 4 个元素值
3
4   function modifyArray() public returns(uint[] memory,bool[] memory){
5       dbArray.pop();          //将 dbArray 数组的最后一个元素删除,数组剩余 3 个元素
6
7       duArray.push(10086);    //向 duArray 数组中添加一个元素,元素值为 10086
8       duArray.push(10010);    //向 duArray 数组中添加第二个元素,元素值为 10010
9
10      duArray[0] = 100;       //将数组 duArray 第一个元素值修改为 100
11
12      return (duArray,dbArray);
13  }
```

在上述示例中，使用 pop()操作删除数组 dbArray 的最后一个元素，数组从初始化的 4 个元素变为删除后的 3 个。使用 push()操作向 duArray 数组中添加两个元素值，并通过访问下标为 0 的数组元素的操作将数组的第一个元素值修改为 100，最后将两个数组返回。

需要注意的是，动态数组中每次使用 push()操作均会引起数组长度的变化，并在对应的位置上存储新元素，而这会消耗更多的 Gas，因此在编写智能合约程序时，建议开发者根据实际需求，以消耗尽可能少的 Gas 为标准选择合适的数组类型。

3. 字节和字符串

在前文 3.1 节中已经介绍过 bytes，可以声明固定长度容量的字节变量，其实 bytes 就是 bytes1[]的变体，两者均可以满足需求。但是建议读者在使用时选择 bytes，这是因为 bytes 对 Gas 的消耗更少，操作效率更高。

字符串是由一些字符组成的固定长度的数组，使用双引号("")将字符串内容包裹起来。对字符串的操作主要体现为字符串的拼接，可以使用 concat 函数将两个字符串拼接成一个字符串，示例程序如下：

```
1   function appendStr(string memory str1, string memory str2) public pure
    returns(string memory){
2       string memory result = string.concat(str1,str2);
3       return result;
4   }
```

除支持字符串拼接外，还可以通过 bytes()将字符串转换为字节数组(bytes 类型)。示例程序如下：

```
1 function convertStr(string memory str)public pure returns(bytes memory){
2     bytes memory myBytes = bytes(str);
3     return myBytes;
4 }
```

执行上述函数，传入字符串“helloworld”作为参数，函数中定义了名为myBytes的bytes类型的变量，使用bytes()进行类型转换，最后将结果返回，转换后的结果是0x68656c6c6f776f726c64。

4. 数组的其他操作

除使用频率较高的数组和字符串的操作外，还有一些其他的数组操作，此处主要介绍三个：使用new创建数组、使用表达式形式的数组和数组切片。

(1) 使用new创建数组。

对于memory关键字修饰的动态数组，可以使用new进行创建。但是必须要声明数组的长度，且一旦声明完成长度就不可改变，即无法使用push功能。开发者在创建数组后，可以通过索引访问并初始化具体元素值。程序示例如下：

```
1 function newArray(uint len) public pure {
2     uint[] memory a = new uint[](7);
3     bytes memory b = new bytes(len);//创建指定长度的bytes类型
4     assert(a.length == 7);
5     assert(b.length == len);
6     a[0] = 1;                        //通过索引对数组元素进行赋值操作
7     a[2] = 8;
8 }
```

在上述示例代码中，分别使用new创建了动态数组a和动态数组b，且后续对数组a的元素进行了赋值。

(2) 使用表达式形式的数组。

表达式形式的数组，又称数组字面常数，其特点是使用方括号包裹数组元素，实现对数组初始化，数组中的每个元素以第一个元素的类型为准。例如，[1,2,3]里面所有的元素都是uint8类型，因为在Solidity中，如果一个值没有指定类型，默认就是占用空间最小的类型，这里整型中占用空间最小的类型就是uint8。而[uint(1),2,3]里面的元素都是uint类型，因为第一个元素为uint类型，其他元素都以第一个元素的类型为准。示例程序如下：

```
1 function f() public pure returns(uint){
2     uint len = g([uint(1),2,3]);
3     return len;
4 }
5
6 function g(uint[3] memory array) public pure returns(uint){
7     return array.length;
8 }
```

在上述程序中，函数f中调用了函数g，在调用g时传入的参数是一个表达式形式的数组参数，因为第一个元素的类型为uint，所以整个数组所有元素的数据类型均为uint类型，最终返回的是传入数组的长度，结果为3。

(3) 数组切片。

数组切片允许开发者在不复制整个数组的情况下访问数组的一部分元素。切片是指向原始数组的引用,包含一个起始索引和一个结束索引,使用形式为 x[start:end]的格式截取数组的某些元素。在截取过程中,索引为 start 的元素被包含在内,索引为 end 的元素不会被包含在内。如果从索引为 0 的元素开始截取,也可以省略 start 索引,形式为 x[:end];另外一种情况是,开发者希望从某个元素开始截取,一直到数组的末尾,此时可以省略 end 索引,形式为 x[start:]。

在数组切片的使用过程中,使用者要确保 start 和 end 的值均在数组的索引范围内,并且 start 的值小于 end,否则程序会发生错误。

3.3.4 结构体

Solidity 支持开发者通过构造结构体的形式,自定义所需要的复合型数据,使用关键字 struct 表示一个结构体。在结构体声明处,开发者可以定义变量和对应的类型,变量的数据类型既可以是基本数据类型,也可以是引用数据类型,而结构体自身属于引用类型的一种。

结构体遵循先定义后使用的规则。可以像其他面向对象编程语言一样,通过变量名访问结构体所具备的属性,或者对其属性进行赋值。以下示例程序展示了结构体的定义和使用方法。

```
1  //SPDX-License-Identifier:GPL-3.0
2  pragma solidity >= 0.8.2 <0.9.0;
3
4  contract MyContract {
5      /**
6       *定义名为 MyStruct 的结构体,包含三个属性,分别是:姓名、年龄,是否是儿童
7       **/
8      struct MyStruct{
9          string name;
10         uint age;
11         bool child;
12     }
13
14     MyStruct public  my;//在合约程序中,声明了名为 my 的结构体变量,供程序使用
15
16     /**
17     *第一种结构体的初始化方法,直接引用属性名进行赋值
18     *赋值后,my 变量的属性值会更新为赋值后的内容
19     **/
20     function initMy() public {
21         my.name = "Davie";
22         my.age = 18;
23         my.child = false;
24     }
25
26     /**
27     *第二种结构体的初始化方法,通过构造函数式对属性进行赋值
```

```
28      **/
29      function initMy2() public {
30          my = MyStruct("Tony",25,false);
31      }
32
33      /**
34      *第三种方法,通过 key:value 键值对方式进行结构体赋值
35      **/
36      function initMy3() public {
37          my = MyStruct(
38           {
39               name:"Jack",
40               age:30,
41               child:false
42           });
43      }
44
45      /**
46      *访问结构体的属性值信息
47      **/
48      function getMyInfo() public view returns(string memory,uint,bool){
49          return (my.name,my.age,my.child);
50      }
51  }
```

上述程序中定义了名为 MyStruct 的结构体,包含三个属性,并声明了名为 my 的结构体变量。随后通过三个函数分别展示了对结构体进行初始化操作的三种方式,getMyInfo()函数中通过访问结构体的属性,获取对应的属性值并将其作为返回值返回。

3.3.5 映射类型

mapping 又称为映射,是 Solidity 中的一种数据类型,用于将键(key)映射到值(value)。其作用类似于其他编程语言中的哈希表、字典或者关联数组。通过键可以快速查找到相应的值。mapping 的声明格式为:mapping(keyType => valueType),其中 keyType 和 valueType 分别是 key 和 value 的数据类型。在使用 mapping 类型时,有几个特殊的规则需要注意:

- 映射的 key 只能选择 Solidity 内置的值类型,如 uint、bool、address 等,不能使用自定义的结构体类型;而 value 的数据类型可以是任意的。
- Solidity 中映射的存储位置必须是 storage,因此可以用于合约的状态变量,也可以在函数中使用 storage 明确存储位置,还可以在库函数的参数中使用。特别提醒的是,不能用于 public 类型函数的参数或者返回结果。
- 若将映射使用 public 进行修饰,Solidity 会自动为映射创建一个 getter 函数,可以通过调用 getter 函数,传入对应的 key 获取到对应的 value。
- 映射类型允许通过 key 对其 value 进行赋值,操作格式为:mapName[key] = value,其中 mapName 是映射变量名,key 是映射中的键,value 是要设置的新值。
- 关于映射类型的初始化,当只定义且未使用映射变量时,映射的空间为 0,映射类型

中的 key 和 value 均为对应数据类型的默认值，比如，uint 类型的默认值为 0，bool 类型的默认值为 false，address 的默认值为 0x000...00（全部为 0）的地址。映射作为一种容器，其大小是可以变化的，可以根据其存储的内容自动调整大小。

➢ 普通的映射类型不能被迭代，也不能被序列化为字符或者 JSON 等格式。如果需要对 mapping 进行迭代操作，那么开发者应使用具有迭代功能的 IterableMapping 库合约。

以下示例程序展示了关于 mapping 类型的基本用法和规则。

```
1  //SPDX-License-Identifier:GPL-3.0
2  pragma solidity >= 0.4.0 <0.9.0;
3
4  contract MappingExample {
5      /**
6       *定义了映射变量并命名为 balances,键为 address 类型,值为 uint 类型
7       **/
8      mapping(address => uint) public balances;
9
10      /**
11      *更新某个账户地址的余额数值
12      **/
13     function update(uint newBalance) public {
14         balances[msg.sender] = newBalance;
15     }
16 }
17
18 /**
19  *测试合约
20  **/
21 contract MappingUser {
22     function f() public returns (uint) {
23         MappingExample m = new MappingExample();
24         m.update(100);
25         return m.balances(address(this));
26     }
27 }
```

上述示例代码定义了映射变量 balances，并提供 update 函数支持对映射值的更新。在测试合约 MappingUser 中使用 new 创建 MappingExample 合约对象 m，并调用 update()函数传入具体数据 100，然后返回当前调用者的余额数值。

3.4 变量初始值和常量

变量和常量是每一种编程语言中使用频率都极高的类型。在本书前文的讲解和介绍中已经提到或者使用到了变量和常量。在本节中，我们将对变量和常量做详细的介绍和对比，以便读者加深印象。

3.4.1 变量初始值

初始值指的是最原始的数值,也就是刚开始时的数值。当某个变量被声明时,变量可以被用户设置为特定的值,这在前文的程序中已有体现,若开发者只定义了变量名,则变量会被初始化为特定的默认值。不同的数据类型都有对应的默认值,主要的数据类型和其对应的默认值如下。

- bool:默认值为 false。
- int、uint:默认值为 0。
- address:默认值为 0x0000000000000000000000000000000000000000。
- 动态数组和字节数组:默认为空数组,即长度为 0 的数组。
- 固定长度的数组:默认情况下,每个元素都被初始化为对应类型的默认值。如 uint[3],其三个元素的默认值均为 0。
- 结构体:默认情况下,结构体的每个成员变量都被初始化为对应类型的默认值。
- 映射类型:与结构体类似,默认情况下键和值均被初始化为对应类型的默认值。

变量可以在不同的作用域中声明和使用,主要有全局作用域和某个函数的局部作用域。在函数内部声明的变量称为局部变量;反之,作用于合约全局的变量称为全局变量。

3.4.2 delete 操作符

使用 delete 操作符可以将变量的值清空,即 delete 操作符会将变量的值设置为对应数据类型的默认值。例如,使用 delete 操作 uint 类型变量,变量值将会被设置为 0;使用 delete 操作 bool 类型变量,变量值将会被设置为 false。而对于固定长度的数组和字符串,delete 将把数组的每个元素都设置为默认值,把字符串设置为空。delete 操作符的使用示例程序如下:

```
1  //SPDX-License-Identifier:GPL-3.0
2  pragma solidity >=0.8.2 <0.9.0;
3
4  /**
5   * delete 操作符
6   **/
7  contract VarAndConst{
8      int public num = 8;
9      string public hello = "hello world";
10     bool public isChild = true;
11
12      uint[] public array = [1,2,3];//数组
13
14      function deleteOp() public {
15          delete num;
16          delete hello;
17          delete isChild;
18          delete array;
19      }
20 }
```

部署上述 VarAndConst 合约，并调用 deleteOp 函数，执行 delelte 操作。操作结束后，重新访问 num、hello 等合约变量，会发现变量的值已经消失，变成了对应数据类型的默认值。即调用 deleteOp 函数后，num 值变为了 0，hello 值变为了空字符串，isChild 值变为了 false，array 数组变为了空数组。

3.4.3 常量

常量是指值不会发生改变的量，在 Solidity 中使用关键字 constant 或 immutable 声明常量。一般情况下常量的命名全部使用大写字母，若常量名由多个单词组成，则单词间使用下划线隔开。

需要注意的是，虽然 constant 和 immutable 都可以修饰和声明常量，但在具体使用上又有一些区别：关键字 constant 既可以声明值类型的常量，如整型；也可以声明引用类型的常量，如字符串、地址类型等；而关键字 immutable 只能声明值类型的常量，不能声明引用类型的常量。另外，在常量值的初始化上也有不同：使用 constant 关键字声明的常量必须在声明时就进行初始化，否则会编译失败；而使用 immutable 关键字声明的常量可以先只声明，然后在合约的构造函数中对常量进行初始化，同时可以使用 pure 或 view 关键字修饰函数，读取常量值。

如下示例程序展示了常量的定义和用法。

```
1  //SPDX-License-Identifier:GPL-3.0
2  pragma solidity >=0.8.2 <0.9.0;
3
4  /**
5   *变量和常量合约示例
6   **/
7  contract VarAndConst{
8      uint256 public constant MY_CONST = 42;   //constant 可以修饰值类型
9      string constant MY_IMMU = "Hello,World!";   //constant 关键字可以修饰引用类型
10      bool public immutable MY_DAPP = false; //immutable 可以修饰值类型常量
11      uint public immutable My_AGE;
12      //string immutable MY_IMMU = "Hello,World!"; //报错,immutable 不能修饰
                                                    引用类型
13
14      constructor() public {
15          My_AGE = 25;               //在构造函数中对常量进行初始化
16      }
17
18      uint public num = 8;           //定义变量 num 时对其进行初始化并赋值为 8
19      function modify() public {
20          //MY_CONST = 41;           //该行报错,不能对常量值进行修改
21          //MY_DAPP = true;          //该行报错,常量值不能被修改
22
23          num = 10;                  //该行不会报错,变量的值可以被修改
24      }
25
26      function readConst() public pure returns (uint256) {
```

```
27          return MY_CONST;
28      }
29
30      function readImmu() public view returns (string memory) {
31          return MY_IMMU;
32      }
33  }
```

在上述程序中,使用 constant 声明了值类型和引用类型的两个常量,使用 immutable 声明了值类型的常量。在 modify 函数中,如果对常量值进行重新赋值,程序会编译错误。使用 pure 和 view 关键字分别修饰读取两个常量的函数。

正确掌握常量的使用方法,在编写智能合约时适时地使用常量,既可以提高合约程序的可读性,避免产生程序歧义,还可以节省 Gas 的消耗。根据测试发现,在部署合约操作时,相同数据类型的常量和变量相比,常量比变量消耗的 Gas 更少,特别地,constant 修饰的常量消耗的 Gas 最少。另外,在非只读函数中分别读取变量和常量,测试结果也表明常量的 Gas 消耗更少。

3.5 流程控制

流程控制是指通过特定的语法来控制程序代码的执行流程,使程序可以有选择地执行某些代码块、多次循环执行某些代码块或者中断程序执行等。流程控制包括条件语句、循环语句和中断语句等。通过这些语句,程序能够根据特定的条件执行不同的代码、多次执行同一个代码块或跳过部分代码执行其他代码块,从而实现不同的逻辑功能。

不同编程语言的流程控制语法略有不同,但都存在类似的结构和功能,了解流程控制语法对于编写高效、可读性好的代码至关重要。Solidity 中与流程控制相关的语法主要有条件语句、循环语句、中断语句和异常处理语句四种,本节内容主要介绍前三种。

3.5.1 条件语句

条件语句也称条件控制语句,又可以细分为三种语法,分别是 if 语句、if else 语句和 else if 语句。

1. if 语句

if 语句是最基本的条件语句,根据指定的条件执行不同的代码块,if 语句流程示意图如图 3.1 所示。

if 语句的语法格式如下:

```
1  if (条件) {
2      //条件成立时执行的代码块
3  }
```

if 后括号内是条件表达式,其结果为布尔型,当表达式结果为 true 时,表示满足条件,将会执行花括号中的代码块。

2. if else 语句

if else 语句用于在条件成立和条件不成立时执行不同的代码块。if 语句表示只在满足条件时执行目标代码,若不满足条件,则目标代码不会执行。而 if else 语句对不满足条件的情况进行了处理,此时,程序会执行 else 后的代码块。

if else 语句流程示意图如图 3.2 所示。

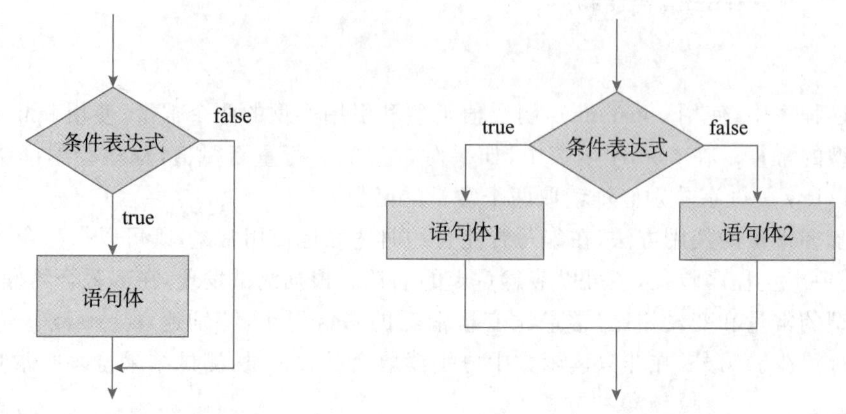

图 3.1　if 语句流程示意图　　图 3.2　if else 语句流程示意图

if else 语句的语法格式如下:

```
1  if (条件) {
2      //条件成立时执行的代码块
3  } else {
4      //条件不成立时执行的代码块
5  }
```

注意: *if 后跟有括号,括号内包含有描述条件的表达式,而 else 后面没有括号,直接是花括号。*

3. else if 语句

相较于 if 语句用于判断特定条件,if else 语句用于判断满足条件和不满足条件两种情况,在很多时候会遇到多种情况。当遇到多种情况时,需要能够准确地识别每一种情况,这就需要用到 else if 语句。else if 语句用于在多个条件中选择执行某个条件成立时对应的代码块。其流程示意图如图 3.3 所示。

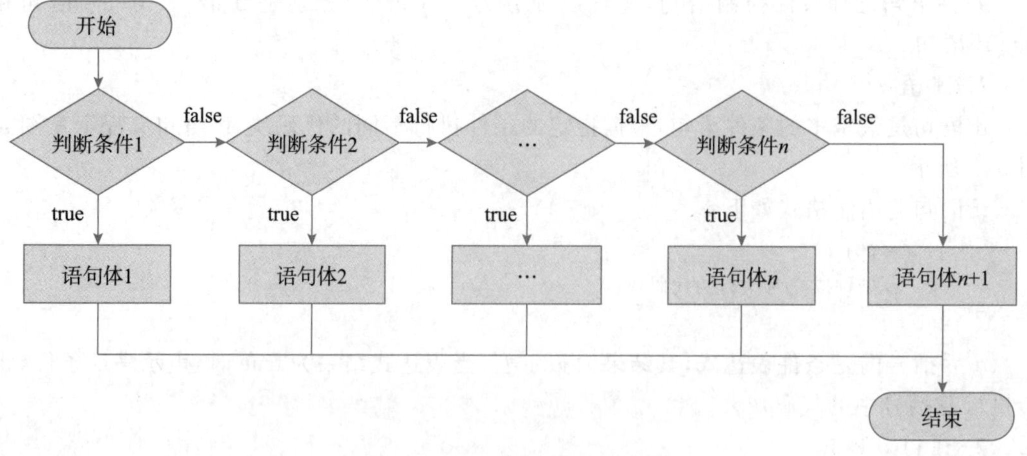

图 3.3　else if 语句流程示意图

else if 语句对应的语法格式如下：

```
1  if (条件 1) {
2      //条件 1 成立时执行的代码块
3  } else if (条件 2) {
4      //条件 2 成立时执行的代码块
5  } else {
6      //以上条件都不成立时执行的代码块
7  }
```

在 else if 语句中，如果条件 1 成立，则执行条件 1 下的代码块；如果条件 1 不成立，则检查条件 2 是否成立，若成立，则执行条件 2 下的代码块，以此类推。当以上条件都不成立时，执行 else 下的代码块。

4. 条件语句嵌套

在实际使用中还可以发生条件语句的嵌套，当有多个判断条件且多个条件的判断有先后依赖关系时，便会发生条件语句的嵌套。条件语句嵌套流程图如图 3.4 所示。

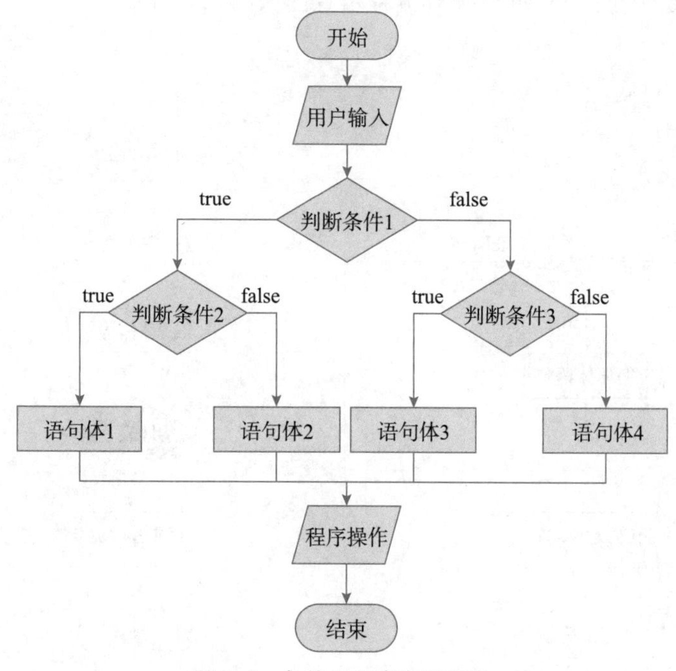

图 3.4 条件语句嵌套流程图

条件语句嵌套没有标准的格式，是 if、if else 和 else if 三种语句根据实际需求结合在一起使用，完成具体功能。

3.5.2 循环语句

循环语句是一个可以反复执行一组指定代码的语法结构，通过循环语句可以让程序按需求多次执行特定的代码，并完成特定的代码逻辑。Solidity 语言中支持 while 循环、do while 循环和 for 循环三种循环语句。

1. while 循环

while 循环在执行之前会先判断循环条件是否满足，若满足，则会执行循环体内的代码块，执行完毕之后再次判断条件是否满足，以此类推，直到判断条件不再满足为止。while 循环流程示意图如图 3.5 所示。

while 循环语法格式如下：

```
1  while(条件){
2      //循环体内的代码块
3  }
```

while 后括号内是条件表达式，当表达式结果为 true 时，表示满足 while 条件，执行 while 循环体内的代码块。

2. do while 循环

do while 循环与 while 循环类似，不同的是，do while 循环会先执行一次循环体内的代码块，然后判断循环条件是否满足。若满足，则再次执行循环体内的代码块，以此类推，直到判断条件不再满足为止。do while 循环流程示意图如图 3.6 所示。

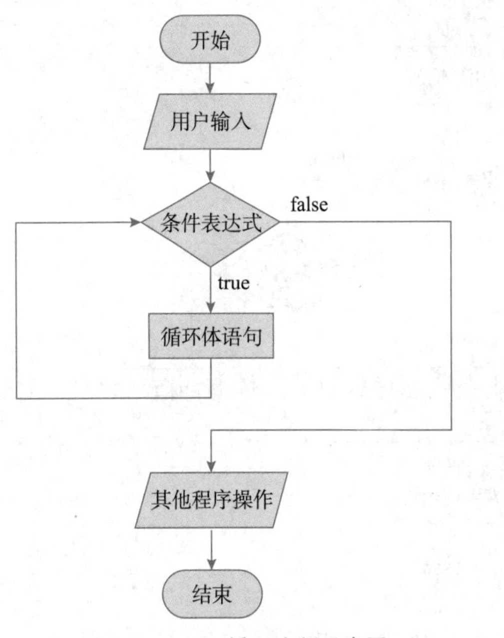

图 3.5　while 循环流程示意图

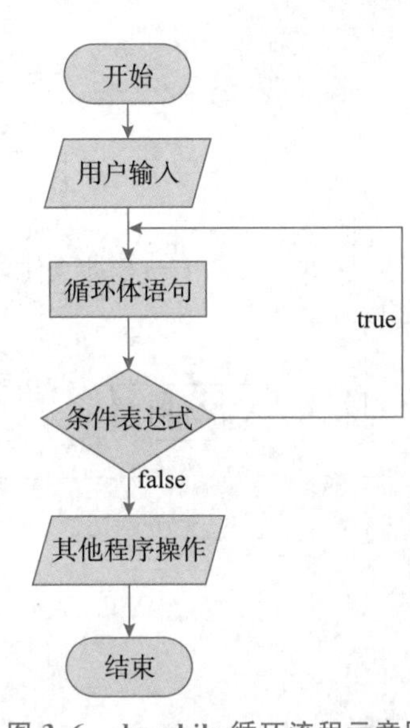

图 3.6　do while 循环流程示意图

do while 循环语法格式如下：

```
1  do {
2      //循环体内的代码块
3  } while(条件);
```

读者要注意 while 和 do while 的区别，特别是 do while 循环语句，至少会执行一次循环体语句。

3. for 循环

for 循环在循环前会进行一次初始化操作，然后执行循环体内的代码块，再执行增量部分，随后再次判断循环条件是否满足，以此类推，直到判断条件不再满足为止。for 循环流程示意图如图 3.7 所示。

for 循环语法格式如下：

```
1  for(初始化; 条件; 增量){
2      //循环体内的代码块
3  }
```

相较于前两种循环，for 循环的语法控制最为精确。如上述 for 循环语法格式所示，通过三个部分对循环进行控制，各部分之间使用分号进行分隔。初始化操作作为第一部分，会在循环开始前执行，主要是设置循环的起始条件；条件判断是第二部分，是判断是否执行循环体的核心，条件判断通常也是一个表达式，其结果为 true 时表示满足条件，会执行循环体，若条件表达式的值为 false，则表示不满足条件，不再执行循环体；第三部分在循环体执行结束后运行，表示循环后要做的操作，通常是修改循环变量的值。

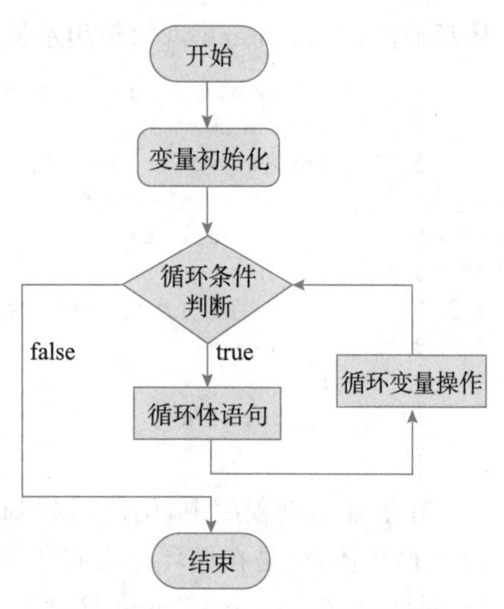

图 3.7 for 循环流程示意图

3.5.3 中断语句

中断语句主要用在条件语句和循环语句中，用于控制程序的执行流程。经常用到的中断语句有 continue 语句、break 语句和 return 语句等。

1. continue 语句

在循环体内部使用 continue 语句可以跳出本次循环，继续执行下一次循环。continue 语句只能用于 for 循环、do while 循环和 while 循环语句中。当 continue 语句被执行时，只是跳过当前循环，进入下一次循环。continue 语句示例合约程序如下：

```
1  function cal() public pure returns(uint){
2      uint count = 0;
3      for (uint i = 0; i <10;i + + ) {
4          if (i % 2 = = 1) {
5              continue;
6          }
7          //在 i 为奇数的时候跳过当前循环，只有当 i 为 0、2、4、6、8 时才会执行下一行语句
8          count + +;
9      }
10      return count;
11  }
```

在 for 循环中，从 0 到 10(不包含 10)共有 10 个数字，一共会执行 10 次；在 for 循环内部，通过 if 语句进行条件判断，根据条件判断，在 i 为奇数时条件表达式成立，程序会进入 if 语句，执行 continue，意味着跳过此次循环，直接进入下次循环，因此只有 i 为偶数时才会执行 count++。部署合约并调用 call()函数，结果为 5。

2. break 语句

在循环体内部使用 break 语句可以立即退出整个循环。break 语句只能用于 for 循环、do while 循环和 while 循环语句中。当 break 语句被执行时，循环就结束了，开始执行循环

体后面的代码。break 语句使用示例如下：

```
1  function bre() public pure returns(uint){
2      uint num = 0;
3      for (uint i = 0; i <10; i + + ) {
4          if (i = = 5) {
5              break;
6          }
7          //在第 6 次循环时退出循环语句,当 i 为 0、1、2、3、4 时才会执行下一行语句,最终 num 为 4
8          num = i;
9      }
10     return num;
11 }
```

在上述示例程序中，调用函数 bre()获得的返回值为 4。从 for 循环条件看，需要执行 10 次循环体，但是在循环体内有条件判断，i 为 5 时满足 if 条件执行 break 语句。break 的作用是终止循环。最终 num 只赋值到 4，循环体结束，函数将 num 值作为返回值返回。

3. return 语句

return 语句在 Solidity 中主要有两个作用：让函数返回一个或多个值；终止函数的执行。

当函数的声明有返回值类型时，在函数执行结束后，可以使用 return 语句返回一个或多个值。例如，有以下两个简单函数。

```
1  function add(uint a, uint b) public returns (uint) {
2      return a + b;
3  }
4
5  function mul(uint a, uint b) public
   returns (uint, uint) {
6      return (a * b, a + b);
7  }
```

在函数执行过程中，还可以使用 return 语句终止函数。在这种情况下，函数不会返回任何值，而是直接返回函数执行过程正在进行的区块中止状态。常见的终止函数的格式如下：

```
1  function foo() public {
2      //检查某个条件,不满足时终止函数的
         执行
3      if (condition) {
4          return;
5      }
6      // ...
7  }
```

这种用法常见于函数体内部，在执行真正的逻辑代码之前，对函数参数的合法性进行检查或者对权限进行检查等，以确保智能合约安全。

若以 for 循环语句为例，结合中断语句对循环进行流程控制，其流程示意图如图 3.8 所示。

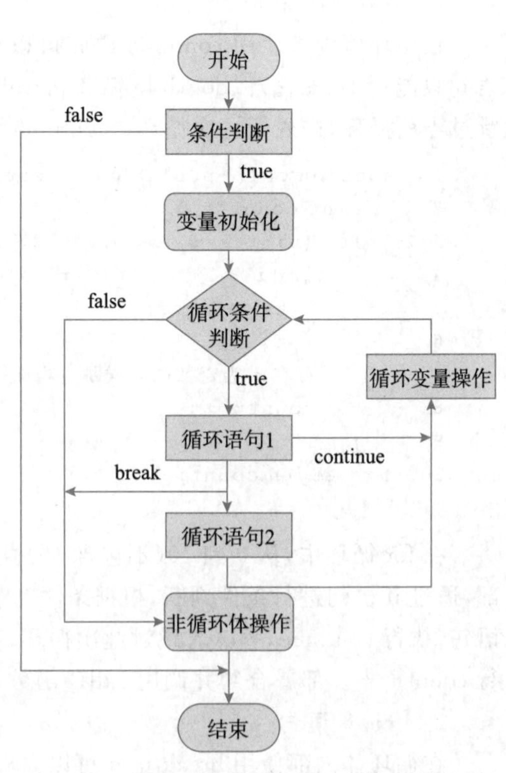

图 3.8　循环控制语句综合使用流程示意图

3.6 特殊函数

通过3.2节函数的学习，大家已经了解了函数的概念和定义规则，包括函数的使用等内容。在Solidity中除了开发者自己可以定义函数外，还有一些有特殊功能的函数。了解和掌握这些特殊的函数，对编写出正确、规范的智能合约程序至关重要。本节主要向读者介绍构造函数、析构函数、函数修改器和常见内置函数四种类型。

3.6.1 构造函数

构造函数具有与普通函数类似的特征，区别在于：当创建新的合约实例时，构造函数会自动执行，无须手动调用，并且只会执行一次。构造函数主要用于执行初始化合约状态的逻辑，并且不能有返回值。通常构造函数用于在合约创建时设置初始值或者进行必要的安全性检查。构造函数使用关键字constructor表示，参数列表可以为空，也可以包含1个或多个参数。

构造函数的语法格式如下：

```
1  constructor([参数列表]) [可见性修饰符]
2  {
3    //构造函数的代码逻辑
4  }
```

构造函数的可见性修饰符可以默认省略不写，若开发者希望添加可见性修饰符，则只能使用public。示例程序如下：

```
1  //SPDX-License-Identifier: GPL-3.0
2  pragma solidity >=0.8.2 <0.9.0;
3
4  /**
5   * continue 和 break
6   **/
7  contract ConstAndDest{
8      uint public value;
9
10      /**
11       *合约的构造方法
12       **/
13      constructor(uint initialValue)  {
14          value = initialValue;
15      }
16
17      /**
18      *获取 value 变量的值
19      **/
20      function getValue() public view returns(uint){
21          return value;
```

```
22      }
23  }
```

上述示例程序中，合约构造函数有一个参数，在部署合约时，需要传入一个 uint 类型数值，构造方法中将传入的数值赋给全局变量 value。通过 getValue 函数可以查看 value 的数值。

需要注意的是，Solidity 语言版本迭代较快，前后有不同的构造函数语法规则。在 v0.4.22 版本之前，构造函数的函数名与合约名相同；而在 v0.4.22 版本以后，考虑到智能合约的安全性，使用关键字 constructor 表示构造函数。

3.6.2 析构函数

析构函数也称终止函数，是在合约销毁时自动调用的函数，可以用来清理合约的状态。但是在 Solidity 中并没有预定义的析构函数，因为合约被销毁时，状态数据将被自动清除。因此，额外的析构函数并不是必需的。通常情况下，开发者只需要使用自定义函数来清理资源或状态，并在合约销毁时手动调用它。

在 v0.5 版本以前，Solidity 使用 selfdestruct 函数作为析构函数；在 v0.5 版本以后，selfdestruct 被设置为过期函数，不再推荐使用。selfdestruct 的用法示例如下所示。

```
1  //SPDX-License-Identifier: GPL-3.0
2  pragma solidity >=0.8.2 <0.9.0;
3
4  contract Destructible  {
5      //合约所有者地址
6      address payable owner;
7      /**
8       *构造函数
9       **/
10      constructor() { owner = payable(msg.sender);}
11
12      /**
13       * destroy 函数用于销毁合约
14       **/
15      function destroy()  public {
16          if (msg.sender == owner){
17              selfdestruct(owner);  //调用析构函数
18          }
19      }
20  }
```

在合约的 destroy 函数中，判断调用者是否为合约的所有者，只有合约的所有者才有权调用析构函数并销毁合约。

3.6.3 函数修改器

修改器是 Solidity 特有的语法，主要用于声明函数拥有的特性，并减少代码冗余。使用关键字 modifier 定义函数修改器。在开发实践中，经常在智能合约中使用修改器，做执行函数前的检查，例如检查地址、变量、余额等。如下程序定义了一个名为 onlyOwner 的修改器。

```
1  //定义 modifier
2  modifier onlyOwner {
3     require(msg.sender = = owner); //检查调用者的地址是否为 owner
4     _; //如果是 owner 的话,继续运行函数主体; 否则报错并回滚交易
5  }
```

在该函数修改器中,执行了 require 检查,检查程序调用者是不是智能合约的所有者。若是合约的所有者,就通过检查,继续执行后续函数业务逻辑;若调用者不是合约的所有者,则不能通过检查,程序会停止执行。

上述示例只是定义了一个名为 onlyOwner 的函数修改器,在其他函数中也可以使用该修改器。例如,如下示例程序中使用了 onlyOwner 修改器。

```
1  function changeOwner(address _newOwner) external onlyOwner{
2      owner = _newOwner; //只有调用者的地址为 owner 时才能运行这个函数,并改变 owner
3  }
```

changeOwner 函数接收一个 address 类型的参数,用于改变合约的所有者。但是,在函数的声明行处使用了修改器 onlyOwner,这意味着某个用户调用 changeOwner 函数时,会先执行 onlyOwner 修改器逻辑,即检查调用者是否为合约的所有者。只有合约的所有者调用 changeOwner 函数时,才能通过检查并将合约所有者修改为新传入的地址,否则其他用户调用 changeOwner 函数会报错。函数修改器在智能合约程序开发中使用非常广泛,经常用于参数检查、控制权限修改等场景。

3.6.4 常见内置函数

内置函数是指在编程语言中默认提供的可以直接调用的函数。这些函数通常涵盖了编程语言的重要特性和功能。Solidity 语言中提供了包括安全检查、合约状态维护和加密解密等在内的很多内置函数,程序开发者在需要时可以直接使用。合理规范地使用内置函数,有助于简化合约的开发流程,提高智能合约的可靠性。

下面列出目前 Solidity 中常见的内置函数并说明其含义。

- keccak256(bytes memory):该内置函数用于计算形参传入的字节数组的 keccak256 哈希值,返回结果是一个 32 字节数组。
- sha256(bytes memory):用于计算形参传入的字节数组的 sha256 哈希值,返回结果是一个 32 字节数组。
- ripemd160(bytes memory):用于计算形参传入的字节数组的 ripemd160 哈希值,返回结果是一个 20 字节数组。
- addmod(uint256 x,uint256 y,uint256 k):根据公式$(x+y)\%k$ 计算结果值,返回值类型为 uint256。该内置函数用于确保计算安全,防止溢出。
- mulmod(uint256 x,uint256 y,uint256 k):根据公式$(x*y)\%k$ 计算结果值,同样用于确保计算安全,防止溢出。
- address(this).balance:用于返回当前合约的以太坊余额。
- msg.sender:用于返回调用合约的发送方的账户地址。
- msg.value:用于调用合约的以太币数量。

3.7 事　件

3.7.1 事件的定义

在Solidity中，事件是合约与以太坊区块链上其他实体(比如DApp或其他合约)进行通信的一种方式。利用以太坊虚拟机(EVM)的日志功能，可以记录区块链上的事件。当某个事件被触发时，就使用日志的形式记录在区块链上，事件信息一旦被记录就无法修改或删除。其次，通过日志记录事件信息到链上，每个事件大概消耗2000Gas。与之形成对比的是，链上存储一个变量至少需要消耗20000Gas，因此从经济性上考虑，事件是更优的选择。

Solidity中使用关键字event声明一个事件，可以自定义事件名称。事件可以有多个参数，需要在定义时给出明确的参数数据类型和参数名。以ERC20代币合约MyEvent事件为例，其事件声明格式如下：

```
event MyEvent(address indexed sender,uint256 value);
```

MyEvent为事件的名称，其后声明了sender和value两个变量，分别表示交易发送方的地址和转账数量。

1. 索引参数

事件的参数是可以被索引的，目的是方便检索。在MyEvent事件的声明中，第一个参数使用indexed关键字修饰。indexed关键字表示该参数是索引参数，会将其保存在以太坊虚拟机日志的topics中方便检索。

需要注意的是，Solidity中最多支持将三个事件参数设置为索引参数，超过三个索引参数会报编译错误。

2. 数据

事件中不带indexed修饰符的参数会被存储在日志的data部分中，不能被直接检索，但可以存储任意大小的数据。因此，通常data部分可以用来存储复杂的数据结构，比如数组或字符串等。

3.7.2 触发事件

使用关键字emit可以触发某个特定的事件，例如触发MyEvent事件，代码如下：

```
1  function send(uint256 _value) public {
2      ...//逻辑操作
3      //触发事件,记录日志信息
4      emit MyEvent(msg.sender,_value);
5  }
```

在send函数中，接收一个uint256类型的参数，在函数体最后触发MyEvent事件，将调用者msg.sender和数值value作为参数进行记录。定义和触发事件的完整示例程序如下：

```
1  //SPDX-License-Identifier: GPL-3.0
2  pragma solidity >=0.8.2 <0.9.0;
3
4  /**
```

```
5  * EventExample
6  **/
7  contract EventExample{
8      //账户和对应的余额
9      mapping(address =>uint) public balances;
10
11      //定义事件
12      event MyEvent(address indexed sender, uint256 value);
13
14      /**
15      * 发送函数,触发 MyEvent 事件
16      **/
17      function send(uint256 _value) public {
18
19          balances[msg.sender]= _value;
20
21          emit MyEvent(msg.sender,_value);  //触发事件,记录在 EVM 的日志中
22      }
23  }
```

示例程序中使用 mapping 存储账户地址和相应的余额信息,并提供 send 函数,接收 uint256 类型参数,使用 emit 触发事件 MyEvent。合约部署后调用 send 函数,在控制台会输出日志相关信息,如图 3.9 所示。

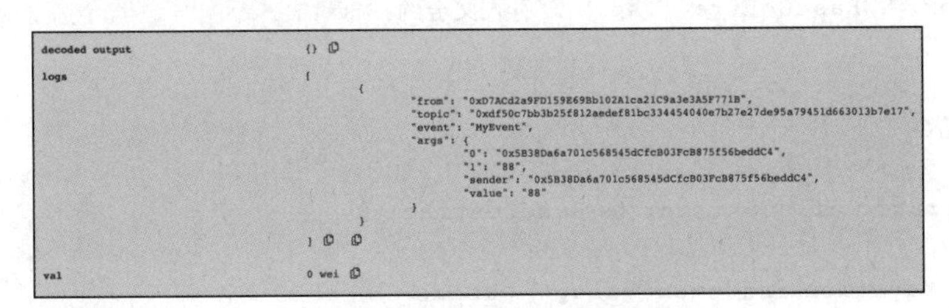

图 3.9 日志记录的事件信息

3.8 继 承

3.8.1 继承

继承是面向对象编程中的重要概念之一。利用继承特性,可以实现代码重用,减少编程工作量,并提高代码的可维护性和可读性。

Solidity 中的继承允许一个合约从其他合约继承成员变量、函数、修改器和事件等,可以在多个合约之间实现共享,从而提高代码重用度。需要再次明确的是,继承发生在两个及以上合约之间,用来描述合约之间的关系。要实现继承,首先需要有一个基础合约,在基础合约中定义需要被共享的成员变量、函数等合约内容。

Solidity 中使用关键字 is 表示继承关系,子合约在 is 前,父合约在 is 后。继承是面向对象编程语言中非常普遍的一种特性,通常都是单继承机制。但是在 Solidity 中遵循的是多

继承机制，即一个子合约可以同时继承多个父合约。当一个子合约继承多个父合约时，将多个父合约名依次写在关键字 is 后，多个父合约名之间使用逗号进行分隔。

接下来演示合约的继承和 is 的用法。例如，有以下基础合约(即父合约)。

```
1  //SPDX-License-Identifier: GPL-3.0
2  pragma solidity >= 0.8.2 <0.9.0;
3
4  /**
5   * 基础合约
6   **/
7  contract BaseContract {
8      uint public value;
9
10      function setValue(uint _value) public {
11          value = _value;
12      }
13 }
```

示例程序创建了一个名为 BaseContract 的合约，该合约拥有一个名为 value 的成员变量和一个名为 setValue 的公共函数。接下来定义子合约，子合约将继承基础合约的所有成员。

```
1  //SPDX-License-Identifier: GPL-3.0
2  pragma solidity >= 0.8.2 <0.9.0;
3
4  import './BaseContract.sol'; //引入父合约
5
6  /**
7  * 子合约
8  **/
9  contract ChildContract is BaseContract {
10
11      function incrementValue() public {
12        value += 1;
13      }
14 }
```

子合约 ChildContract 中引入了父合约文件，通过 is 关键字声明继承 BaseContract。子合约中另有 incrementValue 函数，执行对成员变量 value 的数值进行自增操作，而 value 继承自父合约，通过继承实现了合约成员的共享。

3.8.2 函数重写

虽然继承实现了合约成员的共享，但是在某些情况下，子合约可能需要修改或者扩展父合约中某个函数的实现逻辑。Solidity 支持在子合约中对父合约中的函数进行重写。Solidity 语法规定，若要重写父合约某个函数，需要使用关键字 virtual 修饰父合约函数，在子合约中将要重写的函数使用 override 关键字修饰。函数重写示例如下：

```
1  //SPDX-License-Identifier: GPL-3.0
2  pragma solidity >= 0.8.2 <0.9.0;
3  //父合约
```

```
4  contract BaseContract {
5      uint public value;
6      //被重写的函数,使用 virtual 关键字修饰
7      function setValue(uint _value) public virtual {
8          value = _value;
9      }
10 }
11 //子合约
12 contract ChildContract is BaseContract {
13     //子合约要重写的函数,使用 override 关键字修饰
14     function setValue(uint _value) public override {
15         value = _value * 2;
16     }
17 }
```

3.8.3 多继承

Solidity 允许一个合约从多个合约继承成员，此时需要注意合约成员的继承顺序问题。在 Solidity 中遵循 C3 线性化算法解决多继承中的继承顺序问题。而 C3 线性化算法是一种基于拓扑排序的算法，主要用于在多继承时确定继承的方法顺序（也称为线性化），也称方法解析顺序（method resolution order，MRO）。

Solidity 在编写多继承合约时，需要遵守三个规则。

- 继承时按照所继承的合约的父子关系，由先到后的顺序排列。比如，有自定义基础合约 A，自定义子合约 B 继承自合约 A，又有自定义合约 C 继承自合约 A 和合约 B。此时，在关键字 is 后，要先写 A，后写 B，即按照所继承的多个合约的父子关系的顺序进行声明。
- 如果某一个函数在继承的多个合约里都存在，那么在子合约里必须重写，否则会报错。
- 在子合约中重写多个父合约中都存在的重名函数时，override 关键字后面要加上所有父合约的名字，否则会报错。

3.9 抽象合约

抽象合约是一种特殊类型的智能合约程序，该类型的合约无法被直接部署到以太坊区块链上。如果一个智能合约里至少有一个未实现的函数，即某个函数缺少函数主体，则该合约称为抽象合约。抽象合约使用关键字 abstract 修饰，对抽象合约中未实现的函数要添加 virtual 关键字修饰。

在抽象合约中通常定义一些公用的函数，或者作为其他合约的基础。抽象合约不能实例化对象，需要定义子合约继承抽象合约，并在子合约中对抽象合约中未实现的函数进行重写，然后实例化子合约。如下程序展示了如何定义一个抽象合约。

```
1  //SPDX-License-Identifier: GPL-3.0
2  pragma solidity >=0.8.2 <0.9.0;
3
4  /**
```

```
5   * 抽象合约的定义
6   **/
7  abstract contract MyAbstractContract {
8      function myFunction() public virtual returns (uint);
9  }
10
11  /**
12   * 子合约继承抽象合约
13   **/
14  contract MyContract is MyAbstractContract {
15      function myFunction() public pure override  returns (uint) {
16          return 42;
17      }
18  }
```

上述示例程序定义了一个名为 MyAbstractContract 的抽象合约，其中包含一个名为 myFunction 的函数，使用 virtual 关键字声明此函数未实现，需要子合约实现。子合约 MyContract 继承了抽象合约 MyAbstractContract，并重写了 myFunction 函数。

3.10 接 口

3.10.1 接口的定义

与抽象合约相似的是接口，接口是 Solidity 中的一种抽象类型，主要用于定义合约的外部接口。简单地说，可以将接口理解为一套规则，用于规范编程标准。接口同样不能实例化，在接口中只定义函数的名称、参数的类型和函数的返回值类型，而函数的具体实现也需要由实现接口的合约完成。

在 Solidity 中，使用关键字 interface 定义一个接口，在接口中声明的函数只有函数名、参数类型和返回值类型，没有函数体的具体实现。

3.10.2 实现接口

接口并不能直接实例化，需要编写合约实现接口及其所定义的函数。Solidity 中 is 关键字也可表示实现接口，如下程序展示了接口函数的具体实现。

```
1  //SPDX-License-Identifier: GPL-3.0
2  pragma solidity >= 0.8.2 <0.9.0;
3
4  /**
5   * 接口的定义
6   **/
7  interface MyAlgorithm {
8      //接口中定义的函数 1: 实现两数之和
9      function add(uint arg1, uint arg2) external returns (uint result);
10     //函数 2: 实现字符串的拼接
11     function appends(string memory arg1, string memory arg2) external returns
       (string memory str);
```

```
12 }
13
14 /**
15 *定义合约实现接口
16 **/
17 contract MyContract is MyAlgorithm {
18     /**
19      *实现接口 add 函数的业务逻辑
20      **/
21     function add(uint arg1, uint arg2) external pure returns (uint) {
22         uint result = arg1 + arg2;
23         return result;
24     }
25
26     /**
27      *实现接口 appends 函数的业务操作
28      **/
29      function appends (string memory arg1, string memory arg2) external
         pure returns (string memory ) {
30         string memory str = string.concat(arg1,arg2);
31         return str;
32     }
33 }
```

上述示例程序中,使用关键字 interface 定义了名为 MyAlgorithm 的接口,包含两个函数的定义;在自定义合约 MyContract 中使用 is 关键字实现了接口,并完成了对两个函数体的编码,两个函数分别实现两数之和、字符串拼接的功能,并返回操作结果。

3.10.3 接口与抽象合约的区别

从使用规则和用法上看,接口与抽象合约非常相似,两者均不能实例化,均只有函数的定义,没有函数体的实现,子合约均使用 is 关键字继承抽象合约或实现接口。除此之外,两者也有一些区别,区别主要如下。

- 接口中不能包含状态变量,抽象合约中可以包含状态变量。
- 接口中不能包含构造函数,抽象合约可以有构造函数。
- 接口只能继承接口,无法继承其他合约;而抽象合约可以继承其他合约。
- 接口中的所有函数都必须声明为 external,且不能有函数体的实现;抽象合约中只要有至少一个未实现函数体的函数,就表示其为抽象合约。
- 继承接口的非抽象合约必须要实现接口所定义的所有函数,而在抽象合约的继承中并无此规定。

3.11 错误处理

3.11.1 错误处理机制

错误处理是指程序在运行时,如果出现错误或者异常情况,就合理地处理这些情况,避免程序崩溃或者出现不可预期的结果，从而保证程序的正常运行。

以太坊是一个运行在分布式网络中的全球共享数据库，即参与网络的每一个节点都可以读写以太坊区块链上的数据状态。如果某个节点想要修改共享数据库的内容，则必须创建一个事务。而事务所遵循的原则之一是原子性，即要么全部执行，要么全都不执行。基于事务的原子性原则，Solidity 语言通过状态恢复来处理异常错误。当执行智能合约程序发生异常时，会撤销当前调用（及其所有的子调用）所改变的状态，同时给调用者返回一个错误标识。

3.11.2 require 和 assert

在 Solidity 中提供了 require 和 assert 两个内置函数进行条件检查，如果条件不满足，则会抛出异常。

1. require 函数

require 函数主要用来验证函数的输入参数是否正确，比如检查地址是否符合标准，是否是合约的所有人的权限检查等。若不符合条件，则会回滚本次交易，并抛出异常。该内置函数可接收两个参数：第一个参数必填，表示需要判断的条件表达式，返回值为布尔型；第二个参数为要返回的异常提示信息，返回值为字符串类型，该参数为可选项，可忽略不填。

require 主要用来确认条件的有效性，要求条件表达式的结果为 true；若为 false，则会报错抛出异常。

2. assert 函数

assert 函数又称断言函数，主要用于在智能合约程序中进行条件检查、捕捉程序错误。assert 函数有一个布尔型的参数，可以接收一个表达式，当表达式结果为 true 时，程序正常执行；当表达式结果为 false 时，程序会抛出异常。assert 函数的工作原理如图 3.10 所示。

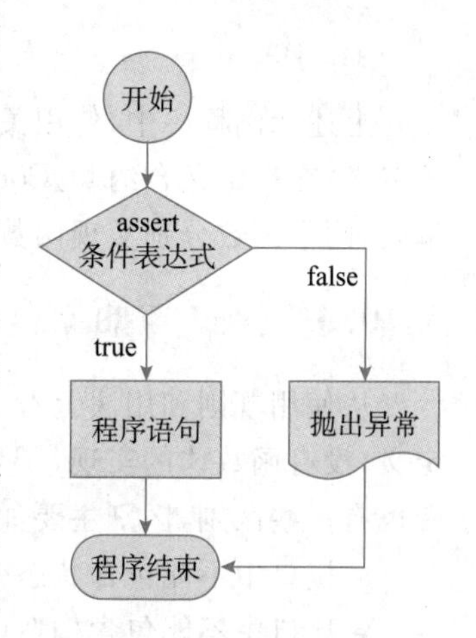

图 3.10 assert 函数工作原理示意图

可以将 assert 函数简单理解为 if 条件表达式。当满足 if 条件时，表示条件检查通过，程序正常执行；当不满足 if 条件时，表示条件检查未通过，程序会终止执行并抛出异常。assert 函数简化了写法，使得程序中的条件检查变得简洁和方便。通常 assert 用在程序调试和测试阶段。

3. require 和 assert 的区别

require 和 assert 两者有一个共同点，就是均需要满足括号内的条件表达式，才会执行后续操作；若条件表达式结果为 false，则合约程序会报错。

两者的区别主要有两个方面。

➢ 从执行效率上看，require 函数在遇到错误时会抛出异常，同时会将剩余还未花费的 Gas 全部退回，并恢复到执行前的状态，且返回一个自定义的错误信息。而 assert 函数在遇到错误时也会抛出异常，但会消耗掉剩余未使用的 Gas，并恢复到执行前的状态。因此，从 Gas 执行效率上看，require 更友好。

➢ 从两者的使用场景来看：

• require 主要应用于业务逻辑执行前的参数有效性判断、用户输入合法性验证等，属于正常的流程判断逻辑，通常用在函数的开头，正式业务逻辑之前。

- assert 主要用于检测变量是否有溢出和验证变量修改后的状态，目的是防止意外的发生，通常用在函数的正常逻辑之后。如果 assert 报错，则意味着程序可能出现了漏洞需要修复。

如下示例程序展示了 require 和 assert 函数的用法。

```
1  //SPDX-License-Identifier: MIT
2  pragma solidity >=0.8.2 <0.9.0;
3
4  contract Account {
5      uint public balance;
6      uint public constant MAX_UINT = 2 ** 256 - 1;
7
8      /**
9       * 充值函数
10      **/
11     function deposit(uint _amount) public {
12         uint oldBalance = balance;
13         uint newBalance = balance + _amount;
14         //充值后账户余额需要大于或等于未充值之前的余额，防止出现算术溢出的情况
15         require(newBalance >= oldBalance, "Overflow");
16         //将账户新余额更新到状态变量中，存储到链上
17         balance = newBalance;
18         //检查余额，避免账户余额更新不成功的情况
19         assert(balance >= oldBalance);
20     }
21
22     /**
23      * 提现函数操作
24      **/
25     function withdraw(uint _amount) public {
26         uint oldBalance = balance;
27         //账户余额需要大于或等于要提现的数额，才能执行提现操作
28         require(balance >= _amount, "Underflow");
29         balance -= _amount;
30         //检查余额，避免余额没有更新的情况
31         assert(balance <= oldBalance);
32     }
33 }
```

3.11.3 revert 函数

在 Solidity 的早期版本中，使用关键字 throw 和 if-throw 的模式处理合约程序中可能出现的异常，这种操作在回滚所有状态的同时，会消耗掉剩余未花费的 Gas，对程序开发者来说并不友好。后续的改进中，增加了 revert 函数，与 throw 的区别就是会返还剩余的 Gas，而且 revert 函数还可以接收一个参数，用于自定义描述信息。

在使用上，revert 适用于有分支判断的情况下，其作用与 require 相似，且适合处理复杂

业务逻辑的场景。以下示例程序展示了 revert 函数的用法。

```
1  //SPDX-License-Identifier: GPL-3.0
2  pragma solidity >=0.8.2 <0.9.0;
3
4  /**
5  * revert 函数的使用
6  **/
7  contract RevertContract {
8
9    uint8 public num = 10;
10
11    function addNum(uint8 counter) public {
12        if(counter % 10 == 0){
13            revert(); //使用 revert 返回
14        }
15         num += counter;
16    }
17
18   function addNumWithMessage(uint8 counter) public {
19     num += counter;
20     if(counter % 10 == 0){
21        revert("error message"); //使用 revert 返回,且携带自定义信息
22     }
23   }
24
25   function addNumUseRequire(uint8 counter) public {
26      require(counter % 10 != 0);
27      num += counter;
28   }
29 }
```

3.11.4 自定义 error

Solidity 中还允许自定义错误以增强合约的可读性和易用性。自定义错误可以包含错误码和错误信息,以便在编写合约时更好地处理错误情况。在 Solidity 中可以使用 error 自定义一个错误,既可以写在合约里,也可以写在合约外面,只是作用域不同。另外需要注意的是,error 可以被继承,不能被重写。

在调用自定义错误时必须要用 revert 修饰,revert 用于回退 error 中的数据给调用者并回退当前调用中的所有更改。

以下示例程序展示了自定义 error 及其使用的方法。

```
1  //SPDX-License-Identifier: GPL-3.0
2  pragma solidity >=0.8.4 <0.9.0;
3
4  //合约外部,自定义错误
5  error InsufficientBalance(uint256 available,uint256 required);
6
```

```
7  contract TestToken{
8      mapping(address => uint) balance;
9
10      function transfer(address to, uint256 amount) public{
11          //以太币不够,抛出异常,回退
12          if(amount > balance[msg.sender]){
13              revert InsufficientBalance({
14                  available:balance[msg.sender],
15                  required:amount
16              });
17          }
18          //否则,转账扣以太币
19          balance[msg.sender] -= amount;
20          balance[to] += amount;
21      }
22  }
```

上述程序在合约外部定义了名为 InsufficientBalance 的错误,并在合约内部使用 revert 进行了调用。

本章小结

本章从基础的数据类型开始,介绍了 Solidity 编程语言的基本语法。学习本章的内容,读者可以将 Solidity 语言与其他编程语言进行对比,帮助自己更快掌握 Solidity 语法。特别的是,Solidity 是一个遵循多继承机制的语言,即一个子合约可以同时继承多个父合约,这一点与遵循单继承的编程语言(如 Java)有所不同。数据类型、函数、控制语句、接口等概念均与其他编程语言类似。Solidity 也支持自定义结构体,开发者可以结合自己的需要封装自定义的结构体。此外,Solidity 还支持定义键值对结构的映射类型变量,用于描述一组关联关系。

特别地,Solidity 中数据的存储位置是重点,读者应该掌握 memory、storage 和 calldata 三种存储方式的区别,并能够正确使用。

能力自测

1. int 和 uint 的区别是什么? 各自表示的数据的范围是什么?

2. Solidity 中使用什么关键字表示函数? 函数可以接收几个参数? 可以有几个返回值?

3. Solidity 中函数的可见性修饰符主要有哪些?

4. 简述函数修改器的作用,并自定义一个函数修改器。

5. Solidity 中有几种循环控制语法? 分别是什么? 简述其区别。

6. 自定义一个名为 LogInfo 的事件,该事件有两个参数:一个是地址类型;另一个是值类型,并编写示例程序,触发该事件。

7. 简述 Solidity 中异常的处理方式及其具体用法。

第4章 Solidity高级用法

上一章中介绍了Solidity语言的基础语法及其规范,熟悉了Solidity的语法格式和开发环境,对继续学习Solidity相关知识做了基础铺垫。在本章中,我们将继续学习Solidity的语法规则和使用方法,主要包括函数重载、库的使用、导入并使用其他合约、接收以太币、转账交易、合约间的交互、创建合约、ABI和ByteCode的介绍、哈希函数、异常处理等内容。

4.1 函数重载

4.1.1 函数重载的定义

在Solidity中,函数可以根据不同的参数类型或数量进行重载。在一个合约程序中,函数具有相同的名称,但具有不同的参数,具备这些特征的函数互相称为重载。函数的参数不同,主要体现在三个方面。

- 函数的参数个数不同。这种情况的重载最为简单,可以直接通过参数个数的差异进行判断和识别。
- 函数的参数类型不同。参数个数相同的情况下,对应参数位置的数据类型不相同,也算重载。例如:testFunc(uint num)和testFunc(bool flag)互为重载函数,两个函数均只有一个参数,但一个是uint类型,另一个是重载函数的参数为bool类型。
- 函数的参数顺序不同。在参数个数相同且都有多个数据类型的情况下,参数的顺序不同,也可以是重载函数。例如,有以下两个函数。
  - function transfer(address addr,uint amount)
  - function transfer(uint amount,address addr)

两个函数名均为transfer,且均有两个参数。但两个参数的顺序不同,此时两个函数也互为重载函数。需要注意的是,两个函数的参数顺序,指的是函数参数的数据类型的顺序,不是参数名称的顺序。例如,以下两个函数不能算重载函数。

- function addSum(uint arg1,uint arg2)
- function addSum(uint arg2,uint arg1)

4.1.2 实参匹配

在调用重载函数时,Solidity会把输入的实际参数和函数参数的数据类型做匹配。如果匹配结果出现多个重载函数,合约可以正常编译,但调用函数时程序会报错。例如,有如下两个重载函数。

```
1  function num(uint8 _in) public pure returns (uint8 out) {
```

```
2     out = _in;
3 }
4
5 function num(uint256 _in) public pure returns (uint256 out) {
6     out = _in;
7 }
```

在通过程序接口与智能合约进行交互时，例如调用 num(88)，程序会正常执行并返回结果；但如果再次调用 num(300)，此时程序会报错。原因在于，第一次调用时，数字 88 是在 uint8 范围数值内，因此程序正常匹配并执行；当第二次调用时，传入的参数为 300，此时程序无法自动匹配到 num(uint256)函数，所以合约调用会报错。

另外，在上一章节中学习过继承，子合约中可以对某个父合约中的函数进行重写，也称之为覆盖重写，读者要能够区分重载和重写的区别。

4.2 库的使用

4.2.1 库的概念和定义

Solidity 中的库是一种类似于合约的特殊类型，与其他面向对象编程语言中的类库或者函数标准库相似，其中包含了已经定义好的可以实现某些特定功能的函数。开发者在编写程序时可以使用库中的函数，不仅可以减少重复代码，还可以提高程序的安全性和可读性。

与合约类似，库会被部署在以太坊网络一个指定的地址上，部署一次便可被重复调用。库函数在被调用时，其代码会在发起调用的合约中执行。相较于普通合约，库有以下限制规则。

- 库中没有状态变量，只有用于实现某些特定功能的函数。
- 库不能被继承。
- 库不能接收以太币。
- 库不支持销毁操作。

使用关键字 library 可以声明一个库，与声明合约格式类似，示例程序如下：

```
1  //SPDX-License-Identifier: GPL-3.0
2  pragma solidity >= 0.8.2 <0.9.0;
3
4  /**
5   * 定义 SafeMath 库
6   **/
7  library SafeMath {
8      function add(uint256 x, uint256 y) internal pure returns (uint256) {
9          uint256 z = x + y;
10          require(z >= x, "SafeMath:addition overflow");
11          return z;
12      }
13
14      function sub(uint256 x, uint256 y) internal pure returns (uint256) {
```

```
15          require(y <= x, "SafeMath:subtraction overflow");
16          uint256 z = x - y;
17          return z;
18      }
19  }
```

该库名为 SafeMath,包含了两个函数 add 和 sub,用于计算两数之和及两数之差,在函数中使用 require 进行溢出检查,确保计算结果正确。

4.2.2 使用库合约

要使用库及其函数功能,Solidity 中主要有两种方式。

- 使用 using-for 语法,将某个库作用于某个数据类型,例如:using SafeMath for uint256。添加完该语法后,库中的函数会自动成为目标数据类型变量的成员函数,可以直接调用。在调用时,目标数据类型的变量会被当作第一个参数传递给要使用的库函数。
- 通过库名称直接调用某个库函数,例如:SafeMath.add(arg1,arg2),表示使用 SafeMath 库的 add 函数,arg1 和 arg2 是传入的两个 uint256 类型变量。

下列程序演示了库函数调用的方法。

```
1  contract Counter {
2      //使用 using for 指令
3      using SafeMath for uint256;
4
5      uint256 counter = 0;
6
7      function incrment() public {
8          counter = counter.add(1);
9      }
10
11     function decrement() public {
12         counter = counter.sub(1);
13     }
14
15     /**
16     * 直接通过"库名.函数名"调用要使用的库函数
17     **/
18     function  update() public pure returns(uint){
19         uint result = SafeMath.add(1,2);
20         return result;
21     }
22 }
```

4.2.3 库示例和 OpenZeppelin

使用编程语言处理数字,可能会遇到溢出问题。当数值大于机器提供的最大可能值时,就会发生上溢。例如,在 Solidiy 中使用无符号整型(uint256),变量的取值范围为 $0 \sim 2^{256}-1$ (1.1579209×10^{77})。如果在最大值附近增加一个 uint256 类型的数值,将可能发生溢出,使变量值回到 0。如果某个变量为 0 并且执行减 1 操作,也会发生超过 uint256 类型所允许的范围的情况,这种情况称为下溢。

为了防止合约中出现此类问题,确保程序的安全,建议开发者在处理数字运算时始终使用 SafeMath 库。利用 SafeMath 库能够帮助开发者检查加法时的上溢、减法时的下溢,以及执行乘法、除法和模运算的检查。SafeMath 库的代码如下所示。

```
1  //SPDX-License-Identifier: GPL-3.0
2  pragma solidity >=0.8.2 <0.9.0;
3
4  /**
5  * 定义用于数学运算的 SafeMath 库, 确保运算安全
6  **/
7  library SafeMath {
8
9      /**
10     * 执行加法运算, 用于两数相加, 返回两数之和
11     */
12     function add(uint256 a, uint256 b) internal pure returns (uint256) {
13         uint256 c = a + b;
14         require(c >= a, "SafeMath: addition overflow");//溢出检查
15         return c;
16     }
17
18     /**
19     * 减法运算, 返回两数之差
20     */
21     function sub(uint256 a, uint256 b) internal pure returns (uint256) {
22         //不直接计算, 调用重载函数进行计算
23         return sub(a, b, "SafeMath: subtraction overflow");
24     }
25
26     /**
27     * 重载函数实现减法运算,返回两数之差
28     */
29     function sub(uint256 a, uint256 b, string memory errorMessage) internal
       pure returns (uint256) {
30         require(b <= a, errorMessage);//执行参数合法性检查
31         uint256 c = a - b;
32         return c;
33     }
34
35     /**
36     * 乘法运算, 返回两数乘积
37     */
38     function mul(uint256 a, uint256 b) internal pure returns (uint256) {
39         //判断 a 是否为 0,更节省 Gas
40         if (a == 0) {
41             return 0;
```

```
42          }
43          uint256 c = a * b;
44          //进行溢出检查，确保安全
45          require(c / a == b, "SafeMath: multiplication overflow");
46          return c;
47      }
48
49      /**
50      * 除法运算，返回两数相除的商
51      */
52      function div(uint256 a, uint256 b) internal pure returns (uint256) {
53          //不直接运算，调用重载函数获取结果
54          return div(a, b, "SafeMath:division by zero");
55      }
56
57      /**
58      * 重载函数实现除法运算，返回两数相除的商
59      */
60      function div(uint256 a, uint256 b, string memory errorMessage) internal
        pure returns (uint256) {
61          //参数合法性检查，除数不能为0
62          require(b > 0, errorMessage);
63          uint256 c = a / b;
64          return c;
65      }
66
67      /**
68      * 模运算，返回余数
69      */
70      function mod(uint256 a, uint256 b) internal pure returns (uint256) {
71          //不直接计算，调用重载函数
72          return mod(a,b, "SafeMath: modulo by zero");
73      }
74
75      /**
76      * 重载函数实现模运算,返回余数
77      */
78      function mod(uint256 a, uint256 b, string memory errorMessage) internal
        pure returns (uint256) {
79          //参数合法性检查，除数不能为0
80          require(b != 0, errorMessage);
81          return a % b;
82      }
83  }
```

在SafeMath库中，提供了基本的数学算术运算的函数。除了数学运算外，在程序开发中经常还需要将uint类型转为string类型，因而有了Strings库，可以将uint256类型转换为字符串。Strings库代码如下：

```
1  //SPDX-License-Identifier: GPL-3.0
2
3  pragma solidity >=0.8.2 <0.9.0;
4
5  /**
6  * Strings 库
7  */
8  library Strings {
9      //常量
10     bytes16 private constant _HEX_SYMBOLS = "0123456789abcdef";
11
12     /**
13     * 将 uint256 类型转换为 string 类型
14     */
15     function toString(uint256 value) internal pure returns (string memory) {
16         if (value == 0) {
17             return "0";
18         }
19         uint256 temp = value;
20         uint256 digits;
21         while (temp != 0) {
22             digits++;
23             temp /= 10;
24         }
25         bytes memory buffer = new bytes(digits);
26         while (value != 0) {
27             digits -= 1;
28             buffer[digits] = bytes1(uint8(48 + uint256(value % 10)));
29             value /= 10;
30         }
31         return string(buffer);
32     }
33
34     /**
35     * 将 uint256 类型转换为十六进制字符串
36     */
37     function toHexString(uint256 value) internal pure returns (string
       memory) {
38         if (value == 0) {
39             return "0x00";
40         }
41         uint256 temp = value;
42         uint256 length = 0;
43         while (temp != 0) {
44             length++;
45             temp >>= 8;
46         }
47         return toHexString(value, length);
48     }
```

```
49
50      /**
51      *将 uint256 类型转换为指定长度十六进制字符串
52      */
53      function toHexString(uint256 value, uint256 length) internal pure
        returns (string memory) {
54          bytes memory buffer = new bytes(2 * length + 2);
55          buffer[0] = "0";
56          buffer[1] = "x";
57          for (uint256 i = 2 * length + 1; i > 1; --i) {
58              buffer[i] = _HEX_SYMBOLS[value & 0xf];
59              value >>= 4;
60          }
61          require(value == 0, "Strings: hex length insufficient");
62          return string(buffer);
63      }
64  }
```

通过上述两个库代码的示例,可以看到合理地使用 Solidity 库能够大大提高程序开发的效率和安全性。目前在智能合约生态中,已经积累了相当多优秀的库,这些库都是开源且免费的,开发者可以学习并使用它们。

在这些丰富的库中,比较知名的是 OpenZeppelin。OpenZeppelin 是一个开源的以太坊智能合约开发框架,主要提供一系列的通用智能合约和组件,包括安全库、代币、持久化存储和权限控制等,用于简化智能合约的开发,提高合约的安全性、可靠性和可维护性。OpenZeppelin 的智能合约代码经过应用和测试,被广泛认可为以太坊开发中最常用、最可靠的代码库之一。在主流的以太坊开发者社区和钱包、交易平台、DApp 等应用中都使用了 OpenZeppelin 的代码库。若读者有兴趣进一步学习和研究 OpenZeppelin 框架,可自行进行深入学习。

4.3 导入并使用其他合约

Solidity 中,允许在一个合约中导入并使用另外一个合约文件的内容,以此来提高程序的可重用性,使项目和程序更有组织性。类似于其他编程语言的导入语法,Solidity 中使用关键字 import 语句导入另外一个文件的内容。

import 语句需要写在版本声明之后,其他合约代码之前,如果要导入多个合约文件内容,那么可以写多个 import 语句进行导入。在使用 import 语句导入其他合约文件时,支持多种导入方式:文件路径导入、URL 导入和安装库文件导入等。

4.3.1 文件路径导入

在进行应用开发时,为了能更清晰地管理项目,通常会按照一定的规则对项目进行目录管理,智能合约文件作为程序源码会被归集在同一合约目录中。当智能合约文件在同一个目录下时,若需要在某个合约中导入其他合约文件,可以直接使用文件相对路径进行导入。例如,Owner.sol 和 Transfer.sol 文件在同一目录中,在 Transfer.sol 中导入 Owner.sol 文件内容时使用相对路径。

```
1 ...
2 import "./Owner.sol";
3 ...
```

4.3.2 URL 导入

Solidity 支持通过某个源文件的网址导入在线合约。例如，下列语句用于导入 OpenZeppelin 的地址库文件内容。

```
1 import 'https://github.com/OpenZeppelin/openzeppelin-contracts/blob/
  master/contracts/utils/Address.sol';
```

上述 import 引入的是一个网络地址对应的 Address 库的程序内容，引入后可以在合约程序中直接使用 Address 库。在浏览器中打开上述链接，可以访问该库的内容，部分代码如下：

```
1  //SPDX-License-Identifier: MIT
2  //OpenZeppelin Contracts (last updated v4.9.0) (utils/Address.sol)
3  pragma solidity ^0.8.19;
4
5  library Address {
6      //事件定义
7      error AddressInsufficientBalance(address account);
8      error AddressEmptyCode(address target);
9      error FailedInnerCall();
10
11      //转账到某个地址
12      function sendValue(address payable recipient, uint256 amount) internal {
13          if (address(this).balance < amount) {
14              revert AddressInsufficientBalance(address(this));
15          }
16          (bool success, ) = recipient.call{value:amount}("");
17          if (!success) {
18              revert FailedInnerCall();
19          }
20      }
21
22      //call 函数
23      function functionCall(address target, bytes memory data) internal
        returns (bytes memory) {
24          return functionCallWithValue(target, data, 0, defaultRevert);
25      }
26
27      //functionCall 同名重载函数
28      function functionCall(
29          address target,
30          bytes memory data,
31          function() internal view customRevert
```

```
32        ) internal returns (bytes memory) {
33          return functionCallWithValue(target, data, 0, customRevert);
34        }
35        ... //其他函数代码此处省略
36  }
```

4.3.3 安装库文件导入

通过 import 语句还可以导入已经安装的某个库的文件内容，例如，使用 npm 命令安装了 OpenZeppelin 库后，可以使用 import 导入 OpenZeppelin 的文件内容。

```
1  import '@openzeppelin/contracts/access/Ownable.sol';
```

在本书的后续章节部分会向读者展示在应用开发中多文件导入时的 import 用法。

4.4 接收以太币

以太坊网络中使用账户地址区分网络用户的身份，用户通过分享自己的以太坊地址给发送方，接收以太币，也称收款。

4.4.1 msg 全局变量

在 Solidity 中提供了一个全局消息变量 msg，其中包含了发送以太币的地址、发送者提供的以太币的数量、交易的时间戳等特定的与调用相关的信息。

以下是 msg 全局变量所包含的一些成员变量。

- msg. sender：表示当前交易发起者的账户地址。msg. sender 在许多场景中都非常有用，例如验证权限、记录交易发起者等。当使用 msg. sender 管理合约权限时，要考虑到合约的安全性问题，通常不建议将 msg. sender 作为唯一的权限认证条件，可以考虑使用专门的角色管理库，例如 OpenZeppelin 的 AccessControl，它提供了更强大、更安全的访问控制功能。
- msg. value：该变量表示在当前函数调用中交易发起者所发送的以太币数量，单位是 Wei。该变量能且仅能在调用 payable 修饰的函数时才有意义，因为只有 payable 函数才能接收以太币。考虑到 msg. value 的单位是 Wei，而 1ETH 等于 10^{18}Wei，所以在处理该变量时要考虑到变量溢出的问题。在 Solidity 的 v0. 8. 0 及更高的版本中会自动进行溢出检查，但在早期的版本中并不会检查，建议使用之前提到过的 SafeMath 库以避免溢出问题。
- msg. data：表示交易调用数据的字节数组。
- msg. sig：表示函数标识符。

以下示例程序演示了 msg. sender 和 msg. value 的用法。

```
1  //SPDX-License-Identifier: GPL-3.0
2  pragma solidity >=0.8.2 <0.9.0;
3
4  contract MessageExample {
```

```
5       address public owner;
6
7       constructor() {
8           owner = msg.sender;
9       }
10
11      function sendMessage(address payable recipient) public payable {
12          require(msg.value > 0, "Amount must be greater than 0");
13          recipient.transfer(msg.value);
14      }
15
16      function getOwner() public view returns (address) {
17          return owner;
18      }
19
20      function getBalance() public view returns (uint256) {
21          return address(this).balance;
22      }
23  }
```

上述程序中,sendMessage 函数用于向指定地址发送以太币,并需要至少发送 1Wei。在函数内部使用了 msg. sender 和 msg. value 变量来访问发送者地址和发送的以太币数量。getOwner 和 getBalance 函数分别返回合约的 owner 地址和以太币余额,此处未使用 msg 变量。

需要注意的是,对 msg. sender、msg. value 和 msg. data 等变量的访问是只读的,即合约中无法修改 msg 变量的属性值。

4.4.2 payable 修饰符

在第 3 章函数部分曾经介绍过 payable 修饰符。Solidity 中的 payable 修饰符主要用于指定一个函数可以接收以太币转账。当一个合约函数需要接收以太币时,该函数必须要明确使用 payable 修饰符进行修饰,否则会报错。在函数内部可以通过 msg. value 获取交易发起者发送的以太币数量。

payable 除了修饰函数表示可以接收以太币外,还可以修饰 address 类型变量。在 address 类型的状态变量声明中添加 payable 修饰符,使该变量能够接收以太币。

在早期的 Solidity 0. 4. 0 之前的版本中,合约可以直接接收代币。但在 0. 4. 0 以后的版本中,规定使用 payable 修饰符来明确指定哪些函数可以接收代币,这样做是为了提高安全性,防止向合约发送代币的意外情况发生。

4.4.3 receive 和 fallback 函数

在 Solidity 的 0. 6. 0 版本之前,使用 function public payable{}表示一个可以接收以太币的默认函数。从 Solidity 0. 6. 0 版本开始,默认函数分为两类:receive 函数和 fallback 函数。

1. 默认函数

在 Solidity 0. 6. 0 之前的版本中,当合约收到一个没有匹配到任何函数的调用时,会触发默认函数。默认函数的语法格式如下：

```
1  function() public payable{
2      ...
3  }
```

该默认函数可以接收以太币，但是在 Solidity 的语法更新中，该默认函数已经被 receive 函数和 fallback 函数所替代。

2. receive 函数

当合约接收到以太币时，会触发 receive 函数，receive 函数只能用于接收以太币。receive 函数的语法格式如下：

```
1  receive() external payable{
2      ...
3  }
```

3. fallback 函数

fallback 函数又称为回退函数，当合约收到一个没有匹配到任何其他函数的调用时，会触发 fallback 函数，fallback 可以用于接收以太币，也可以用于代理合约。fallback 函数声明时不需要使用 function 关键字，而是使用 external 修饰，同时用 payable 修饰。fallback 函数的语法格式如下：

```
fallback() external payable{
  ...
}
```

4. receive 和 fallback 的区别

从上文的介绍可知，receive 和 fallback 均可以用于接收以太币，那么两者的区别是什么呢？触发 receive 或 fallback 遵循的主要规则如图 4.1 所示。

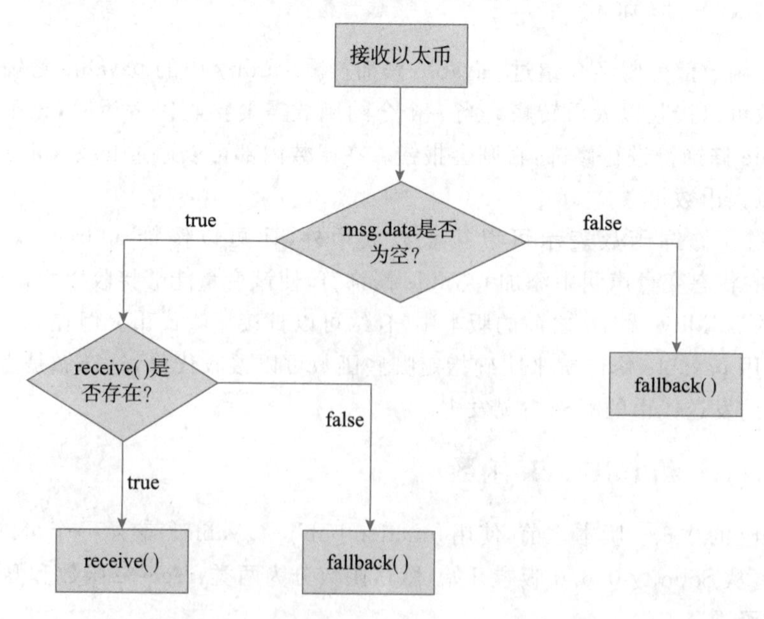

图 4.1 receive 和 fallback 触发逻辑示意图

简单来说，合约接收以太币时，msg.data 为空且存在 receive 函数时，会触发 receive 函数；当 msg.data 不为空或不存在 receive 函数时，会触发 fallback 函数，此时 fallback 函数必须用 payable 修饰。一般来说，合约中如果定义了 payable fallback 函数而缺少 receive 函数，那么会发出警告，提示程序开发者加入定义 receive 函数。

当 receive 函数和 payable fallback 函数均不存在时，向合约发送以太币将会报错。下面给出了合约接收以太币的 receive 和 fallback 函数的触发示例。示例源码如下：

```
1  //SPDX-License-Identifier: GPL-3.0
2  pragma solidity >=0.8.2 <0.9.0;
3
4  /**
5  *定义接收以太币的合约
6  **/
7  contract ReceiveEther {
8      /**
9      *定义两个事件,分别在 receive 和 fallback 中被触发
10     **/
11     event ReceiveLog(uint256 amount, uint gas);
12     event FallbackLog(uint256 amount, uint gas);
13
14      /**
15      * receive 函数，当该合约收到以太币且 msg.data 为空时,若该函数存在就会先被触
        发调用
16      **/
17      receive() external payable {
18          //触发事件，记录接收到的以太币数量,剩余的 Gas 数量
19          emit ReceiveLog(msg.value, gasleft());
20      }
21
22      /**
23       * fallback 函数，当合约收到以太币，并且 msg.data 不为空时，会触发该函数
24       **/
25      fallback() external payable {
26          //触发事件，记录接收到的以太币数量,剩余的 Gas 数量
27          emit FallbackLog(msg.value,gasleft());
28      }
29
30      /**
31      *查看当前合约的以太币余额
32      **/
33      function getBalance() public view returns (uint) {
34          return address(this).balance;
35      }
36  }
```

上述合约程序中定义了两个事件，用于区分接收以太币时所触发的函数 receive 和 fallback，getBalance 函数用于查询余额。该合约部署后，会生成一个合约地址，当该合约接收到以太币时，会触发 receive 或 fallback 函数，进而触发一个事件，并以日志的形式记录下来。

4.5 转账交易

在以太坊网络中，转账是指将以太币从一个地址转移至另一个地址。在 Solidity 开发语言中提供了支持实现转账的函数。需要注意的是，每一笔转账交易在以太坊网络中被记录和确认都需要交易的发起者支付交易费用；另外，发起转账时要注意合约安全问题，比如对目标地址进行检查、避免转账至无效地址等。在 Solidity 中，提供了 transfer、send 和 call 三种实现转账交易的方法。

4.5.1 transfer 函数

当 Solidity 中某个 address 类型变量被 payable 修饰时，例如：address payable owner，该变量就能使用 transfer 和 send 两个函数。

其中 transfer 函数原型是：<address payable>. transfer(uint256 amount)，此处可接收以太币的地址指的是接收方的地址，其用法为：接收方地址. transfer(以太币数量)，单位是 Wei。transfer 转账有两个特点。

- 转账交易的 Gas 有限制，上限为 2300。
- 如果转账交易失败，程序会抛出异常并给出提示信息，同时交易将回滚至未转账之前状态，所有 Gas 也将被退回。

在实际程序开发中，推荐开发者使用 transfer 函数进行转账交易。

4.5.2 send 函数

除了 transfer 函数，Solidity 还提供了一种更低级别、更基础的方式将以太币发送至某个地址中，即 send 函数。send 比 transfer 更基础，用法更灵活，并且需要注意的事项也不同。send 函数的原型是：<address payable>. send(uint256 amount) returns(bool)，其用法为：接收方地址. send(以太币数量)，单位是 Wei。send 转账的特点如下。

- 转账交易的 Gas 有限制，上限为 2300。
- 该函数有一个返回值为 bool 类型，表示转账是否成功。如果发生异常，转账会失败并返回 false，程序不会抛出异常，也不会终止执行。

如果用户不想对转账交易进行回滚操作，转账成功和失败都由对应的逻辑处理，则可以使用 send 函数。

4.5.3 call 函数

call 函数为目标合约的代码提供了一个接口，该函数可以接收多个参数，除了发送以太币外，该函数还支持发送自定义数据到目标合约。call 函数对应的函数原型是：<address>. call(bytes memory) returns(bool, bytes memory)，其用法为：接收方地址. call{value: 以太币数量}(data)。call 函数的特点如下。

- 转账交易时 Gas 没有上限限制，可以在支持合约的 fallback 或 receive 函数中实现复杂逻辑。

➢ 与 send 类似，如果转账失败，程序不会抛出异常，也不会停止执行。
➢ call 函数有两个返回值，数据类型分别为 bool 和 bytes。其中 bool 表示转账是否成功，true 表示转账成功。

下面通过一个示例程序演示转账交易的三种方式，推荐读者在实际程序编写中使用 call 实现转账交易。示例程序如下：

```
1  //SPDX-License-Identifier: GPL-3.0
2  pragma solidity >=0.8.2 <0.9.0;
3
4  contract SendEtherCode {
5
6      /**
7      * transfer 函数的使用
8      **/
9      function sendViaTransfer(address payable _to) public payable  {
10         //不推荐使用该种方式进行转账
11         _to.transfer(msg.value);
12      }
13      //send 函数实现转账操作
14      function sendViaSend(address payable _to) public payable {
15          //不推荐使用该种方式进行转账
16          bool sent = _to.send(msg.value);
17          require(sent, "Failed to send Ether");
18      }
19
20      //call 函数实现转账操作
21      function sendViaCall(address payable _to) public payable {
22          //call 是目前推荐使用的转账方式
23          (bool sent,) = _to.call{value: msg.value}("");
24          require(sent, "Failed to send Ether");
25      }
26  }
```

4.6 合约间的交互

在 DApp（去中心化应用）项目开发过程中，不可能将所有的程序功能代码写在同一个智能合约中，这既不合理也不现实。通常的做法是，开发者团队将程序源代码按功能划分到不同的库或者合约文件中，然后提供接口互相调用。

4.6.1 库的缺点

在 4.2 节中介绍了库的概念、定义和使用方法，如果某些程序代码要实现复用，通常会将这些共用的代码单独抽离并封装，编写成为一个库，然后供其他程序调用时使用。但是库也有缺点，不允许定义任何 storage 类型的数据变量，这意味着库无法实现对合约状态的修改。

如果需要对合约状态进行修改,就要部署一个新的合约,然后在其他合约中调用该合约,即需要合约与合约之间进行交互。本节中,我们介绍几个常见的合约调用的方法。

4.6.2 通过合约(接口)和地址创建合约引用

在 Solidity 合约代码中,要调用另外一个已经部署的合约内容,需要通过声明已部署合约的接口,让当前合约能够识别之前的合约。实现此过程,需要编写两个合约和一个接口,其中接口的命名规范应该与被调用的合约命名规范一致。具体开发步骤如下。

(1) 定义和编写第一个合约程序代码。

(2) 部署第一个合约,部署成功后即可得到合约部署地址。

(3) 定义和编写第二个调用合约的内容。

如果调用合约与被调合约不在同一目录下,调用合约中应根据合约接口和部署地址构建合约对象,并编写合约调用操作的逻辑代码。

按照上述步骤即可完成在合约中调用已部署的合约。

1. 定义和编写第一个合约:被调用的合约程序

```
1  //SPDX-License-Identifier: GPL-3.0
2  pragma solidity >=0.8.2 <0.9.0;
3  //自定义合约 OtherContract
4  contract OtherContract {
5      uint256 private num = 0; //定义全局状态变量 num
6
7      //自定义事件: 当接收到以太币(收款)时, 触发该事件, 记录下 amount 和 gas
8      event ReceiveEther(uint amount, uint gas);
9
10      //获取合约的以太币余额
11      function getBalance() view public returns(uint) {
12          return address(this).balance;
13      }
14
15      //可以调整状态变量 num 的函数,并且可以往合约转以太币 (payable)
16      function setNum(uint256 n) external payable{
17          num = n;
18          //如果转入以太币,则触发收款事件
19          if(msg.value > 0){
20              emit ReceiveEther(msg.value, gasleft());
21          }
22      }
23
24      //读取 num 变量的值
25      function getNum() external view returns(uint res){
26          res = num;
27      }
28  }
```

在自定义合约 OtherContract 中,定义了全局状态变量 num 以及自定义事件 ReceiveEther,当合约收到以太币时触发该事件。合约中定义了三个函数:getBalance 用于返回合约中的以太

币余额;setNum 函数被 payable 修饰,可以接收以太币;getNum 用于读取状态变量 num 的值。

2. 部署合约

在 Remix 环境中编译上述示例合约,并选择默认环境进行合约部署。部署成功后即可得到该合约的地址,如图 4.2 所示。

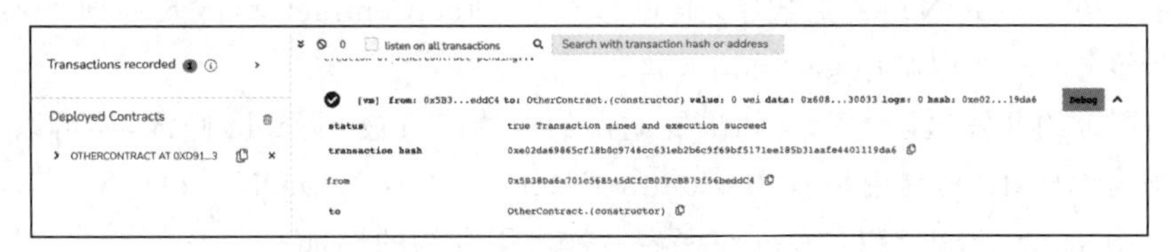

图 4.2 部署 OtherContract 合约

部署后得到合约地址为:0xd9145CCE52D386f254917e481eB44e9943F39138,留作调用时使用。

3. 编写第二个合约:调用合约

接下来定义调用合约,用于通过合约代码创建合约引用,并调用第一个合约。调用合约程序如下:

```
1  //SPDX-License-Identifier: GPL-3.0
2  pragma solidity >= 0.8.2 <0.9.0;
3
4  import "./OtherContract.sol";
5
6  //调用合约
7  contract CallContract{
8
9      function callSetNum(address addr, uint256 n) external{
10         OtherContract(addr).setNum(n);
11     }
12
13     function callGetNum(OtherContract addr) external view returns(uint256 n){
14         n = addr.getNum();
15     }
16
17     function callGetNum2(address addr) external view returns(uint n){
18         OtherContract oc = OtherContract(addr);
19         n = oc.getNum();
20     }
21
22     function setNumTransferETH(address other,uint256 n) payable external{
23         OtherContract(other).setNum{value:msg.value}(n);
24     }
25 }
```

在 CallContract 合约程序中,提供了四种调用其他合约的方式。

(1) 传入合约地址方式。callSetNum 函数拥有一个地址类型的参数,传入目标合约的地址用于生成目标合约的引用,然后调用目标函数。

（2）传入合约变量方式。callGetNum 函数接收一个合约类型的参数，在函数中可以直接调用传入合约的函数。需要注意的是，合约类型作为函数的参数，在生成的应用程序二进制接口（ABI）中，其底层类型仍然是 address 类型。

（3）创建合约变量方式。通过构建合约类型变量，然后调用目标函数，也可以实现合约功能的调用。在 callGetNum2 函数中，通过合约名 OtherContract 和传入的地址参数，构造了合约类型变量 oc，然后调用 getNum 函数。

（4）调用合约并发送以太币。如果要调用的合约函数被 payable 修饰，还可以通过调用该函数实现合约转账，其调用格式为：ContractName(address).funcName{value:amount}()，其中，ContractName 表示合约名；address 表示被调用合约的地址。

以上合约示例，调用合约和被调用合约均在同一个目录下，可以通过 import 语句进行导入和使用。在实际合约开发和 DApp 开发中，如果要调用的合约不在当前目录或项目中，则需要定义要调用的合约接口，然后进行调用。假定 OtherContract 合约没有在当前开发环境中，因此需要在调用合约文件中声明关于 OtherContract 的合约接口，调用合约源码如下：

```
1  //SPDX-License-Identifier: GPL-3.0
2  pragma solidity >=0.8.2 <0.9.0;
3
4  /**
5  * OtherContract 的合约接口定义
6  **/
7  interface IOtherContract {
8      //该函数声明，对应 OtherContract 合约中的 getBalance 函数
9      function getBalance() view external returns(uint256);
10     //该函数声明，对应 OtherContract 合约中的 setNum 函数
11     function setNum(uint256 n) external payable;
12     //该函数声明，对应 OtherContract 合约中的 getNum 函数
13     function getNum() external view returns(uint256);
14 }
15
16 //调用合约
17 contract CallContract{
18     //通过传入合约地址，使用目标合约的引用调用函数
19     function callSetNum(address addr, uint256 n) external{
20         IOtherContract(addr).setNum(n);
21     }
22
23     function callGetNum(IOtherContract addr) external view returns(uint256 n){
24         n = addr.getNum();
25     }
26
27     function callGetNum2(address addr) external view returns(uint n){
28         IOtherContract oc = IOtherContract(addr);
29         n = oc.getNum();
30     }
31
32     function setNumTransferETH(address other,uint256 n) payable external{
```

```
33          IOtherContract(other).setNum{value:msg.value}(n);
34      }
35  }
```

在本例中，并没有直接使用 OtherContract 合约，而是通过定义 OtherContract 合约的接口 IOtherContract，以及声明其中所包含的函数，供 CallContract 合约使用，这正是通过合约接口和合约地址共同构建合约的引用，进而调用合约功能的操作方法。

4.6.3 使用 call 调用其他合约

在 4.5 节中已经介绍过 call 函数。在 Solidity 中 call 是 address 类型的低级成员函数，被用来与其他合约或者外部地址进行交互。call 函数的返回值有两个：bool 类型和 bytes 类型。call 函数的调用格式如下：

```
1  (bool success, bytes memory returnData) = address.call(bytes memory
   functionCall)
```

其中，address 为调用的合约地址或者外部地址；functionCall 为调用的函数及其参数的 ABI 编码，ABI 编码可以通过结构化编码函数 abi.encodeWithSignature 得到，使用方法如下：

```
1  abi.encodeWithSignature("函数签名", 具体参数)
```

call()函数有两个返回值：success 表示 call()函数是否执行成功；returnData 为调用函数返回值的 ABI 编码。需要注意的是，address.call()函数是一种阻塞调用，即调用者合约将在被调用的函数执行完成后继续执行。

4.6.4 使用 delegatecall 调用其他合约

delegatecall 与 call 函数类似，是 Solidity 中的一种低级函数，主要用于在一个合约中调用另外一个合约的函数，但 deletegatecall 与 call 在执行上略有差异。

delegatecall 与 call 函数用法基本相同，其调用格式如下：

```
1  (bool success, bytes memory returnData) = address.delegatecall(bytes
   memory functionCall)
```

对于 delegatecall 和 call 的区别，可以通过两者调用合约的执行细节进行比较。当用户 A 通过合约 B，以 call 的形式调用第三个合约 C 时，实际执行的是合约 C 中的函数，此时合约执行的上下文也是合约 C，而 msg.sender 变量的值是 B 合约的地址。在函数执行结束后，如果函数改变了一些状态变量，那么该变量值的修改效果会体现在合约 C 中的状态变量上。call 调用的示意图如图 4.3 所示。

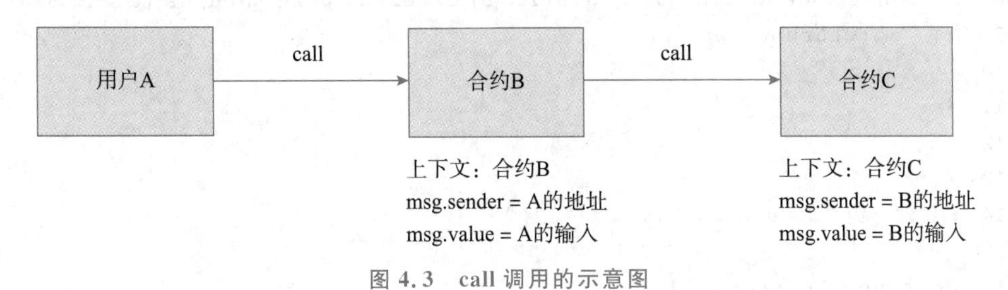

图 4.3 call 调用的示意图

当用户A通过合约B,以delegatecall的方式调用第三个合约C时,执行的是合约C中的函数,但是此时执行合约的交互环境仍然是B合约中的数据,即:msg.sender是用户A的地址,msg.value也是A输入的数值。如果函数调用中有改变状态变量的操作,那么合约执行效果会体现在合约B的变量中。其调用示意图如图4.4所示。

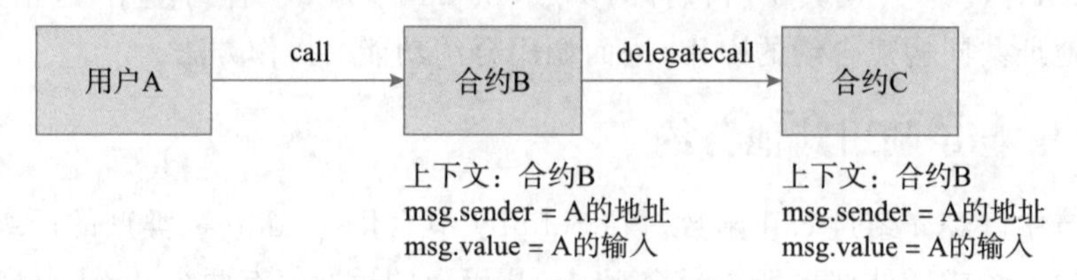

图4.4 delegatecall的调用示意图

通过上述call和delegatecall的调用示意图对比,可以总结为:在delegatecall中,被调用合约中的代码将在当前合约中执行。这意味着调用者合约中的storage、address等状态变量都可以调用合约中的函数访问和修改;其次与call不同的是,delegatecall在调用合约时可以指定交易发送的Gas,但不能指定发送的以太币数额;另外,delegatecall存在着安全隐患,在使用时要保证当前合约和目标合约的状态变量存储结构相同,并且目标合约要保证安全,否则容易造成数字资产损失。

目前delegatecall函数主要的应用场景有两个,分别如下。

- 代理合约:主要思路是将智能合约的存储合约与操作逻辑合约分开,分别为Proxy Contract和Logic Contract。其中代理合约中存储所有相关的状态变量,并且保存逻辑合约的地址;所有函数操作均在逻辑合约中通过delegatecall执行。当合约需要升级时,只需要将代理合约指向新的逻辑合约即可。
- EIP-2535钻石协议:钻石协议是一个支持在生产环境中扩展的模块化智能合约系统的标准提案。

下列合约示例程序展示了delegatecall的具体用法。

```
1  //SPDX-License-Identifier: GPL-3.0
2  pragma solidity >=0.8.2 <0.9.0;
3
4  /**
5  *逻辑合约 MathLibrary
6  **/
7  contract MathLibrary {
8      function add(uint256 a, uint256 b) external pure returns (uint256) {
9          return a + b;
10     }
11 }
12
13 /**
14 *代理合约 Calculator
15 **/
16 contract Calculator {
17     //存储逻辑合约的地址
```

```
18      address public mathLibrary;
19      //状态变量，用于存储数据
20      uint256 public sum;
21
22      //设置逻辑合约的地址
23      function setMathLibrary(address _mathLibrary) external {
24          mathLibrary = _mathLibrary;
25      }
26
27      //delegatecall 函数的使用
28      function calculate(uint256 a, uint256 b) external returns (uint256) {
29           (bool success,bytes memory result) = mathLibrary.delegatecall
             (abi.encodeWithSignature("add(uint256,uint256)", a, b));
30          require(success, "Delegatecall failed");
31          uint256 resultValue = abi.decode(result, (uint256));
32          sum = resultValue;
33          return resultValue;
34      }
35  }
```

在上述程序中，定义了两个合约，分别为：MathLibrary 和 Calculator。MathLibrary 作为逻辑合约单独存在；Calculator 作为代理合约，存储两数相加的结果，同时存储 MathLibrary 的合约地址。合约部署后，用户可调用 calculate 函数，最终通过 delegatecall 调用 MathLibrary 合约的 add 函数。

4.7 创建合约

在以太坊网络中，既可以由用户通过外部账户（externally owned account，EOA）部署一个合约到以太坊网络，实现智能合约的创建，也可以在合约中通过 Solidity 语法创建新的智能合约。在合约中创建新合约，可以通过 CREATE 和 CREATE2 两种操作码。

4.7.1 CREATE 操作码

CREATE 是以太坊虚拟机中的一个操作码。该操作码的主要作用为：在当前合约的存储空间中创建一个新的合约，并将新合约的代码复制到存储空间中。CREATE 操作码的语法格式如下：

```
1  create(uint256 value, uint256 codeOffset, uint256 length) returns(address)
```

其中，value 表示要向新合约发送的以太币数量；codeOffset 表示新合约的代码在当前合约中的偏移量；length 表示新合约的代码长度。创建成功后，CREATE 操作码会返回新合约的地址。

CREATE 操作码在 Solidity 语言中的语法体现非常简单，通过 new 关键字创建一个合约，并向合约的构造函数中传入所需要的参数即可，语法格式如下：

```
1  ContractName  c = new ContractName{value: amount}(params);
```

其中,ContractName 表示要创建的合约名称;c 表示合约对象,本质上是一个地址类型。根据 CREATE 操作码可以接收以太币的特点,如果构造函数是 payable 修饰的,可以在创建合约对象时转入 amount 数量的以太币,params 表示合约构造函数所需要的参数。下列合约示例展示了创建合约的使用方法。

```
1  //SPDX-License-Identifier: GPL-3.0
2  pragma solidity >=0.8.2 <0.9.0;
3
4  //被创建的合约
5  contract ChildContract {
6      uint public x;
7
8      constructor(uint _x) {
9          x = _x;
10     }
11 }
12
13 //创建合约的合约
14 contract ParentContract {
15     address public child; //用于存储创建的合约地址
16
17     function createChild(uint _x) public {
18         //通过 new 关键字创建合约
19         child = address(new ChildContract(_x));
20     }
21 }
```

在上述程序中,定义了两个合约:ParentContract 和 ChildContract。ParentContract 包含了一个地址类型的公共变量 child,表示它控制的 ChildContract 的地址。通过 createChild 函数,ParentContract 可以创建一个新的 ChildContract 实例并将它的地址存储在 child 变量中。

4.7.2 CREATE2 操作码

虽然有了 CREATE 操作码,但其最大的缺点是无法指定新合约的地址,因此可能会导致地址冲突的问题。为了解决该问题,在以太坊虚拟机中引入了 CREATE2 操作码。CREATE2 操作码在 2018 年由以太坊创始人 Vitalik 提出,并编号为 EIP-1014。CREATE2 的作用与 CREATE 相同,其语法格式如下:

```
1  create2(uint256 endowment, bytes32 memory_start, uint256 memory_length,
   uint256 salt) returns(address)
```

其中,endowment 表示部署合约时需要给合约发送的 ETH 数量,单位是 Wei;memory_start 表示待部署的合约字节码在内存中的起始位置;memory_length 表示待部署的合约字节码的长度;salt 参数用于做区别地进行哈希计算的盐值,可以用来控制最终的生成地址。CREATE2 操作码根据指定的参数计算出新合约的地址,并在当前合约的存储空间中创建一个新的合约。如果已经存在相同的地址,则不会创建新合约。创建成功后,CREATE2 操作码会返回新合约的地址。

CREATE2 操作码的优点是支持指定新合约的地址，从而避免了地址冲突的问题。随机数 salt(盐值)避免了合约地址冲突的风险。但是，使用 CREATE2 操作码需要注意确保盐值的唯一性，因为不同的盐值会产生不同的地址。使用 CREATE2 操作码创建的合约地址由四个部分组成，分别如下。

- 0xFF：一个常数，避免与 CREATE 操作码起冲突。
- CreatorAddress：调用 Create2 当前合约的地址，即创建合约的地址。
- salt：一个由创建者指定的值，主要用于计算创新合约的地址。
- initcode：新合约的初始字节码。

具体的新合约地址计算公式如下：

```
新地址 = hash("0xFF", CreatorAddress, salt, initcode)
```

CREATE2 操作码在 Solidity 语法上的体现也比较简单，主要有两种方式，分别是 create2 和 new。

1. create2 方式

在 Solidity 中支持用户使用一种接近以太坊虚拟机的语言将 Solidity 语句与内联汇编语句混合在一起。内联汇编是一种在较低层级的基础上访问以太坊虚拟机的方式，这种方式绕过了 Solidity 语言几个重要的安全功能和检查。在 Solidity 程序开发中，内联汇编的使用语法格式如下：

```
1  assembly{
2      …
3  }
```

可以通过如上所示的内联汇编代码块编写自己所需要的代码逻辑，其中花括号内的代码是汇编语言代码，内联汇编代码块中的程序也可以访问 Solidity 程序的本地变量等。

开发者可以使用上述内联汇编代码块的方式，调用底层的 CREATE2 操作码，完成合约对象的创建。如下示例展示了 assembly 中 create2 结合使用的用法。

```
1  //SPDX-License-Identifier: GPL-3.0
2  pragma solidity >=0.8.2 <0.9.0;
3
4  //被创建的目标合约
5  contract TargetContract {
6      //合约所有者
7      address public owner;
8      uint public foo;
9
10      //构造函数，可接受转账
11      constructor(address _owner, uint _foo) payable {
12          owner = _owner;
13          foo = _foo;
14      }
15
16      //合约余额查询函数
17      function getBalance() public view returns (uint) {
18          return address(this).balance;
```

```
19     }
20 }
21
22 /**
23 *工厂合约,用于创建合约对象
24 **/
25 contract FactoryAssembly {
26     event Deployed(address addr, uint salt);
27
28     //1. 获取被创建合约的字节码
29     function getBytecode(address _owner, uint _foo) public pure returns
       (bytes memory) {
30         bytes memory bytecode = type(TargetContract).creationCode;
31         //编码成为 ABI 接口
32         return abi.encodePacked(bytecode, abi.encode(_owner,_foo));
33     }
34
35     //2. 计算被创建合约的地址, salt 作为用户传入的自定义盐值
36     function getAddress(
37         bytes memory bytecode,
38         uint _salt
39     ) public view returns (address) {
40         bytes32 hash = keccak256(
41             abi.encodePacked(bytes1(0xff), address(this), _salt, keccak256
               (bytecode))
42         );
43
44         //注意:将哈希值最后 20 字节转为地址
45         return address(uint160(uint(hash)));
46     }
47
48     //3. 通过 assembly 内联汇编代码块的方式部署要创建的目标合约
49     function deploy(bytes memory bytecode, uint _salt) public payable {
50         address addr;
51
52         //assembly 内联汇编代码块
53         assembly {
54             addr:= create2(
55                 callvalue(),          //此次调用发送的以太币数量
56                 //部署的合约代码在内存中的位置
57                 add(bytecode, 0x20),
58                 mload(bytecode),      //部署的合约的字节码的长度
59                 _salt                 //开发者传入的盐值
60             )
61             if iszero(extcodesize(addr)) {
62                 revert(0, 0)
63             }
64         }
65         //触发合约部署事件, 记录 log 日志
```

```
66         emit Deployed(addr, _salt);
67     }
68 }
```

上述程序中,FactoryAssembly 合约中定义了三个函数,分别用于获取需要部署创建的新合约 TargetContract 的 ABI 数据,计算出合约的地址,以及通过 assembly 内联汇编代码块的方式部署合约,部署成功后,即可触发部署事件,并记录在以太坊日志中。

2. new 方式

内联汇编代码块的部署方式是比较底层的实现方式,在 Solidity 新版本中通过 CREATE2 操作码创建合约已经不再那么复杂。Solidity 中也可以通过 new 的方式执行 CREATE2 操作码实现合约创建,只是需要多传一个 salt 参数,具体格式如下:

```
1 Contract c = new Contract{salt:_salt, value: amount}(params);
```

其中,Contract 是要创建的合约名字;c 为构建的合约对象,本质同样是一个地址;_salt 是用户传入的自定义的盐值;如果构造函数使用 payable 修饰,可以在创建合约时转入 amount 数量的以太币;params 是创建合约构造函数的参数。

以下程序示例展示了 new 方式实现 CREATE2 操作码创建新合约的用法。

```
1 //SPDX-License-Identifier: GPL-3.0
2 pragma solidity >=0.8.2 <0.9.0;
3
4 //被创建的目标合约
5 contract TargetContract {
6     //合约所有者
7     address public owner;
8     uint public foo;
9
10     //构造函数, 可接受转账
11     constructor(address _owner, uint _foo) payable {
12         owner = _owner;
13         foo = _foo;
14     }
15
16     //合约余额查询函数
17     function getBalance() public view returns (uint) {
18         return address(this).balance;
19     }
20 }
21
22 //工厂合约, 实现创建合约的功能
23 contract Factory {
24     //部署新合约的函数, 返回部署的新合约的地址
25     function deploy(
26         address _owner,
27         uint _foo,
28         bytes32 _salt
29     ) public payable returns (address) {
30         //通过 new 关键字创建合约对象
```

```
31          return address(new TargetContract{salt: _salt}(_owner, _foo));
32      }
33  }
```

上述程序在合约 Factory 中定义了 deploy 函数，通过 new 的方式构建 TargetContract 合约，通过 salt 参数传入自定义的盐值。

4.8 ABI

在上一节内容的程序示例中，涉及使用 ABI 模块进行编码的操作。本节我们详细介绍有关 ABI 的内容。

4.8.1 ABI 简介

Application Binary Interface 简称 ABI，中文翻译为应用程序二进制接口。ABI 是一种用于描述合约接口的标准格式，该标准格式定义了合约函数的名称、参数类型以及返回类型。ABI 是 Solidity 中合约之间、外部应用程序与合约以及用户之间交互通信的标准方式。简单总结为，ABI 是一个接口，可以帮助外部程序和用户与合约进行交互。

4.8.2 ABI 的结构

Solidity 中以 JSON 格式来描述合约的 ABI 接口的相关信息，比如函数、事件、错误等。开发者可以借助 Remix 工具，非常方便地获取某个智能合约程序的 ABI 接口描述信息。ABI 接口的 JSON 格式输出整体为数组（用[]包裹），其中包含若干个对象（用{}包裹）。一个函数会被描述为一个 JSON 对象，一个事件也会被描述为一个 JSON 对象。

使用 JSON 对象描述 Solidity 中的一个函数，包含下列属性。

- type：该属性表示函数的类型，内容值为 function、constructor 或 fallback 三者中的其中一个。
- name：该属性表示函数的名称，是用户定义的函数的名字。
- inputs：该属性是一个数组，表示调用函数所需要的参数。该数组可以包含多个对象，数组中的每个对象按顺序表示对应位置上的参数信息。
- outputs：该属性与 inputs 类似，也是一个数组，用于描述函数的返回值及其类型信息。
- stateMutability：该属性用于描述函数的状态可变性，属性值有四种取值选择。
  - pure：函数不读取或不修改合约状态，也不使用任何外部合约或库。
  - view：函数不修改合约状态，但可能读取合约状态，也可能使用外部合约或库。
  - payable：函数可能修改合约状态，并且可能接收以太币作为支付。
  - nonpayable：函数可能修改合约状态，但不接收以太币作为支付。

使用 JSON 对象描述一个事件的 ABI 接口信息，包含下列属性。

- type：在事件的 ABI 描述中，该属性值固定为 event。
- name：该属性表示事件的名字。
- inputs：与函数的 ABI 接口结构描述类似，该属性用于描述事件类型接收的参数信息,它同样是一个数组类型。

➢ anonymous:该属性是一个 bool 类型,用于描述事件是否为匿名的,匿名为 true,非匿名为 false。

下面展示的是 4.7 节中 FactoryAssembly 合约得到的对应的 ABI 接口数据。

```
[
    {
        "inputs": [
            {
                "internalType": "bytes",
                "name": "bytecode",
                "type": "bytes"
            },
            {
                "internalType": "uint256",
                "name": "_salt",
                "type": "uint256"
            }
        ],
        "name": "deploy",
        "outputs": [],
        "stateMutability": "payable",
        "type": "function"
    },
    {
        "anonymous": false,
        "inputs": [
            {
                "indexed": false,
                "internalType": "address",
                "name": "addr",
                "type": "address"
            },
            {
                "indexed": false,
                "internalType": "uint256",
                "name": "salt",
                "type": "uint256"
            }
        ],
        "name": "Deployed",
        "type": "event"
    },
    {
        "inputs": [
            {
                "internalType": "bytes",
                "name": "bytecode",
```

```
                "type": "bytes"
            },
            {
                "internalType": "uint256",
                "name": "_salt",
                "type": "uint256"
            }
        ],
        "name": "getAddress",
        "outputs": [
            {
                "internalType": "address",
                "name": "",
                "type": "address"
            }
        ],
        "stateMutability": "view",
        "type": "function"
    },
    {
        "inputs": [
            {
                "internalType": "address",
                "name": "_owner",
                "type": "address"
            },
            {
                "internalType": "uint256",
                "name": "_foo",
                "type": "uint256"
            }
        ],
        "name": "getBytecode",
        "outputs": [
            {
                "internalType": "bytes",
                "name": "",
                "type": "bytes"
            }
        ],
        "stateMutability": "pure",
        "type": "function"
    }
]
```

上面的 ABI 接口信息中，数组中包含了四个 JSON 对象，其中第二个 JSON 对象描述了 FactoryAssembly 中的 Deployed 事件，其他三个 JSON 对象分别描述了 deploy 函数、getAddress 函数和 getBytecode 函数。

4.8.3 ABI 编解码

除了借助 Remix 中的操作直接获取合约的 ABI 接口信息外，在 Solidity 中还可以通过程序操作的方式获取 ABI 信息。围绕 ABI 的操作主要有 ABI 编码和 ABI 解码两类操作。

ABI 全局变量提供了以下四种编码函数和一种解码函数。

1. abi. encode

该函数用于对给定的参数进行 ABI 编码，并返回一个字节数组。该函数会自动添加参数类型编码和长度编码，每个参数经过编码后生成一个 32 字节的字符串，函数将多个参数经编码后的数据拼接后返回。

使用 abi. encode 函数时，必须指定参数的类型。例如，abi. encode(uint256,string)用于将一个 uint256 类型和一个 string 类型的参数编码为一个字节数组。abi. encode 使用示例如下：

```
1  function getEncode (address _add, uint256 _value) pure public returns
   (bytes memory){
2      return abi.encode(_add, _value);
3  }
```

getEncode 函数中接收一个 address 类型和一个 uint256 类型变量，调用 abi. encode 对输入的参数进行编码，并返回编码后的字节数组。

2. abi. encodePacked

该函数根据用户输入参数所需要的最低空间进行紧凑式编码。该函数与 abi. encode 函数类似，但会将其中填充的 0 省略。比如，只用 1 字节来编码 uint8 类型。

当用户希望节省空间，且不会与合约进行交互时，可以使用 abi. encodePacked，该函数经常用于计算一些数据的哈希值等操作。以下示例程序展示了其具体用法。

```
1  function getEncodePacked (address _add, uint256 _value) pure public
   returns(bytes memory){
2     return abi.encodePacked(_add, _value);
3  }
```

3. abi. encodeWithSignature

该函数与 abi. encode 函数功能类似，区别在于该函数的第一个参数为函数的签名，比如“foo(uint256,address,string,uint256[2])”。下列示例程序展示了其具体用法。

```
1  function getEncodeWithSignature(address _add, uint256 _value) pure public
   returns(bytes memory){
2       bytes memory data = abi.encodeWithSignature("transfer(address,
        uint)",_add,_value);
3       return data;
4  }
```

abi. encodeWithSignature 函数相当于在 abi. encode 编码结果的前面添加了 4 字节的函数签名。

4. abi. encodeWithSelector

该函数与 abi. encodeWithSignature 功能类似，区别在于第一个参数为函数选择器，为函数签名 Keccak256 哈希值的前 4 字节内容。下列示例程序展示了其具体用法。

```
1  function getEncodeWithSelector(address _add,uint256 _value) pure public
   returns(bytes memory){
2      bytes4 selector = bytes4(keccak256(bytes("transfer(address,uint)")));
3      bytes memory data = abi.encodeWithSelector(selector,_add,_value );
4      return data;
5  }
```

上述示例中,首先使用 keccak256 函数对函数签名进行哈希值计算,然后取前 4 字节,作为函数选择器传入的第一个参数。

5. ABI 解码

ABI 全局变量只提供了一个解码函数,即 abi. decode,用于解码 abi. encode 生成的二进制编码,将其还原为原来的参数。开发者可以直接调用 abi. decode 函数,如下示例程序展示了解码函数的用法。

```
1  function decodeData(bytes memory data) pure public returns(address,uint256){
2      (address add, uint256  value) = abi.decode(data, (address,uint256));
3      return (add,value);
4  }
```

4.9 字 节 码

Solidity 中字节码是指编译后的合约代码,它是一组十六进制数。字节码包含了合约的执行代码,也包含了合约的元数据,如合约的 ABI 等信息。本节内容我们详细介绍一下字节码的概念。

字节码英文为 Bytecode,是 Solidity 代码被翻译以后的信息,它包括了二进制的计算机指令。Bytecode 通常是将数字、常量和其他信息以一种编码方式写在一起。每个指令都被称为 opcode 的一个操作,这些 opcode 的大小都是 1byte(8 位),这也是"Bytecode"的由来。因为每一行代码都会被分拆变成一个个的 opcode,所以计算机在运行代码时会清楚地知道要做什么。

Bytecode 就是存储在以太坊网络的内容,同时在用户与智能合约交互时会被执行。有很多工具和库可以帮助开发者将 Solidity 代码编译为 Bytecode。最便捷的方式就是通过在线 IDE Remix 来编译合约,然后复制 ABI 和 Bytecode。

4.10 哈 希 函 数

4.10.1 哈希函数

哈希函数是一种将任意长度的数据(或消息)映射到固定长度输出的函数。哈希函数的输出结果被称为哈希值或摘要信息。哈希函数通常表现为不可逆的单向函数,即给定一个哈希值,无法从中恢复出原始的消息。

哈希函数具备以下几个特点。

- 单向性：从输入的数据（或消息）到得到哈希值的运算过程简单且唯一确定，而逆向非常困难，只能靠暴力枚举。
- 灵敏性：输入的数据即使有很微小的变化，也会得到完全不同的哈希值。
- 高效性：输入的数据经过计算得到哈希值的效率很高。
- 均一性：每个哈希值被取到的概率基本相等。
- 抗碰撞性：抗碰撞性主要体现在两个方面。
  - 弱抗碰撞性：给定一个数据 x，要找到另外一个数据 x'，使得 hash(x) = hash(x')非常困难。
  - 强抗碰撞性：对于任意不同的 x 和 x'，使得 hash(x)=hash(x')也非常困难。

4.10.2 哈希函数的分类

从哈希函数的概念诞生至今，已经提出了几十种哈希算法，每种算法对应不同的参数，形成不同的算法实现。众多的哈希函数如同一个江湖，其中 MD 家族和 SHA 家族是最具声望的两大家族。

1. MD 系列

MD 是 Message Digest（消息摘要）的简称。整个 MD 家族成员包括 MD2、MD4 和 MD5 三种算法。

- MD2 算法：是一种简单、快速的哈希算法，适用于小型数据的处理。它的输出长度为 128 位，已被广泛应用在数字签名、消息认证和随机数生成等领域。
- MD4 算法：是一种较为复杂的哈希算法，适用于中型数据的处理。它的输出长度为 128 位，已被广泛应用在数字证书和密码学领域。
- MD5 算法：是一种广泛使用的哈希算法，适用于大型数据的处理。它的输出长度为 128 位，已被广泛应用在数字签名、消息认证和密码学领域。

当前，MD 系列因为存在安全缺陷，均已被破解，因此在实际应用中已经不再推荐使用，现在推荐使用更加安全的哈希算法，比如 SHA-2 和 SHA-3 等。

2. SHA-2 系列

SHA-2（secure hash algorithm 2）是一组密码学安全的哈希算法，由美国国家标准技术研究所（NIST）于 2001 年发布。SHA-2 算法包括 SHA-224、SHA-256、SHA-384 和 SHA-512 四种算法，它们的输出长度分别为 224 位、256 位、384 位和 512 位。其中，SHA-256 是最常用的一种算法。

SHA-2 算法采用 Merkle-Damgard 结构，将消息分为多个 512 位的消息块进行处理。SHA-2 算法的核心是一系列的置换和布尔函数通过多轮迭代操作对消息进行处理，最终生成固定长度的哈希值。SHA-2 算法具有以下特点。

- 安全性高：SHA-2 算法的输出长度较长，且采用了多轮迭代操作和复杂的置换函数，具有很高的强抗碰撞性和弱抗碰撞性。
- 计算速度较快：SHA-2 算法的计算速度相对于 MD5 和 SHA-1 等算法有所提高，而且在现代计算机上可以进行高效的硬件加速。
- 应用广泛：SHA-2 算法已经被广泛应用于数字签名、消息认证和随机数生成等领域，是目前最常用的哈希算法之一。

3. Keccak 算法

在 SHA-2 算法的基础上,美国国家标准技术研究所于 2015 年制定并发布了密码学安全的哈希函数的全新标准,简称为 SHA-3。SHA-3 算法的设计目标是提供更高的安全性、更好的性能和更大的灵活性。经过多轮角逐和评估,最终选择 Keccak 算法作为 SHA-3 标准的哈希函数核心算法。

Keccak 算法由比利时密码学家 Joan Daemen 和 Vincent Rijmen 设计,算法的设计思路与之前的哈希算法有所不同,它采用了一种称为"海绵结构"的算法结构,可以进行高效的硬件实现和软件实现,同时具有较高的安全性。具体来说,Keccak 算法将消息分为多个块,通过一系列的置换和混淆操作对每个块进行处理,最终生成固定长度的哈希值。

Keccak 算法的特点如下。

- 安全性高:Keccak 算法采用了全新的设计思路和算法结构,具有更高的强抗碰撞性和弱抗碰撞性,能够抵抗当前已知的攻击方式。
- 计算速度较快:Keccak 算法的计算速度相对于 SHA-2 算法有所提高,而且在现代计算机上可以进行高效的硬件加速。
- 灵活性好:Keccak 算法支持可变长度的哈希值输出,可以根据不同的应用需求选择不同的输出长度。

在以太坊中,使用的哈希函数就是 Keccak 算法,在 Solidity 中可以使用 Keccak256 函数对数据进行哈希计算,使用方法非常简单。

```
哈希值 = keccak256(输入数据)
```

利用 Keccak256 函数可以生成自定义数据的唯一标识。比如给定一些不同类型的数据:uint、string、address 等,可以先使用 abi. encodePacked 方法对数据进行紧凑型编码,然后再使用 Keccak256 函数计算唯一标识,程序示例如下:

```
1 function hash(uint _num,string memory _string,address _addr) public pure
  returns (bytes32) {
2     return keccak256(abi.encodePacked(_num, _string, _addr));
3 }
```

4.10.3 Keccak 算法的使用

Solidity 中,函数选择器是一个用于标识函数的唯一标识符,它由函数名和参数列表类型组成,并通过 Keccak256 哈希算法计算得到。具体来说,函数选择器的计算步骤如下。

(1) 将函数名和参数列表类型按规定的格式拼接成一个字符串,例如:foo(uint256, string)。

(2) 对该字符串进行 Keccak256 哈希计算,得到一个 256 位的哈希值。

(3) 取该哈希值的前 4 字节作为函数选择器,即为该函数的唯一标识符。

例如有如下合约程序,其中的 fooHash 函数用于计算 foo 函数的函数选择器。

```
1 //SPDX-License-Identifier: GPL-3.0
2 pragma solidity >=0.8.2 <0.9.0;
3
```

```
4  contract MyContract {
5    function foo(uint256 _value, string memory _name) public returns (bool) {
6    }
7    //计算 foo 函数的函数选择器
8    function fooHash() public pure returns(bytes4){
9        return bytes4(keccak256("foo(uint256,string)"));
10   }
11 }
```

4.11 异常捕获与处理

异常处理是通过抛出异常和捕获异常来实现的。当函数执行过程中出现错误或异常情况时,可以通过抛出异常来中止函数执行,并将异常信息传递给调用者。调用者可以通过捕获异常来处理异常情况,避免程序崩溃或数据损失。

在 Solidity 中,可以通过 require、assert、revert 等关键字来抛出异常,具体用法在第 3 章基础用法中已经介绍过。在对异常的处理上,Solidity 允许开发者通过编写代码捕获异常并处理异常情况,具体使用 try-catch 语句来实现。try-catch 语句的语法格式如下:

```
1  try externalContract.f() {
2      //调用成功的情况下运行一些代码
3  } catch {
4      //调用失败的情况下运行一些代码
5  }
```

但是在使用时有一些限制,try-catch 只能用于外部函数(external)或创建合约(constructor)时的调用。其中 externalContract. f()是某个外部合约的函数调用,try 模块在调用成功的情况下运行,而 catch 模块在调用失败时运行。

可以使用 this. f()来替代 externalContract. f(),this. f()也被视为外部调用,但不可在构造函数中使用,因为此时合约还未创建。

如果调用的函数有返回值,那么必须在 try 之后声明 returns(returnType val),并且可以在 try 模块中使用返回的变量;如果是创建合约,那么返回值是新创建的合约变量。其语法格式如下:

```
1  try externalContract.f() returns(returnType val){
2      //调用成功的情况下运行一些代码
3  } catch {
4      //调用失败的情况下运行一些代码
5  }
```

另外,catch 模块还支持捕获特殊的异常原因。

```
1  try externalContract.f() returns(returnType){
2      //调用成功的情况下运行一些代码
3  } catch Error(string memory reason) {
4      //捕获 revert("reasonString") 和 require(false, "reasonString")
5  } catch Panic(uint errorCode) {
```

```
6       //捕获 Panic 导致的错误，例如 assert 失败、溢出、除零等
7   } catch (bytes memory lowLevelData) {
8       //如果发生了回滚且上面 2 个异常类型匹配都失败了，则会进入该分支
9       //例如 revert()、require(false)、revert 自定义类型的 error 等
10  }
```

下列示例程序展示了使用 try-catch 代码块分别捕获调用外部合约普通函数和外部合约构造函数的用法，同时展示了有返回值类型的异常捕获处理的使用方法。

```
1  //SPDX-License-Identifier: GPL-3.0
2  pragma solidity >= 0.8.2 <0.9.0;
3
4  //外部合约，被调用的合约声明
5  contract Foo {
6      address public owner;
7
8      //构造函数
9      constructor(address _owner) {
10         require(_owner != address(0), "invalid address");
11         assert(_owner != 0x0000000000000000000000000000000000000001);
12         owner = _owner;
13     }
14
15     //myFunc 函数
16     function myFunc(uint x) public pure returns (string memory) {
17         //参数合法性检查
18         require(x != 0, "require failed");
19         return "my func was called";
20     }
21 }
22
23 //调用合约的声明
24 contract Bar {
25     //事件定义声明
26     event Log(string message);
27     event LogBytes(bytes data);
28
29     Foo public foo;
30
31     constructor() {
32         //通过 new 创建一个外部合约对象
33         foo = new Foo(msg.sender);
34     }
35
36
37     //try-catch 测试函数
38     function tryCatchExternalCall(uint _i) public {
39         //测试调用外部合约的函数
40         try foo.myFunc(_i) returns (string memory result) {
41             //外部合约函数调用成功，触发 Log 事件
```

```
42              emit Log(result);
43          } catch {
44              //外部合约函数调用失败
45              emit Log("external call failed");
46          }
47      }
48
49      //try-catch 捕捉异常
50      function tryCatchNewContract(address _owner) public {
51          //调用外部合约的构造函数
52          try new Foo(_owner) returns (Foo foo) {
53              //外部合约构造函数执行成功，触发 Log 事件
54              emit Log("Foo created");
55          } catch Error(string memory reason) {
56              emit Log(reason);
57          } catch (bytes memory reason) {
58              //捕获 assert 异常并处理
59              emit LogBytes(reason);
60          }
61      }
62  }
```

本章小结

本章在Solidity基础语法基础上，主要介绍了Solidity语言的其他特性和用法。本章中介绍的库合约在实际开发和编码过程中使用频率非常高，读者要善于发现有助于编码的高质量第三方库。转账交易是本章中的一个重点，也是学习并理解以太坊的重要概念，因此掌握常见的转账方法及其区别至关重要。另外，合约编译后的字节码以及描述合约信息的ABI数据，是实现合约间交互、外部与合约间交互必不可少的知识点，读者要做重点理解和练习。最后，为了开发出符合规范的高质量合约代码，要掌握异常捕获及其常见的处理方式，并能结合不同的场景进行处理。

能力自测

1. 请简述函数重写与函数重载的区别。
2. 有哪些方式可以实现以太坊转账？各有哪些特点和注意事项？
3. 请解释ABI和ByteCode的概念，并描述其作用。
4. 创建合约有几种方式？分别是什么？
5. 简答ABI的四种编码方式及其区别。
6. 常见的哈希函数有哪几类？请举例说明。

第5章 智能合约应用

编写智能合约应用程序是构建 DApp 的基础和必要前提。DApp 运行在包括以太坊在内的区块链网络上,允许开发者实现自定义的程序逻辑、交易以及资产管理等复杂业务逻辑和交互功能。本章将通过智能合约的使用场景,结合具体业务功能讲解和业务逻辑分析,使用所学的 Solidity 编程语言语法完成智能合约程序的编写,帮助读者构建智能合约程序的编写能力,掌握智能合约编程的基本规范。

本章内容涉及的智能合约程序,使用的编译器版本在 0.8.2 与 0.8.19 之间,使用在线编辑器 Remix 进行编写和调试。

5.1 钱包应用

5.1.1 钱包合约程序

目前有非常多的钱包应用可以供用户选择和使用。大多数人持有的钱包地址都是只由一个私钥或者一组助记词来管理。这种由一个人管理钱包私钥的方式,也称单签钱包,这也意味着任何人只需持有对应的私钥就能够控制该钱包中资金,包括转账交易等操作。

单签钱包的优点是方便管理,理论上暴露的概率很小。但是单签钱包也有缺点,即一旦私钥被泄露或者被盗取,将面临数字资产全部丢失的风险。也正如此,很多技术黑客或不法人员经常通过钓鱼网站或冒充客服获取用户单签钱包私钥,盗取用户资产。因此,建议读者在保存私钥或助记词时,使用抄写助记词的方式。

对于单签钱包,一个钱包只能有一个所有者,该钱包具有收款、转账、提现和查询余额等功能。其中转账和提现功能只能由合约的所有者自己调用,其他人无法调用;查询余额功能可以任意调用,没有权限的限制。根据所学的 Solidity 语法知识和上述的思路分析编写智能合约,实现查询余额、提现等基本功能。源代码如下:

```
1  //SPDX-License-Identifier: GPL-3.0
2  pragma solidity >=0.8.2 <0.9.0;
3
4  /**
5  * 简单的钱包合约
6  **/
7  contract EtherWallet {
8      //合约的所有者,可接收以太币
9      address payable public owner;
10
11     //定义转账事件
```

```
12     event TransferEvent(address from,address to, uint amount);
13
14     //合约的构造函数
15     constructor() {
16         owner = payable(msg.sender);
17     }
18
19     //收款时合约会自动调用的函数
20     receive() external payable {}
21
22     /**
23     * 函数修改器
24     **/
25     modifier onlyOwner(){
26         require(msg.sender == owner,"caller is not owner");
27         _;
28     }
29
30     /**
31     * 提现函数，只有合约的所有者才能调用此函数
32     **/
33     function withdraw(uint _amount) external onlyOwner{
34         payable(msg.sender).transfer(_amount);
35     }
36
37     /**
38     * 向指定地址转账
39     **/
40     function transfer(address payable to,uint amount) public onlyOwner{
41         //转账前的合法性检查
42         require(owner.balance >= amount,"balance not enough");
43         //使用 call 函数实现转账
44         (bool succeed,) = to.call{value:amount}("");
45         //转账结果校验
46         require(succeed,"failed");
47         //触发事件,记录在日志中
48         emit TransferEvent(owner, to, amount);
49     }
50
51     /**
52     * 获取地址账户的余额
53     **/
54     function getBalance() external view returns (uint) {
55         //返回地址的余额
56         return address(this).balance;
57     }
58 }
```

在 EtherWallet 合约中，定义并实现了若干成员，主要的作用如下。

- address payable 类型变量 owner：用于表示合约的所有者，可以接收以太币，并用于转账、提现等操作的权限判断。
- 合约构造函数：部署合约时，会执行构造函数，且只会执行一次。同时将部署合约的账户地址记录为合约的所有者。
- receive 函数：在合约收到以太币时，会自动触发调用该函数。
- 函数修改器 onlyOwner：合约中定义了函数修改器，用于判断调用者是否为合约所有者，只有合约所有者调用才是合法的，其他人调用会抛出异常。该修改器用在转账和提现操作中，进行调用者权限判断。
- 合约事件 TransferEvent：该合约事件在转账时被触发并将事件信息记录在日志中。
- 转账功能：EtherWallet 合约实现了收款、转账、提现、余额查询功能。转账时，首先进行权限判断，然后调用 address 类型的 call 函数实现转账，转账的单位为 Wei。
- 提现功能：调用 address payable 类型的 transfer 函数实现转账。转账时先进行权限判断，只有合约所有者可以调用提现功能。
- 查询余额：通过返回 address.balance 属性值，获取地址对应的账户余额，单位为 Wei。

5.1.2 多签钱包合约

单签钱包适合个人使用自己的私钥管理数字资产，但对于大部分组织或者机构而言，管理者往往不是一个人，而是几个人，或者是团队。若整个机构的数字资产仍然由某个人管理，数字资产的风险会非常大：不仅有道德风险，还有因很多其他因素引发的其他风险。因此，若要尽最大限度确保数字资产的安全，就要采用多人或者团队共同管理的形式，以此来减少数字资产保护的系统性风险。在技术上，通常采用多签钱包的方案。

所谓多签钱包，是指设定多人共同管理一个地址，必须满足一定数量的管理者签名同意才能动用地址账户内的资产，这大大降低了单方面控制私钥导致的资产被盗的风险。多签钱包最大的特点是需要由多个私钥所有者的授权才能执行钱包的交易操作。通常状况下，多签钱包在创立时便需要确认好“m-n 形式”，n 是指总的签名个数，m 是要实现交易授权操作所需的签名个数，即需要 n 个私钥中的 m 个所有者共同签名授权才能完成对该钱包地址所对应的加密货币的转账、买卖等操作。例如“2-3 形式”是多签钱包常见的形式，即每次买卖都需要全部 3 个私钥中的任意两个所有者签名授权才能完成，可以较好地均衡安全性与便利性之间的关系。

与单签钱包相比，多签钱包在使用和操作流程上多了授权和撤销两个操作。因为多签钱包机制是由多个用户共同管理同一份资产。如下示例展示的是使用 Solidity 语言编写的多签钱包智能合约程序。

```
1  //SPDX-License-Identifier: GPL-3.0
2  pragma solidity >=0.8.2 <0.9.0;
3
4  /**
5  * 多签钱包合约定义
6  **/
7  contract MultiSigWallet {
8      //定义存款事件，记录两个数据：存款方地址，存款的数量
```

```
9    event Deposit(address indexed sender, uint amount);
10   //定义提交交易申请事件，记录交易的序号
11   event Submit(uint indexed txId);
12   //定义授权批准事件，记录两个数据：批准者账户地址，批准的交易序号
13   event Approve(address indexed owner, uint indexed txId);
14   //定义撤销批准事件，记录两个数据：撤销者账户地址，撤销批准的交易序号
15   event Revoke(address indexed owner, uint indexed txId);
16   //定义执行事件，记录执行的交易序号
17   event Execute(uint indexed txId);
18
19   //创建一个数组，存储所有的私钥持有人，类型为 address，对应 m - n 中的 n
20   address[] public owners;
21   //创建 mapping 映射类型变量,用于存储和判断某个地址是不是私钥持有人
22   mapping(address => bool) public isOwner;
23   //执行交易需要签名的最少人数,即 m - n 中的 m
24   uint public required;
25
26   //创建交易结构体
27   struct Transaction {
28     address to;      //发送到的地址
29     uint value;      //交易的数量
30     bytes data;      //如果发送到的地址是合约，可以执行此合约代码
31     bool executed;  //该交易是否执行
32   }
33
34   //创建数组，储存提交的交易
35   Transaction[] public transactions;
36   //创建 mapping 映射类型,交易序号对应私钥持有人的地址，用于判断私钥持有人是否同意
       某一笔交易
37   mapping(uint => mapping(address => bool)) public approved;
38
39   /**
40   * 多签钱包的构造函数，在构造函数中初始化私钥持有人和确认数量
41   **/
42   constructor(address[] memory _owners, uint _required){
43     //参数合法性检查
44     require(_owners.length > 0,"owners is required");
45     require(_required > 0&& _required <= _owners.length,"invalid require
       nmuber of owners");
46     //将私钥持有人依次存储到合约中
47     for (uint256 index = 0; index <_owners.length; index++) {
48
49       address _owner = _owners[index];
50       require(_owner != address(0),"invalid owner");
51       require(!isOwner[_owner],"owner had");
52       isOwner[_owner] = true;
53       //依次将私钥持有人存入 storage 动态数组中，上链存储
54       owners.push(_owner);
```

```
55      }
56      //根据用户的设定，设置 m - n 中的 m，即最少需要的签名个数
57      required = _required;
58    }
59
60    /**
61    *  receive 函数 该函数使合约可以接收代币，收到代币时会自动调用该函数
62    **/
63    receive() external payable {
64      //触发事件，记录存款地址和数量
65      emit Deposit(msg.sender, msg.value);
66    }
67
68    /**
69    * 函数修改器，用于判断函数调用者是否在私钥持有人数组中
70    **/
71    modifier onlyOwner() {
72      require(isOwner[msg.sender],"invalid is owner");
73      _;
74    }
75
76
77    /**
78    * 该函数用于提交交易申请，该函数使用修改器 onlyOwner 修饰，会先执行修改器，通过后
      才执行函数逻辑
79    **/
80    function submit(address _to, uint _value, bytes calldata _data) external
    onlyOwner {
81     //构造新交易并添加到动态数组中
82     transactions.push(Transaction({to:_to,value:_value,data:_data,
     executed:false}));
83     //触发提交交易事件，参数是 transactions 的 index，即交易在数组中的序号
84     emit Submit(transactions.length - 1);
85    }
86
87    /**
88    * 该函数修改器用于判断是否存在 txId
89    **/
90    modifier isTxId(uint _txId) {
91      require(_txId <transactions.length,"invalid txId");
92      _;
93    }
94
95    /**
96    * 该修改器用于判断 txId 对应的地址是否已授权
97    **/
98    modifier notApproved(uint _txId) {
99      require(!approved[_txId][msg.sender],"had approved");
100       _;
```

```
101     }
102
103     /**
104     *该修改器用于判断 txId 对应的交易是否已执行
105     **/
106     modifier notExecuted(uint _txId) {
107       require(!transactions[_txId].executed,"had executed");
108       _;
109     }
110
111     /**
112     *私钥持有人确认授权函数，参数为所授权的交易序号，即授权哪笔交易
113     **/
114     function approve(uint _txId) external onlyOwner isTxId(_txId) notApproved
        (_txId) notExecuted(_txId) {
115       //修改授权数组中某笔交易被授权的状态变量，更新授权状态
116       approved[_txId][msg.sender] = true;
117       //触发授权事件
118       emit Approve(msg.sender, _txId);
119     }
120
121     /**
122      *获取交易的授权人数
123      **/
124     function getApproveCount(uint _txId) private view returns (uint count){
125       for (uint256 index = 0; index <owners.length; index++) {
126         address owner = owners[index];
127         if(approved[_txId][owner]){
128           count++;
129         }
130       }
131     }
132
133     /**
134     *交易执行方法
135     **/
136       function execute(uint _txId) external isTxId(_txId) notExecuted(_txId) {
137       //执行条件和参数合法性检查，确保交易已经被授权，且达到了交易条件
138       require(getApproveCount(_txId) >= required,"ApproveCount <required");
139       //根据交易的序号，获取到交易对象
140       Transaction storage transaction = transactions[_txId];
141       //将交易的执行状态修改为 true，表示已执行
142       transaction.executed = true;
143       //调用接收地址的 call 方法，执行转账. call 为推荐使用的转账方式
144       (bool success,) = transaction.to.call{value:transaction.value}(transaction.
                          data);
145       require(success,"failed");
146       //触发执行交易事件
```

```
147        emit Execute(_txId);
148      }
149
150      /**
151      *撤销批准函数,用于撤销对某个交易的授权
152      **/
153      function revoke(uint _txId) external onlyOwner isTxId(_txId) notExecuted(_
         txId) {
154        //撤销批准,需要确保交易已经授权批准
155        require(approved[_txId][msg.sender],"not approved");
156        //将交易对应的私钥持有人的授权状态修改为 false
157        approved[_txId][msg.sender] = false;
158        //触发撤销授权事件
159        emit Revoke(msg.sender,_txId);
160      }
161    }
```

MultiSigWallet 合约中,定义了地址类型的数组 owners,用于存储钱包的所有管理者的地址信息,整型变量 required 用于定义达到交易要求所需的最少授权人数。结构体 Transaction 定义了转账所包含的具体信息,Transaction 类型的 transactions 数组用于存放该多签钱包合约中产生的交易数据。合约中的主要函数及作用如下。

- 构造函数:接收描述钱包所有私钥持有人地址的数组,以及用户定义的多签钱包要满足的签名人数,并将钱包私钥持有人存储在状态变量 owners 中。
- submit 函数:当发起一笔新交易时调用该函数,根据用户传入的参数创建一笔全新的交易,并添加到 transactions 交易数组中,通过 Submit 事件记录提交的信息。
- approve 函数:当钱包私钥持有人看到新交易产生后,对交易进行授权时调用该函数。在授权前进行各项检查,比如签名人权限检查,只有未授权、未执行过的交易才能被授权等。授权时,将具体交易对应的签名人的授权状态设置为 true。
- revoke 函数:在交易被正式执行之前,签名人可以撤销对某笔交易的授权,通过该函数实现撤销操作,将具体交易的签名人的授权状态设置为 false。
- getApproveCount 函数:该函数用于查看某笔交易已授权的人数,辅助判断交易是否满足执行条件。
- execute 函数:当某笔交易已经达到授权人数的要求时,即可调用该函数并执行这笔交易。在该函数中,通过调用收款人地址的 call 函数实现以太币的转账。

在该合约中,还定义了若干个自定义事件,在执行关键操作后,均会触发对应的事件,以日志形式记录在以太坊区块链网络中。

5.2 ERC 系列代币

5.2.1 ERC 简介

以太坊中的 ERC 是 Ethereum Request for Comments 的缩写,中文翻译为以太坊征求意见提案,其中包含若干个具体的提案内容。该系列提案主要用来记录以太坊应用级的各种

开发标准和协议，比如典型的代币标准、名称注册标准、URI 标准等。ERC 协议标准名称由两部分组成：ERC 后跟一个具体数字，该数字表示具体协议标准的编号。ERC 协议标准不仅由以太坊官方团队提出，众多的以太坊爱好者、贡献者也可以提出建议和解决方案。ERC 协议标准是影响以太坊发展的重要因素，对以太坊生态的繁荣与发展产生了很大的影响。ERC 系列中一些协议和对应功能如图 5.1 所示。

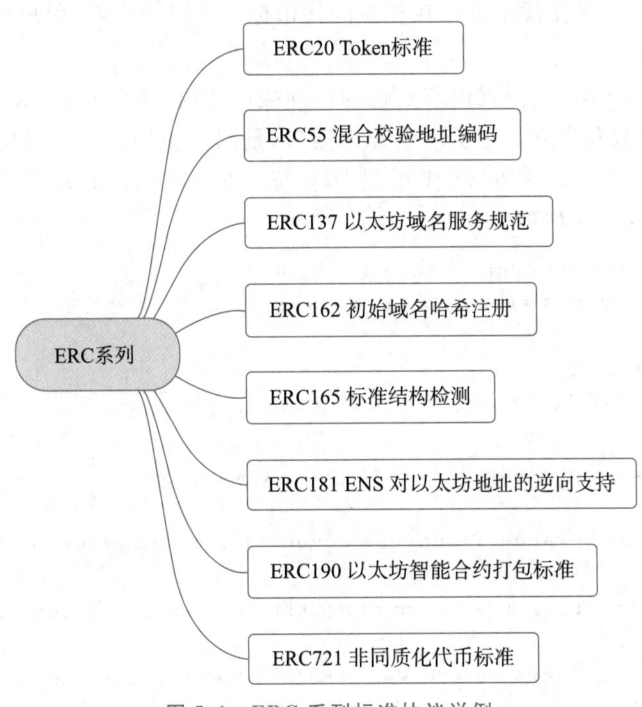

图 5.1 ERC 系列标准协议举例

在本节内容中，我们将向读者详细介绍 ERC 协议标准中几个比较重要的代币协议的具体内容和用法，分别是：ERC20、ERC721 和 ERC1155。

5.2.2 ERC20 代币

ERC20 是以太坊网络上的一种代币标准，最早由以太坊创始人 Vitalik 在 2015 年提出。ERC20 协议定义了同质化标准代币基本的逻辑和组成。

- 代币名称：表示开发者自定义的代币名称。
- 代币简称：也可以理解为代币的符号。
- 小数位数：表示代币最小单位和最大单位之间相差的倍数。
- 代币总供应量：表示代币的总发行量。
- 账户余额：用于查询某个地址的代币余额。
- 转账：执行转账操作时，触发转账事件，记录转账信息。
- 授权：执行授权操作时，触发授权事件，记录授权信息。

什么是同质化标准代币？同质化标准代币是指在一个特定的代币标准下，每个代币都是可以互相替换的、没有区别或者差异的代币，又简称同质化代币。同质化代币具有以下几个特点。

（1）可互换性：每个同质化代币都是相同的，没有区别或差异，可以互相替换。

（2）可分割性：同质化代币可以被分割成更小的单位，例如以太坊的 Wei、Gwei 等。

（3）可传输性：同质化代币可以通过智能合约进行转账，使得用户可以方便地发送和接收代币。

（4）余额查询：可以通过智能合约查询用户的代币余额。

（5）代币交易：同质化代币可以在相应的代币标准下进行交易，用户可以在交易所或钱包中进行代币交易。

IERC20 是根据 ERC20 协议内容实现的标准接口合约，其规定了 ERC20 协议标准中的代币需要实现的函数和事件。之所以定义为接口，是因为使用接口定义的形式称为标准规范，在具体应用时，所有的 ERC20 代币均具有统一的函数名称、输入参数和输出结果。IERC20 接口合约的定义如下：

```
1  //SPDX-License-Identifier: GPL-3.0
2  pragma solidity >=0.8.2 <0.9.0;
3
4  //IERC20 接口定义
5  interface IERC20 {
6
7      function totalSupply() external view returns (uint);
8
9      function balanceOf(address account) external view returns (uint);
10
11      function transfer(address recipient, uint amount) external returns (bool);
12
13      function allowance(address owner, address spender) external view returns
       (uint);
14
15      function approve(address spender,uint amount) external returns (bool);
16
17
18      function transferFrom(
19          address sender,
20          address recipient,
21          uint amount
22      ) external returns (bool);
23
24      //转账事件
25      event Transfer(address indexed from, address indexed to, uint value);
26      //授权事件
27      event Approval(address indexed owner, address indexed spender, uint value);
28  }
```

上述 IERC20 接口中，根据 ERC20 标准定义了以下 6 个函数，提供了转移代币的功能，并允许设置授权，方便其他第三方使用代币。

➢ totalSupply()：返回代币的总供应量。

➢ balanceOf(address account)：返回指定账户的代币余额。

➢ transfer(address recipient,uint256 amount):将指定数量的代币由调用者转账给指定的接收者。

➢ allowance(address owner,address spender):返回指定所有者授权给指定支出者的代币数量。

➢ approve(address spender,uint256 amount):授权指定支出者可以从调用者账户中转移指定数量的代币。

➢ transferFrom(address sender,address recipient,uint256 amount):从指定发送者账户中转移指定数量的代币给指定接收者。

IERC20 合约接口另外定义了两个事件。

➢ Transfer(address indexed from,address indexed to,uint256 value):代币转账时触发的事件。

➢ Approval(address indexed owner,address indexed spender,uint256 value):授权代币转移时触发的事件。

上述 IERC20 接口合约已经在 OpenZeppelin 库中进行了定义,开发者只需要导入即可使用。

接下来编写一个具体的合约程序,用于实现 IERC20 中的函数,并编写其他业务逻辑,实现一个标准的 ERC20 代币合约。ERC20 合约文件编码实现如下:

```
1  //SPDX-License-Identifier: GPL-3.0
2  pragma solidity >=0.8.2 <0.9.0;
3
4  import "./IERC20.sol";
5
6  //ERC20 合约, 实现 IERC20 接口
7  contract ERC20 is IERC20 {
8      uint public totalSupply;//总供应量
9      mapping(address => uint) public balanceOf;
10     mapping(address => mapping(address => uint)) public allowance;
11     string public name;
12     string public symbol;
13     uint8 public decimals = 18;//小数位数, 以太币为 18, 此处设置与以太币相同
14
15     //构造函数
16     constructor(string memory name_, string memory symbol_){
17       name = name_;
18       symbol = symbol_;
19     }
20
21     //转账函数, 实现代币转账逻辑
22     function transfer(address recipient, uint amount) external returns (bool) {
23         balanceOf[msg.sender] -= amount;
24         balanceOf[recipient] += amount;
25         emit Transfer(msg.sender, recipient, amount);
26         return true;
27     }
28
```

```
29      //代币授权逻辑函数
30      function approve(address spender, uint amount) external returns (bool) {
31          allowance[msg.sender][spender] = amount;
32          emit Approval(msg.sender, spender, amount);
33          return true;
34      }
35
36      //授权第三方转账代币函数
37      function transferFrom(
38          address sender,
39          address recipient,
40          uint amount
41      ) external returns (bool) {
42          allowance[sender][msg.sender] - = amount;
43          balanceOf[sender] - = amount;
44          balanceOf[recipient] + = amount;
45          emit Transfer(sender, recipient, amount);
46          return true;
47      }
48
49      //铸造代币函数
50      function mint(uint amount) external {
51          balanceOf[msg.sender] + = amount;
52          totalSupply + = amount;
53          emit Transfer(address(0), msg.sender, amount);
54      }
55
56      //销毁代币函数
57      function burn(uint amount) external {
58          balanceOf[msg.sender] - = amount;
59          totalSupply - = amount;
60          emit Transfer(msg.sender, address(0), amount);
61      }
62  }
```

在ERC20合约程序中,实现了IERC20接口的函数,另外定义了代币基本信息的状态变量以及铸造和销毁代币的函数。

➢ 状态变量

在合约中定义状态变量用于记录账户余额、授权额度和代币基本信息。

• balanceOf:存储代币的分配记录和账户余额信息。
• allowance:存储代币的授权情况。
• totalSupply:记录代币的总供给量信息。
• name:表示代币的名称。
• symbol:代币的缩写,也可理解为代币的简称。
• decimals:表示代币的小数位数,开发者可以根据需要自定义该变量的数值。以太币的小数位数是18,此处合约程序中也设置为18,遵循与以太币相同的设置。

➢ 函数

• 构造函数:初始化代币名称、代号等基本信息。
• transfer函数:实现IERC20接口中transfer函数的代币转账逻辑。转账发起方扣除指定数量的代币，接收方代币余额增加相应的数量，均记录在 balanceOf 映射中。

- approve 函数：实现 IERC20 中的 approve 授权函数。授权第三方可以使用一定数量的代币。该第三方既可以是外部账户，也可以是合约账户。
- transferFrom 函数：被授权的第三方执行转账操作，将一定数量的代币转到接收方账户。
- mint 函数：该函数为新定义函数，不属于 IERC20 接口标准，用于铸造一定数量的代币，实际应用中只有代币发行者才能调用该铸造函数，此处省略了权限控制。
- burn 函数：该函数为新定义函数，不属于 IERC20 接口标准，用于销毁一定数量的代币。

上述代币合约程序可以在 IDE Remix 中编译后进行部署，输入自定义的代币名称和简称，即可完成部署。

为了提高 ERC20 代币的发行效率和便捷性，OpenZeppelin 库根据 IERC20 接口合约也实现了 ERC20 合约逻辑。借助该库的合约程序开发自己的代币合约，只需要继承该合约即可。示例程序如下：

```
1  //SPDX - License - Identifier: GPL - 3.0
2  pragma solidity >= 0.8.2 <0.9.0;
3
4  //引入 OpenZeppelin 库的 ERC20 合约
5  import "https://github.com/OpenZeppelin/openzeppelin-contracts/blob/
   v4.0.0/contracts/token/ERC20/ERC20.sol";
6
7  //自定义 ERC20 代币合约，继承 ERC20 库合约
8  contract MyToken is ERC20 {
9
10     //自定义代币合约构造函数，开发者自己填写代币名称、代号
11     constructor(string memory name, string memory symbol) ERC20(name, symbol) {
12         //默认铸造 100 枚自定义代币，** 为指数运算
13         _mint(msg.sender, 100 * 10 ** uint(decimals()));
14     }
15 }
```

上述 MyToken 继承了 OpenZeppelin 库的 ERC20 合约，并编写了初始化合约的构造函数，大大提高了代币合约发布的效率，还可以根据实际业务需求编写其他业务逻辑实现。

5.2.3 ERC721 代币

以太币、比特币这样的代币，均属于同质化代币的范畴，即每一个代币都是一样的，没有什么区别，均可以用于交换和转账。在现实世界中，还存在很多物品是非同质的，比如名画作品、艺术品、古董等，因为每一件都不是相同的，所以不可以用同一套标准进行定义和抽象。鉴于此，以太坊中提出了 ERC721 代币标准，用来抽象和描述非同质化的实物。

ERC721 是以太坊网络上的一个代币标准，于 2018 年正式发布。该标准定义了一组接口和事件，用于实现非同质化代币（non-fungible tokens，NFTs）的基本功能和流程。与 ERC20 标准代币有所不同，ERC721 代币是独特且不可互换的，每个代币都有唯一的标识符。ERC721 代币的特点总结如下。

- 独特性：每个 ERC721 代币都是唯一的，具有独特的标识符，因此 ERC721 代币适用于代表真实世界中的独特资产，如艺术品、游戏道具、房产等。

- 所有权：每个ERC721代币都具有一个所有者，可以通过转移操作改变所有者。代币的所有权可以被证明，并且可以在以太坊上进行交易和转移。
- 可编程性：ERC721代币可以与智能合约进行交互，开发者可以创建各种应用和场景。例如，可以通过编写智能合约来实现拍卖、租赁、游戏逻辑等功能。
- 元数据：每个ERC721代币均可以关联元数据，用于描述代币的属性和特征。元数据通常以URI的形式存储，包含代币的名称、图像、描述等信息。

1. ERC721的历史

ERC721代币标准的历史可以追溯到2017年。2017年，一款基于以太坊的虚拟猫游戏CryptoKitties异常受欢迎，引发了全球范围内的关注。CryptoKitties使用了自己的非同质化代币(NFTs)，每只猫都是独一无二的，并且可以在游戏内进行交易和繁殖。CryptoKitties的成功引起了人们对非同质化代币的兴趣，以太坊社区开始思考如何标准化这种独特的代币类型。ERC721代币标准在以太坊社区中崭露头角。

2018年年初，ERC721标准的提案被提交到以太坊开发者社区，并开始进行讨论和审查。在社区的广泛参与和讨论下，ERC721标准逐渐完善和定稿。最终在2018年3月，ERC721代币标准被正式发布。该标准定义了一组接口和事件，用于实现非同质化代币的基本功能，如代币的所有权、转移、授权等。自此以后，ERC721代币标准在以太坊生态系统中得到广泛应用。许多项目和平台开始使用ERC721标准来创建和交易各种独特的数字资产，如艺术品、游戏道具、收藏品等。此外，还出现了一些市场和交易平台，专门用于ERC721代币的交易和流通。

2. EIP与ERC

读者在阅读和学习以太坊相关资料时会发现，有的资料中出现的是EIP721，有的则是ERC721。两者有何不同？本书在此对EIP和ERC做一说明。

EIP全称为Ethereum Improvement Proposals，中文翻译为以太坊改进建议，主要指以太坊开发者社区提出的以太坊未来发展及改进的规划建议，是一系列以编号排定的文件。任何人均可以提出EIP，一旦提出EIP，就会被以太坊团队和社区进行讨论和评估，最终决定是否接受和采纳。根据提案所涉及的领域和目的不同，主要分为标准提案、元提案以及信息提案三大类别。在标准提案中，又可以分为核心功能、网络相关、接口以及ERC提案。对应的类别划分如图5.2所示。

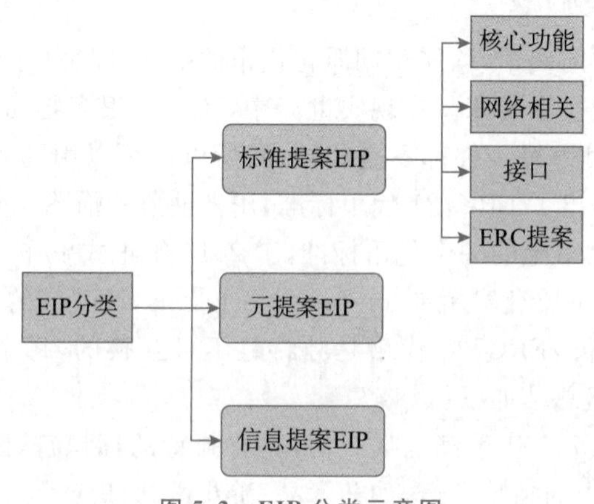

图5.2 EIP分类示意图

前文已经介绍过ERC为以太坊征求意见提案，用于记录以太坊上应用级的各种开发标准和协议。ERC只用于描述其中一部分协议标准，因此，EIP的范围更大，即EIP包含ERC。

3. IERC721和IERC165接口

ERC721协议标准中规定，每个ERC721合约都需要实现IERC721接口和IERC165接口。

ERC165称为标准接口监测协议，用于发布和监测智能合约实现了哪些接口。在IERC165接口合约中实现了ERC165的逻辑描述，接口合约只有一个函数示例代码如下：

```
1 //SPDX-License-Identifier: GPL-3.0
2 pragma solidity >= 0.8.2 <0.9.0;
3
4 interface IERC165 {
5     //检测是否实现了某个接口的函数
6     function supportsInterface(bytes4 interfaceID) external view returns
      (bool);
7 }
```

IERC165接口合约只包含一个supportsInterface函数，参数interfaceID为要检测的接口ID。若合约实现了该接口，则返回true；否则返回false。

IERC721合约接口用于实现ERC721协议的逻辑描述，定义了其所包含的函数，IERC721合约接口定义如下：

```
1 //接口 IERC721, 定义 ERC721 协议描述的函数
2 interface IERC721 is IERC165 {
3     //转账事件
4     event Transfer(address indexed from, address indexed to, uint indexed id);
5     //授权事件
6     event Approval(address indexed owner, address indexed spender, uint
      indexed id);
7     event ApprovalForAll(
8         address indexed owner,
9         address indexed operator,
10         bool approved
11     );
12
13     //余额查询
14     function balanceOf(address owner) external view returns (uint balance);
15     //查询某个非同质化代币的所有者
16     function ownerOf(uint tokenId) external view returns (address owner);
17     //安全转账函数
18     function safeTransferFrom(address from, address to, uint tokenId) external;
19     //安全转账函数重载
20     function safeTransferFrom(
21         address from,
22         address to,
23         uint tokenId,
24         bytes calldata data
```

```
25      ) external;
26      //转移非同质化代币的所有权
27      function transferFrom(address from, address to, uint tokenId) external;
28      //授权
29      function approve(address to, uint tokenId) external;
30      //获取某个非同质化代币的授权信息
31      function getApproved(uint tokenId) external view returns (address operator);
32      //批量授权
33      function setApprovalForAll(address operator, bool _approved) external;
34      //判断是否已对某个第三方地址授权
35      function isApprovedForAll(
36          address owner,
37          address operator
38      ) external view returns (bool);
39  }
```

第三个涉及的接口是IERC721Receiver。在ERC721代币协议中,为了防止误操作和误转账,定义了safeTransferFrom函数,用于实现安全转账逻辑。而IERC721Receiver接口只定义了一个onERC721Received函数,合约只有实现了该接口,才能通过安全转账接收ERC721代币。IERC721Receiver的定义如下:

```
1  //安全转账接口
2  interface IERC721Receiver {
3      function onERC721Received(
4          address operator,
5          address from,
6          uint tokenId,
7          bytes calldata data
8      ) external returns (bytes4);
9  }
```

接下来是两个扩展接口:IERC721Metadata和IERC721Enumerable。两个接口是可选的,由开发者决定是否实现。IERC721Metadata用于定义查询元数据的相关信息,比如代币名称、代币简称和代币的URI等;IERC721Enumerable用于定义查询代币的总供应量、某个序号的代币唯一标识、某个用户的代币唯一标识等信息。两个扩展接口的定义如下:

```
1  interface IERC721Metadata {
2      function name() external view returns (string memory _name);
3      function symbol() external view returns (string memory _symbol);
4      function tokenURI(uint256 _tokenId) external view returns (string memory);
5  }
6
7  interface IERC721Enumerable {
8      function totalSupply() external view returns (uint256);
9      function tokenByIndex(uint256 _index) external view returns (uint256);
10     function tokenOfOwnerByIndex(address _owner, uint256 _index) external view
       returns (uint256);
11 }
```

4. 主合约

利用上面介绍的接口标准自定义合约，实现 ERC721 代币合约的逻辑开发，程序源代码如下：

```
1  import "https://github.com/OpenZeppelin/openzeppelin-contracts/blob/
   master/contracts/utils/Strings.sol";
2
3  /ERC721 主合约的实现
4  contract ERC721 is IERC721,IERC721Metadata{
5      //使用 Strings 库
6      using Strings for uint256;
7
8      //代币名称
9      string public override name;
10     //代币代号
11     string public override symbol;
12
13     //代币与所有者的映射存储
14     mapping(uint => address) internal _ownerOf;
15
16     //持有人所持有的代币数量的映射存储
17     mapping(address => uint) internal _balanceOf;
18
19     //代币被授权的映射记录
20     mapping(uint => address) internal _approvals;
21
22     //批量授权控制的映射存储
23     mapping(address => mapping(address => bool)) public isApprovedForAll;
24
25     //主合约构造函数
26     constructor(string memory name_, string memory symbol_) {
27         name = name_;
28         symbol = symbol_;
29     }
30
31     //IERC165 的函数检测
32     function supportsInterface(bytes4 interfaceId) external pure returns
       (bool) {
33         return
34             interfaceId == type(IERC721).interfaceId ||
35             interfaceId == type(IERC165).interfaceId ||
36             interfaceId == type(IERC721Metadata).interfaceId;
37     }
38
39     //通过 id 查询代币所有者
40     function ownerOf(uint id) external view returns (address owner) {
41         owner = _ownerOf[id];
42         require(owner != address(0), "token doesn't exist");
```

```
43     }
44
45     //余额查询
46     function balanceOf(address owner) external view returns (uint) {
47         require(owner != address(0), "owner = zero address");
48         return _balanceOf[owner];
49     }
50
51     //批量授权
52     function setApprovalForAll(address operator, bool approved) external {
53         isApprovedForAll[msg.sender][operator] = approved;
54         emit ApprovalForAll(msg.sender, operator, approved);
55     }
56
57     //授权函数
58     function approve(address spender, uint id) external {
59         address owner = _ownerOf[id];
60         require(
61             msg.sender == owner || isApprovedForAll[owner][msg.sender],
62             "not authorized"
63         );
64
65         _approvals[id] = spender;
66
67         emit Approval(owner, spender, id);
68     }
69
70     function getApproved(uint id) external view returns (address) {
71         require(_ownerOf[id] != address(0), "token doesn't exist");
72         return _approvals[id];
73     }
74
75     function _isApprovedOrOwner(
76         address owner,
77         address spender,
78         uint id
79     ) internal view returns (bool) {
80         return (spender == owner ||
81             isApprovedForAll[owner][spender] ||
82             spender == _approvals[id]);
83     }
84
85     //转账函数
86     function transferFrom(address from, address to, uint id) public {
87         require(from == _ownerOf[id], "from != owner");
88         require(to != address(0), "transfer to zero address");
89
90         require(_isApprovedOrOwner(from, msg.sender, id), "not authorized");
91
```

```
92          _balanceOf[from]--;
93          _balanceOf[to]++;
94          _ownerOf[id] = to;
95
96          delete _approvals[id];
97
98          emit Transfer(from, to, id);
99      }
100
101     //安全转账函数
102     function safeTransferFrom(address from, address to, uint id) external {
103         transferFrom(from, to, id);
104
105         require(
106             to.code.length == 0 ||
107             IERC721Receiver(to).onERC721Received(msg.sender, from, id, "") ==
108                 IERC721Receiver.onERC721Received.selector,
109             "unsafe recipient"
110         );
111     }
112
113     function safeTransferFrom(
114         address from,
115         address to,
116         uint id,
117         bytes calldata data
118     ) external {
119         transferFrom(from, to, id);
120
121         require(
122             to.code.length == 0 ||
123             IERC721Receiver(to).onERC721Received(msg.sender, from, id, data) ==
124                 IERC721Receiver.onERC721Received.selector,
125             "unsafe recipient"
126         );
127     }
128
129     //铸造函数
130     function _mint(address to, uint id) internal {
131         require(to != address(0), "mint to zero address");
132         require(_ownerOf[id] == address(0), "already minted");
133
134         _balanceOf[to]++;
135         _ownerOf[id] = to;
136
137         emit Transfer(address(0), to, id);
138     }
139
140     //销毁函数
```

```
141         function _burn(uint id) internal {
142             address owner = _ownerOf[id];
143             require(owner != address(0), "not minted");
144
145             _balanceOf[owner] -= 1;
146
147             delete _ownerOf[id];
148             delete _approvals[id];
149
150             emit Transfer(owner, address(0), id);
151         }
152
153         //根据 tokenId 返回代币的 uri
154         function tokenURI(uint256 _tokenId) external view returns (string memory){
155             require(_ownerOf[_tokenId] != address(0), "Token Not Exist");
156
157             string memory baseURI = _baseURI();
158             return bytes(baseURI).length > 0 ? string(abi.encodePacked(baseURI, _
                tokenId.toString())): "";
159         }
160
161         /**
162         * 计算{tokenURI}的 BaseURI,tokenURI 就是把 baseURI 和 tokenId 拼接在一
              起,此处为空,开发者自己编写
163         */
164         function _baseURI() internal view virtual returns (string memory) {
165             return "";
166         }
167     }
```

上述合约中,ERC721 实现了 IERC165、IERC721 和 IERC721MetaData 三个接口。另外定义了若干状态变量和函数,同时使用了 OpenZeppelin 库的 Strings 库,用于 uint256 类型转字符串操作。合约的主要逻辑解释如下。

➢ 状态变量

- 代币基本信息:代币名称、简称。
- _ownerOf:代币的分配、分发情况,使用映射类型存储。
- _balanceOf:代币持有人所持有的代币余额数量情况,使用映射类型存储。
- _approvals:代币授权情况的映射记录。
- isApprovedForAll:代币持有人对第三方进行批量授权的数据映射记录。

➢ 函数

- 构造函数:初始化代币名称和简称。
- supportsInterface:用于实现 IERC165 接口的函数。主合约实现的所有接口均需要进行检测,开发者在编写程序时需要注意该函数的编写,不要遗漏接口。
- ownerOf:查询编号为 id 的代币持有人,返回持有人地址。
- balanceOf:查询并返回某个代币持有人所持有的代币数量。

- setApprovalForAll：实现 IERC721 的 setApprovalForAll 函数，将所有者的代币批量授权给第三方，触发批量授权事件。
- approve：将持有的编号为 id 的代币授权给其他人，并触发授权事件。
- getApproved：返回某个代币的授权人信息。
- transferFrom：实现 IERC721 接口中的同名函数。
- safeTransferFrom：实现 IERC721 接口中的同名函数，还有一个同名的重载函数。
- _mint：代币的铸造函数，通过调整_balanceOf 和_ownerOf 变量来铸造代币并转账给 to，同时触发 Transfer 事件。每个非同质化代币合约均可以实现自己的铸造逻辑。
- _burn：代币的销毁函数，通过调整_balanceOf 和_ownerOf 变量来销毁代币，同时触发 Transfer 事件。
- tokenURI：实现 IERC721Metadata 的 tokenURI 函数，用于查询元数据。

5. 自定义 ERC721 代币

在编写完 ERC721 代币主合约后，发行自定义的 ERC721 代币非常容易，只需要自定义合约设置非同质化代币的发行上限，对代币铸造逻辑进行重写即可。如下程序示例展示了自定义 ERC721 代币合约。

```
1  contract MyERC721 is ERC721{
2      uint public MAX_ERC721 = 5000; //设置非同质化代币发行上限
3
4      //构造函数
5      constructor(string memory name_, string memory symbol_) ERC721(name_,
       symbol_){
6      }
7
8      //此处以 BAYC 的 URI 为例
9      function _baseURI() internal pure override returns (string memory) {
10         return "ipfs://QmeSjSinHpPnmXmspMjwiXyN6zS4E9zccariGR3jxcaWtq/";
11     }
12
13     //铸造函数
14     function mint(address to, uint tokenId) external {
15         require(tokenId >= 0 && tokenId <MAX_ERC721, "tokenId out of range");
16         _mint(to, tokenId);
17     }
18 }
```

MyERC721 合约中定义了非同质化代币的发行上限为 5000 枚，重写 mint 函数，用于限定代币的发行上限；重写_baseURI 函数，用于设置存储代币的 URI，此处示例程序中使用的是 BAYC 项目的 URI，读者可以替换为自己项目的 URI。

6. 部署并测试

将本小节内容所涉及的所有接口和合约程序在 IDE Remix 中编写并编译，输入自定义的代币名称和代币简称，即可进行部署。

部署自定义 ERC721 代币合约的操作如图 5.3 所示。

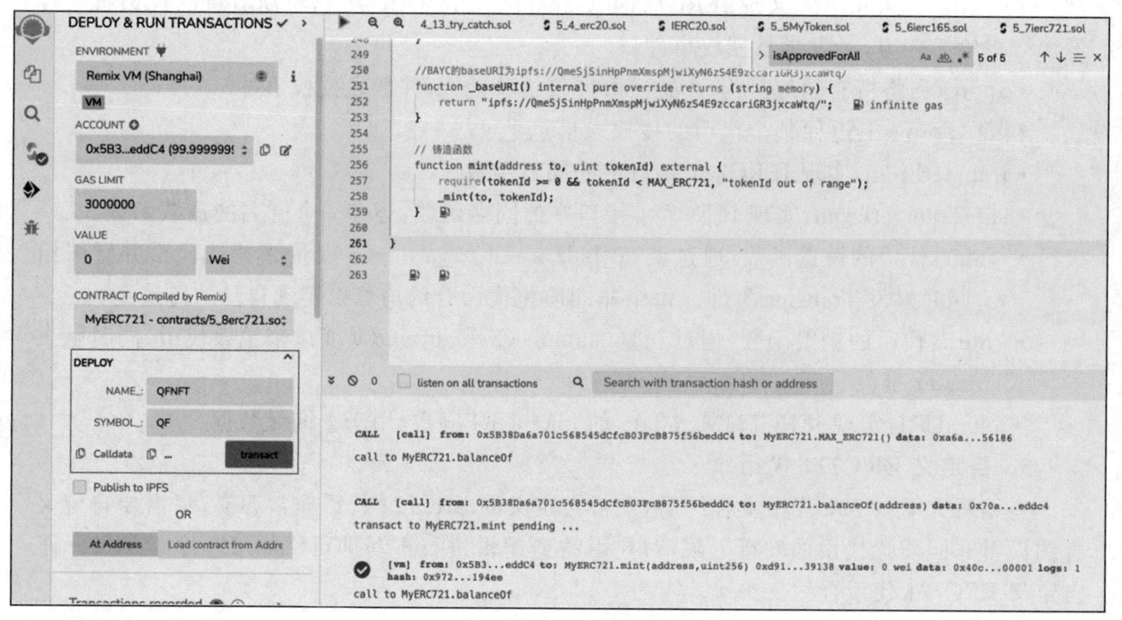

图 5.3 部署自定义 ERC721 代币合约

填入地址和代币序号，调用 mint 函数铸造一枚代币，如图 5.4 所示。

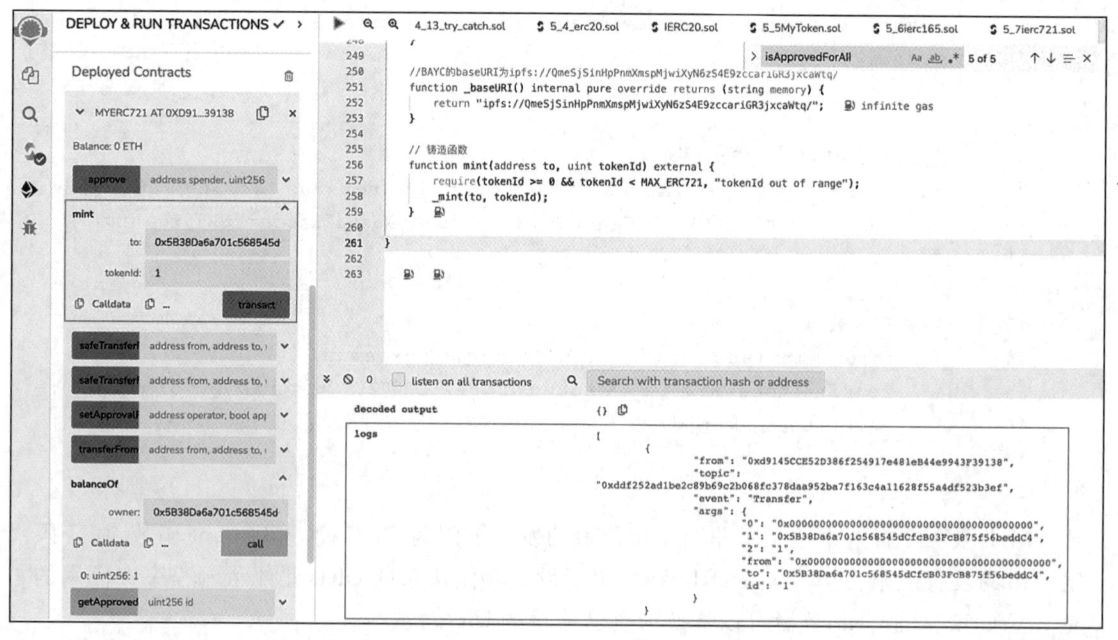

图 5.4 调用 mint 函数铸造一枚代币

通过铸造函数的执行输出，触发了 Transfer 事件，表示铸造成功。通过调用合约的余额查询功能，查询持有人的代币个数，如图 5.5 所示。

成功查询到代币持有人持有 1 个代币，表示合约交互正常。

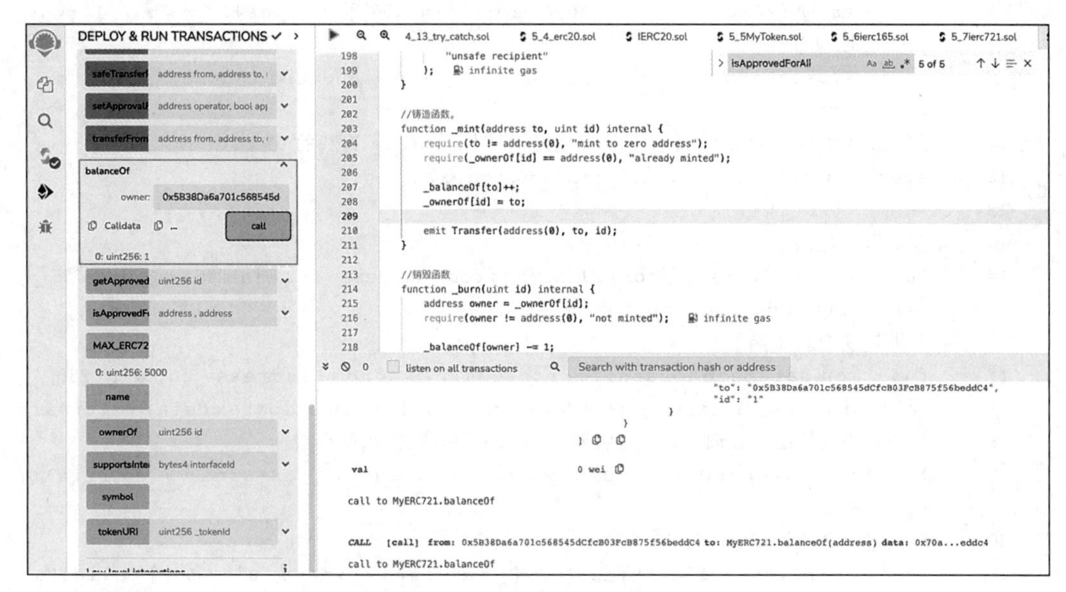

图 5.5 查询持有人的代币个数

5.2.4 ERC1155 代币

通过本书的介绍可知,以太坊中已经存在 ERC20 和 ERC721 两种代币标准,分别用于可替代型的同质化代币和不可替代型的非同质化代币。然而,这两种标准仍然有一些局限性,无法满足复杂代币经济系统的需求。例如,在游戏中,可能需要同时管理多种类型的代币,包括同质化代币和非同质化代币。为了解决该问题,2018 年 Enjin 公司提出了 ERC1155 代币标准,其目标是创建一个灵活且高效的代币标准,可以同时管理多种类型的代币。

通过引入代币标识符和代币索引的概念,ERC1155 标准允许合约定义多种不同类型的代币,并为每种代币类型创建多个不同的代币实例。在 ERC1155 中,每一种代币都有一个 id 作为唯一标识,每个 id 对应一种代币。这样就可以使得非同质化代币可在同一个合约中进行管理,并且每一种代币都有一个 URI 来存储其元数据,类似于 ERC721 代币标准的 tokenURI。

1. IERC1155 接口

ERC1155 协议同样需要依赖于 ERC165 协议,通过 IERC1155 接口合约实现 ERC1155 协议的标准,IERC1155 接口合约的定义如下:

```
1  //SPDX-License-Identifier: GPL-3.0
2  pragma solidity >=0.8.2 <0.9.0;
3
4  interface ERC1155 {
5      //单类代币转账事件
6      event TransferSingle(address indexed _operator, address indexed _from,
       address indexed _to, uint256 _id, uint256 _value);
7      //批量转账事件
8      event TransferBatch(address indexed _operator, address indexed _from,
```

```
        address indexed _to, uint256[] _ids, uint256[] _values);
9       //批量授权事件
10      event ApprovalForAll(address indexed _owner, address indexed _operator,
        bool _approved);
11      //_id 种类代币的 URI 发生变化时触发的事件, value 为新的 URI
12      event URI(string _value, uint256 indexed _id);
13
14      //安全转账函数
15      function safeTransferFrom(address _from, address _to, uint256 _id, uint256 _
        value, bytes calldata _data) external;
16      //批量安全转账函数
17      function safeBatchTransferFrom(address _from, address _to, uint256[]
        calldata _ids, uint256[] calldata _values, bytes calldata _data) external;
18      //持仓查询函数, 查询_owner 所拥有的_id 种类的代币持仓量
19      function balanceOf(address _owner, uint256 _id) external view returns
        (uint256);
20      //批量持仓查询函数
21      function balanceOfBatch(address[] calldata _owners, uint256[] calldata _
        ids) external view returns (uint256[] memory);
22      //批量授权函数
23      function setApprovalForAll(address _operator, bool _approved) external;
24      //批量授权查询函数
25      function isApprovedForAll(address _owner, address _operator) external
        view returns (bool);
26  }
```

在上述 IERC1155 接口合约中，实现了 ERC1155 协议的内容要求，其中包含 4 个事件和 6 个函数。

➢ 事件

- TransferSingle：ERC1155 中的单类代币转账事件，当_value 个_id 种类的代币被_operator 从_from 转账到_to 时触发。
- TransferBatch：批量转账事件，_ids 表示转账的代币种类，_values 表示_ids 中每种代币转账的数量。
- ApprovalForAll：批量授权事件，当_owner 将所有代币授权给第三方_operator 时触发该事件。
- URI：当_id 种类代币的 URI 发生变化时触发该事件，_value 为改变后新的 URI。

➢ 函数

- safeTransferFrom：安全转账函数，将数量为_value 的_id 种类的代币从_from 转账到_to，同时触发 TransferSingle 事件。如果调用者的地址不是_from，而是授权地址，则需要得到_from 的授权；其次_from 地址必须有足够的持仓。如果接收方是合约，则需要实现 IERC1155Receiver 接口的 onERC1155Received 函数，并返回相应的值。
- safeBatchTransferFrom：批量安全转账函数。_ids 和_values 两个数组的长度相同，分别为转账的代币种类和对应的代币转账数量。
- balanceOf：持仓查询函数，该函数查询_owner 所拥有的_id 种类的代币持仓量。

- balanceOfBatch：批量持仓查询函数，同样_owners 和_ids 两个数组的长度相同，分别对应要查询的用户和用户所持有的代币种类。
- setApprovalForAll：批量授权函数，将调用者的代币批量全部授权给_operator。
- isApprovedForAll：批量授权查询函数，如果地址_operator 已被_owner 授权，该函数返回 true，否则返回 false。

2. IERC1155MetadataURI 接口

对于每种代币的 URI 元数据，通过 IERC1155MetadataURI 接口来定义，该接口定义如下：

```
1  interface IERC1155MetadataURI is IERC1155 {
2      //返回第 id 种代币的 URI
3      function uri(uint256 id) external view returns (string memory);
4  }
```

3. IERC1155Receiver 接口

与 ERC721 协议类似，为了避免误操作造成代币损失，ERC1155 要求代币的接收合约需要继承 IERC1155Receiver 接口，并定义了两个函数。IERC1155Receiver 接口合约的定义如下：

```
1  interface IERC1155Receiver {
2      function onERC1155Received(
3          address operator,
4          address from,
5          uint256 id,
6          uint256 value,
7          bytes calldata data
8      ) external returns (bytes4);
9
10      function onERC1155BatchReceived(
11          address operator,
12          address from,
13          uint256[] calldata ids,
14          uint256[] calldata values,
15          bytes calldata data
16      ) external returns (bytes4);
17  }
```

IERC1155Receiver 接口合约定义了 onERC1155Received 和 onERC1155BatchReceived 两个函数，前者为单币种转账接收函数，后者为批量多币种转账接收函数。

4. ERC1155 主合约

ERC1155 主合约实现了 IERC1155 合约接口，还有单币种和多币种的铸造及销毁函数。

```
1  import "https://github.com/OpenZeppelin/openzeppelin-contracts/blob/
   master/contracts/utils/Strings.sol";
2
3  //ERC1155 主合约
4  contract ERC1155 is IERC165, IERC1155, IERC1155MetadataURI{
5
6      using Strings for uint256; //使用 String 库
7
```

```
8      //代币名称
9      string public name;
10     //代币代号
11     string public symbol;
12
13     //owner => id => balance
14     mapping(address => mapping(uint256 => uint256)) public _balanceOf;
15     //owner => operator => approved
16     mapping(address => mapping(address => bool)) public _isApprovedForAll;
17
18     //构造函数
19     constructor(string memory name_, string memory symbol_) {
20         name = name_;
21         symbol = symbol_;
22     }
23
24     //余额查询函数
25     function balanceOf(address _owner, uint256 _id) external view returns
       (uint256){
26         require(_owner != address(0), "ERC1155: address zero is not a valid
           owner");
27         return _balanceOf[_owner][_id];
28     }
29
30     //批量持仓查询函数
31     function balanceOfBatch(
32         address[] calldata owners,
33         uint256[] calldata ids
34     ) external view returns (uint256[] memory balances) {
35           require(owners.length == ids.length, "owners length != ids
             length");
36
37         balances = new uint[](owners.length);
38
39         unchecked {
40             for (uint256 i = 0; i <owners.length; i++) {
41                 balances[i] = _balanceOf[owners[i]][ids[i]];
42             }
43         }
44     }
45
46     //批量授权函数
47     function setApprovalForAll(address operator, bool approved) external {
48         _isApprovedForAll[msg.sender][operator] = approved;
49         emit ApprovalForAll(msg.sender, operator, approved);
50     }
51
52     //批量授权状态查询
```

```
53      function isApprovedForAll(address _owner, address _operator) external
        view returns (bool){
54          return _isApprovedForAll[_owner][_operator];
55      }
56
57      //安全转账函数
58      function safeTransferFrom(
59          address from,
60          address to,
61          uint256 id,
62          uint256 value,
63          bytes calldata data
64      ) external {
65          require(
66              msg.sender = = from || _isApprovedForAll[from][msg.sender],
67              "not approved"
68          );
69          require(to ! = address(0), "to = 0 address");
70
71          _balanceOf[from][id] - = value;
72          _balanceOf[to][id] + = value;
73
74          emit TransferSingle(msg.sender, from, to, id, value);
75
76          if (to.code.length > 0) {
77              require(
78                  IERC1155Receiver(to).onERC1155Received(
79                      msg.sender,from,id,value,data
80                  ) = = IERC1155Receiver.onERC1155Received.selector,
81                  "unsafe transfer"
82              );
83          }
84      }
85
86      //批量安全转账函数
87      function safeBatchTransferFrom(
88          address from,
89          address to,
90          uint256[] calldata ids,
91          uint256[] calldata values,
92          bytes calldata data
93      ) external {
94          require(
95              msg.sender = = from || _isApprovedForAll[from][msg.sender],
96              "not approved"
97          );
98          require(to ! = address(0), "to = 0 address");
99          require(ids.length = = values.length, "ids length ! = values length");
100
```

```
101         for (uint256 i = 0; i < ids.length; i + + ) {
102             _balanceOf[from][ids[i]] - = values[i];
103             _balanceOf[to][ids[i]] + = values[i];
104         }
105
106         emit TransferBatch(msg.sender, from, to, ids, values);
107
108         if (to.code.length > 0) {
109             require(
110                 IERC1155Receiver(to).onERC1155BatchReceived(
111                     msg.sender,from,ids,values,data
112                 ) = = IERC1155Receiver.onERC1155BatchReceived.selector,
113                 "unsafe transfer"
114             );
115         }
116     }
117
118     //IERC165 的函数检测接口
119     function supportsInterface(bytes4 interfaceId) external pure returns
        (bool) {
120         return
121             interfaceId = = type(IERC1155).interfaceId ||
122             interfaceId = = type(IERC1155MetadataURI).interfaceId ||
123             interfaceId = = type(IERC165).interfaceId;
124     }
125
126     //IERC1155MetadataURI 接口的函数
127        function uri(uint256 id) public view virtual returns (string memory) {
128         string memory baseURI = _baseURI();
129         return bytes(baseURI).length > 0 ? string(abi.encodePacked(baseURI,
            id.toString())): "";
130     }
131
132     /**
133     *计算{URI}的 BaseURI,URI 就是把 baseURI 和 tokenId 拼接在一起,需要开发者重写
134     */
135     function _baseURI() internal view virtual returns (string memory) {
136         return "";
137     }
138
139     //代币铸造函数
140     function _mint(address to, uint256 id, uint256 value, bytes memory data)
        internal {
141         require(to ! = address(0), "to = 0 address");
142
143         _balanceOf[to][id] + = value;
144
145         emit TransferSingle(msg.sender, address(0), to, id, value);
```

```
146
147         if (to.code.length > 0) {
148             require(
149                 IERC1155Receiver(to).onERC1155Received(
150                     msg.sender,address(0),id,value,data
151                 ) == IERC1155Receiver.onERC1155Received.selector,
152                 "unsafe transfer"
153             );
154         }
155     }
156
157     //批量铸造函数
158     function _batchMint(
159         address to,
160         uint256[] calldata ids,
161         uint256[] calldata values,
162         bytes calldata data
163     ) internal {
164         require(to != address(0), "to = 0 address");
165         require(ids.length == values.length, "ids length != values length");
166
167         for (uint256 i = 0; i <ids.length; i++) {
168             _balanceOf[to][ids[i]] += values[i];
169         }
170
171         emit TransferBatch(msg.sender, address(0), to, ids, values);
172
173         if (to.code.length > 0) {
174             require(
175                 IERC1155Receiver(to).onERC1155BatchReceived(
176                     msg.sender,
177                     address(0),
178                     ids,
179                     values,
180                     data
181                 ) == IERC1155Receiver.onERC1155BatchReceived.selector,
182                 "unsafe transfer"
183             );
184         }
185     }
186
187     //销毁代币函数
188     function _burn(address from, uint256 id, uint256 value) internal {
189         require(from != address(0), "from = 0 address");
190         _balanceOf[from][id] -= value;
191         emit TransferSingle(msg.sender, from, address(0), id, value);
192     }
193
```

```
194        //批量销毁函数
195        function _batchBurn(
196            address from,
197            uint256[] calldata ids,
198            uint256[] calldata values
199        ) internal {
200            require(from != address(0), "from = 0 address");
201            require(ids.length == values.length, "ids length != values length");
202            for (uint256 i = 0; i <ids.length; i++) {
203                _balanceOf[from][ids[i]] -= values[i];
204            }
205            emit TransferBatch(msg.sender, from, address(0), ids, values);
206        }
207    }
```

在 ERC1155 合约中，实现了 IERC165、IERC1155 和 IERC1155MetadataURI 三个接口，声明了四个状态变量和若干个函数实现。

➢ 状态变量

- name：代币名称。
- symbol：代币简称。
- balanceOf：代币持仓记录，记录代币种类 id 的某个地址的持仓量。
- isApprovedForAll：批量授权，记录持有地址给另一个地址的授权情况。

➢ 函数

- 构造函数：初始化代币名称和代币简称。
- balanceOf：该函数实现了 IERC1155 的 balanceOf 函数，用于查询某个所有者所持有的代币的持仓量。
- balanceOfBatch：该函数实现了 IERC1155 接口的同名函数，用于批量查询代币持仓情况。
- setApprovalForAll：批量授权函数，该函数实现了 IERC1155 的 setApprovalForAll 函数。
- isApprovalForAll：该函数实现了 IERC1155 接口的同名函数，用于查看批量授权结果信息。
- safeTransferFrom：单币种的安全转账函数，实现了 IERC1155 接口的同名函数。
- safeBatchTransferFrom：批量多币种安全转账函数，实现了 IERC1155 接口的同名函数。
- supportsInterface：该函数实现了 IERC165 接口的同名函数，调用该接口进行检测。
- uri：该函数实现了 IERC1155MetadataURI 接口的同名函数，该函数返回第 id 种代币存储的元数据的 URI 值。
- _baseURI：开发者需要重写该函数，在 uri 中调用该函数，并将 baseURI 和 token id 进行拼接。
- _mint：ERC1155 合约新定义的单币种铸造函数。
- _batchMint：ERC1155 合约新定义的多币种铸造函数。
- _burn：ERC1155 合约新定义的单币种销毁函数。
- _batchBurn：ERC1155 合约新定义的多币种销毁函数。

5. 自定义 ERC1155 代币合约

在 ERC1155 主合约的基础上，开发者可以定义实现自己的 ERC1155 标准代币并指定发行量上限，在构造函数中输入多标准代币的自定义名称和简称；然后重写单币种铸造函数和多币种铸造函数，增加总供应量上限判断逻辑，以及单币种销毁函数和多币种销毁函数。另外还通过重写_baseURI 函数，设置开发者自己的 URI 值。在本例中，使用的 URI 值与 5.2.3 小节中的相同。

```
1  //自定义的 ERC1155 代币
2  contract MyMultiToken is ERC1155 {
3
4       uint256 constant MAX_COUNT = 10000;//代币供应量的上限
5
6      //构造函数
7      constructor() ERC1155("MULTOKEN1", "MT"){
8      }
9      //铸造函数
10      function mint(uint256 id, uint256 value, bytes memory data) external {
11          //id 不能超过 10,000
12          require(id <MAX_COUNT, "id overflow");
13          _mint(msg.sender, id, value, data);
14      }
15      //批量铸造
16      function batchMint(
17          uint256[] calldata ids,
18          uint256[] calldata values,
19          bytes calldata data
20      ) external {
21          //id 不能超过上限
22          for (uint256 i = 0; i <ids.length;i + + ) {
23              require(ids[i] <MAX_COUNT, "id overflow");
24          }
25          _batchMint(msg.sender, ids, values, data);
26      }
27
28      function burn(uint256 id, uint256 value) external {
29          _burn(msg.sender, id, value);
30      }
31
32      function batchBurn(uint256[] calldata ids, uint256[] calldata values)
        external {
33          _batchBurn(msg.sender, ids, values);
34      }
35
36      //重写_baseURI 函数, 设置自己的 URI 值
37      function _baseURI() internal pure override returns (string memory) {
38          return "ipfs://QmeSjSinHpPnmXmspMjwiXyN6zS4E9zccariGR3jxcaWtq/";
39      }
40  }
```

6. 部署与测试

合约程序开发完成即可编译并部署测试。以下为多代币标准的 MyMultiToken 的部署和功能测试步骤。

(1) 在 IDE Remix 中部署 MyMultiToken 合约。

(2) 调用 mint 函数，执行代币铸造功能。输入铸造代币 id 和铸造代币 value，如图 5.6 所示。

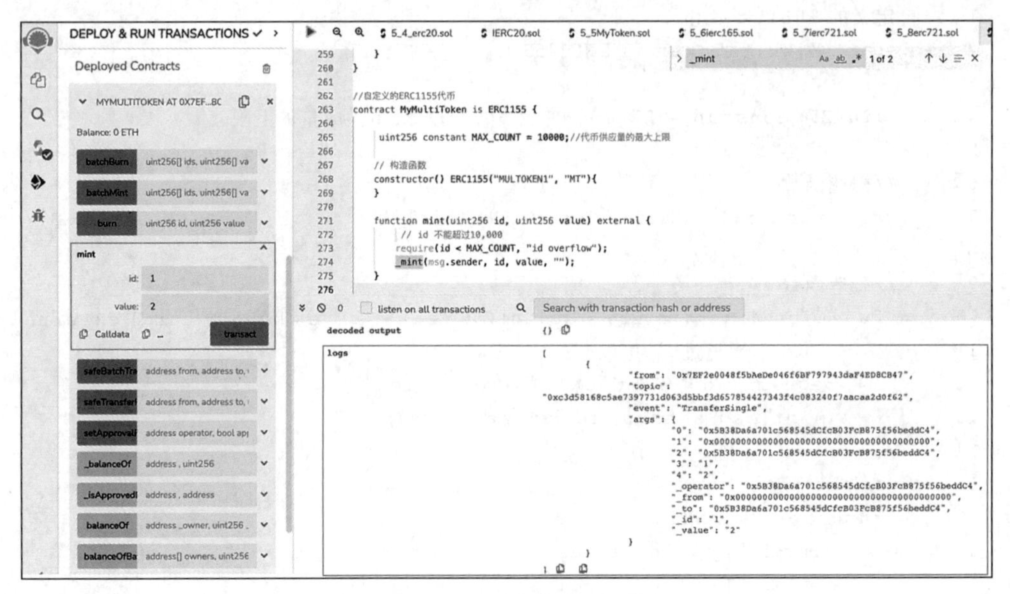

图 5.6　mint 单币种和数量

(3) 调用 balanceOf 函数，输入持仓地址(此处为 owner)及要查询的单币种 id，查询持仓余额，如图 5.7 所示。

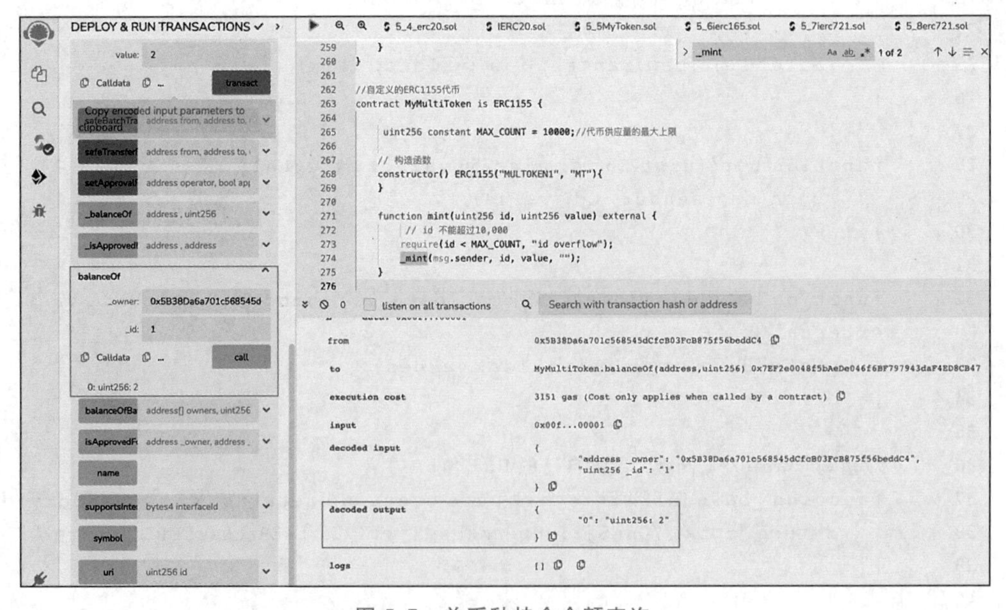

图 5.7　单币种持仓余额查询

(4) 调用 batchMint 函数，执行多币种批量铸造功能。需要注意的是，传入的两个数组的长度要相等。batchMint 函数调用和执行结果如图 5.8 所示。

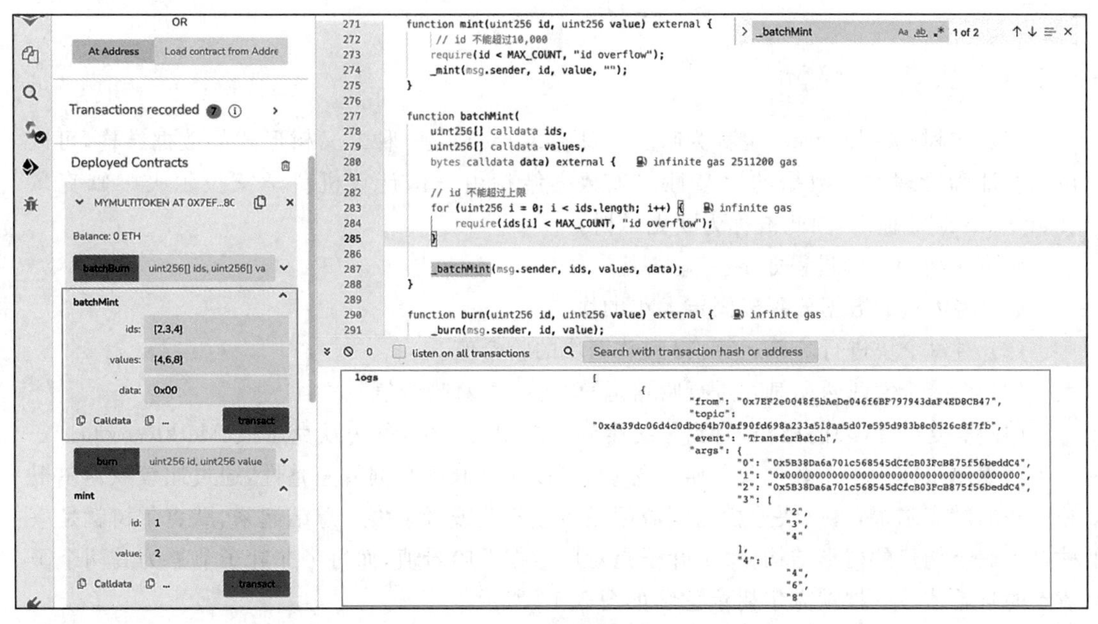

图 5.8 多币种批量铸造

(5) 由于 MyMultiToken 合约继承自 ERC1155 主合约，因此可以调用 balanceOfBatch 函数进行批量代币查询，传入要批量查询的代币 id 组成的数组即可，如图 5.9 所示。

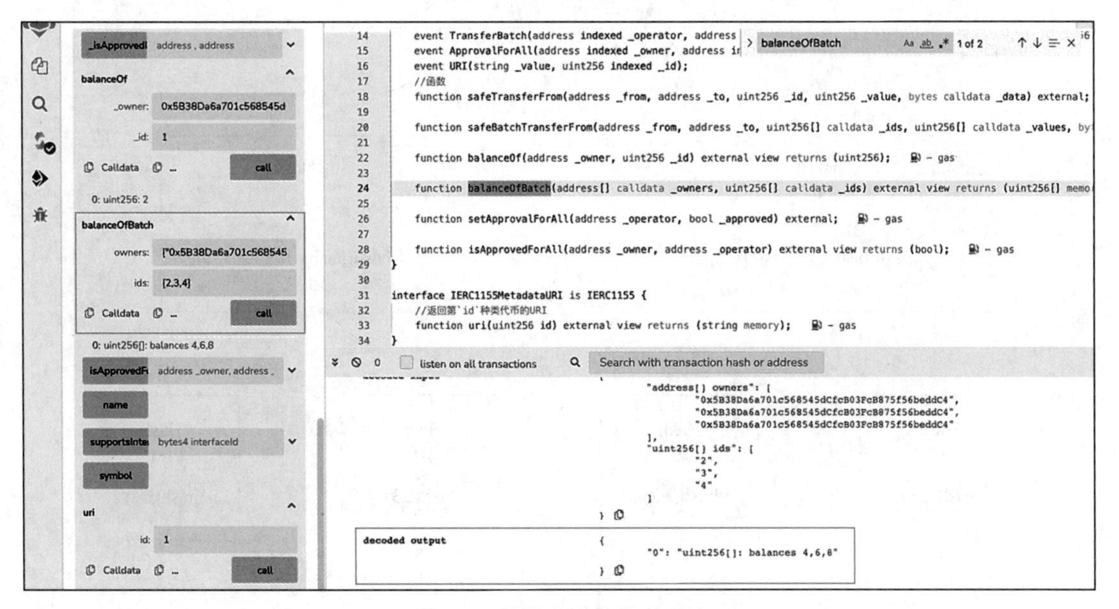

图 5.9 批量多币种持仓查询

关于代币的转账和转移，读者可以自行测试其功能，并对合约进行验证。

5.3 默克尔树及其应用

5.3.1 默克尔树简介

默克尔树(Merkle tree)也称为哈希树(Hash tree),是一种二叉树形式的数据结构,可以用于验证和管理大量数据的完整性。该数据结构由美国计算机科学家拉尔夫·默克尔(Ralph Merkle)提出,因此被称为默克尔树。

默克尔树的构建过程如下。

(1) 将大量的数据分割成固定大小的块。

(2) 对每个块进行哈希运算,得到数据块的哈希值。

(3) 将哈希值两两配对并进行哈希运算,得到配对哈希值。

(4) 重复步骤(3)的操作,直到最终得到一个根哈希值,称为默克尔根(Merkle root)。

默克尔根作为整个数据集的唯一标识,可以用来验证数据的完整性,通过比较默克尔根和已知的默克尔根,可以快速检测到数据是否被篡改或者丢失。总结起来,默克尔树就是一种自下而上构建的树形结构,每个叶子是对应数据的哈希值,而每个非叶子节点为其两个子节点的哈希值。一棵默克尔树示意图如图 5.10 所示。

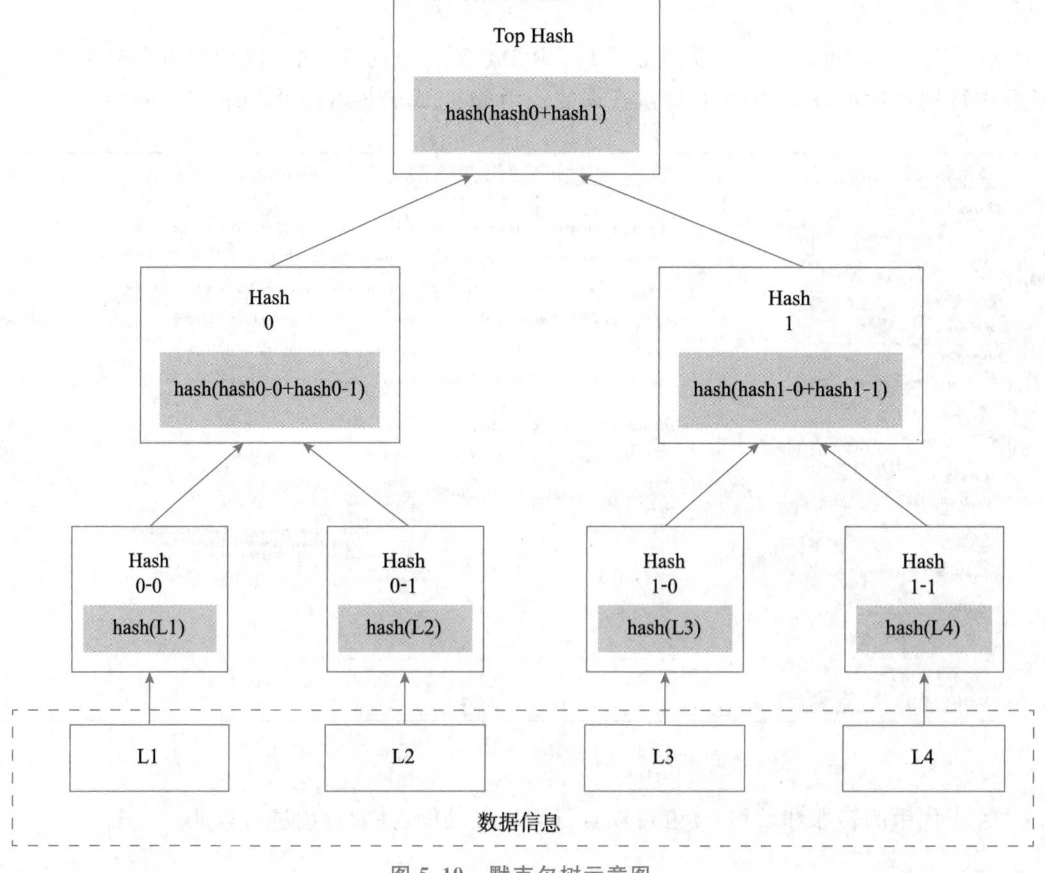

图 5.10 默克尔树示意图

根据上述示意图,结合默克尔树的生成过程,可以发现默克尔树的一个典型应用是对大型数据结构的内容进行有效性和安全性验证。对于有 N 个叶子节点的默克尔树,在已知根值的情况下,验证某个数据是否有效只需要 $\log(N)$ 个数据(也被称作 proof),效率非常高。如果数据有误或者给的 proof 错误,则无法还原出根值。

以图 5.10 为例,验证 L1 是否被修改过,只需要提供 L1 的默克尔证明即可。L1 的默克尔证明为 Hash 0-1 和 Hash 1,如图 5.11 所示。

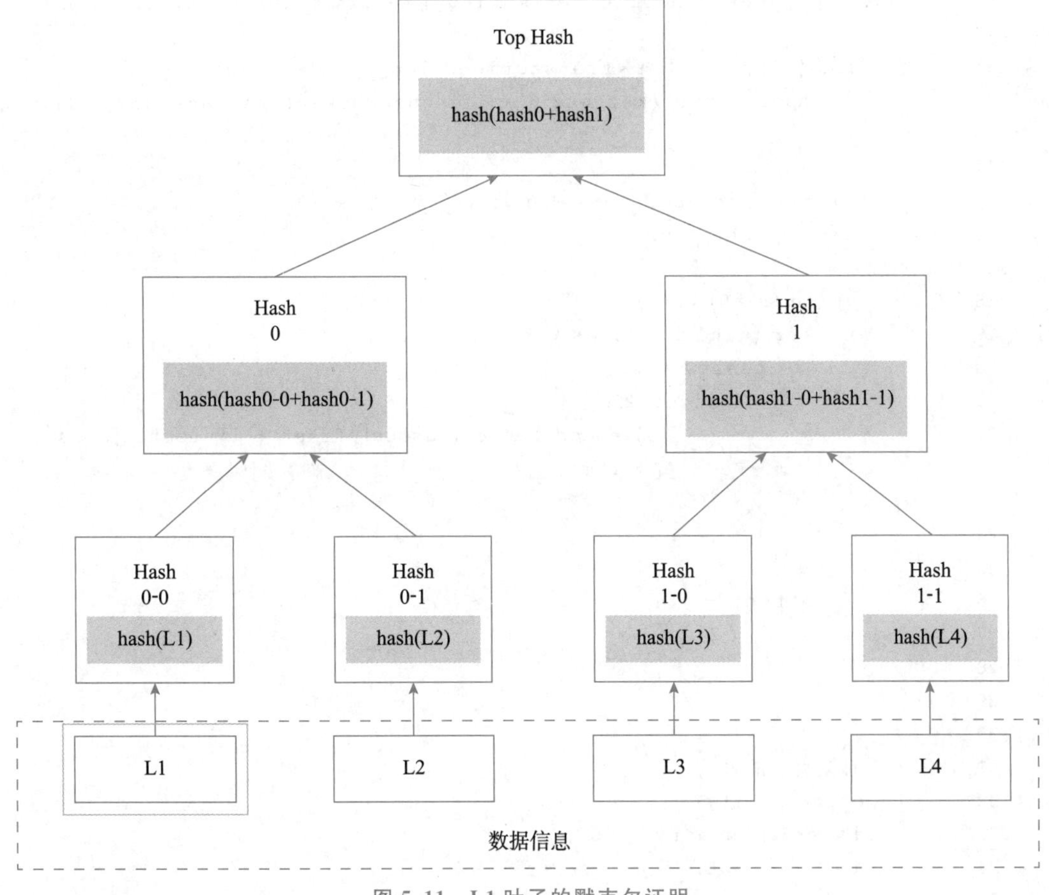

图 5.11 L1 叶子的默克尔证明

知道 Hash 0-1 和 Hash 1 这两个值,就能验证 L1 的值是不是在默克尔树的叶子中。原因在于,通过叶子 L1,使用哈希函数可以算出 Hash 0-0;而 Hash 0-1 已知,那么由 Hash 0-0 和 Hash 0-1 就可以联合算出 Hash 0;由 Hash 0 和提供的 Hash 1 可以联合算出 Top Hash,也就是根节点的哈希值。将计算出的 Top Hash 与原默克尔树根值进行比较,如果两者一致,说明 L1 是正确且未被修改的,否则 L1 不可信。

5.3.2 默克尔树和默克尔证明

根据默克尔树的生成规则,可以使用 Solidity 语法和哈希操作编写构造默克尔树的生成和节点验证程序,定义 MerkleProof 合约如下:

```
1  //SPDX-License-Identifier: GPL-3.0
2  pragma solidity >=0.8.2 <0.9.0;
3
4  //默克尔证明合约
5  contract MerkleProof {
6      bytes32[] public hashes;
7
8      //生成默克尔树
9      function generateMerkleTree(string[] memory transactions)public {
10
11         for (uint i = 0; i <transactions.length; i++) {
12             hashes.push(keccak256(abi.encodePacked(transactions[i])));
13         }
14
15         uint n = transactions.length;
16         uint offset = 0;
17
18         while (n > 0) {
19             for (uint i = 0; i <n - 1; i += 2) {
20                 hashes.push(
21                     keccak256(
22                         abi.encodePacked(hashes[offset + i], hashes[offset +
                           i + 1])
23                     )
24                 );
25             }
26             offset += n;
27             n = n / 2;
28         }
29     }
30
31     //验证默克尔证明
32     function verify(
33         bytes32[] memory proof,
34         bytes32 root,
35         bytes32 leaf,
36         uint index
37     ) public pure returns (bool) {
38         bytes32 hash = leaf;
39
40         for (uint i = 0; i <proof.length; i++) {
41             bytes32 proofElement = proof[i];
42
43             if (index % 2 == 0) {
44                 hash = keccak256(abi.encodePacked(hash, proofElement));
45             } else {
46                 hash = keccak256(abi.encodePacked(proofElement, hash));
47             }
```

```
48             index = index / 2;
49         }
50         return hash == root;
51     }
52 
53     //获取默克尔树根
54     function getRoot() public view returns (bytes32) {
55         return hashes[hashes.length - 1];
56     }
57 }
58 
59 //测试默克尔证明合约
60 contract TestMerkleProof is MerkleProof {
61     string[] public  transactions;
62 
63     constructor() {
64         transactions.push("alice -> bob");
65         transactions.push("bob -> dave");
66         transactions.push("carol -> alice");
67         transactions.push("dave -> bob");
68         //生成默克尔树
69         generateMerkleTree(transactions);
70     }
71 }
```

上述合约 MerkleProof 中定义了 hashes 状态变量,用于存储默克尔树的各个节点,并定义了三个函数。

➢ generateMerkleTree:接收若干个自定义数据,此处以 string 类型表示。

➢ getRoot:该函数返回生成的默克尔树的根节点信息。

➢ verify:该函数用于验证默克尔证明。

将 TestMerkleProof 合约部署后,全局状态变量 hashes 中存储了生成默克尔树各个节点的值,默克尔根节点值存放在 hashes 数组最后一个元素中。在本测试用例中,hashes 数组长度为 7,即生成了一个包含 7 个节点的默克尔树,该默克尔树及各个节点值如图 5.12 所示。

若要验证 0xdca3326a...对应的数据内容是否包含在该默克尔树中,只需要提供两个默克尔证明值即可,分别是:0x8da9e1c8...和 0x995788ff...。然后调用 verify 函数进行验证,并传入默克尔树根 0xcc086fcc...,验证结果如图 5.13 所示。

verify 执行结果为 true,表示验证通过,被验证的数据包含在该默克尔树中。

5.3.3 默克尔树的应用

在区块链技术出现之前,默克尔树技术曾广泛应用于文件系统和 P2P 系统中。在区块链中,默克尔树常用于高效验证数据,例如在以太坊生态应用中,代币空投、代币白名单、IDO(initial digital assects offering,首次数字资产发行),以及混币器等应用场景中均使用了默克尔树。

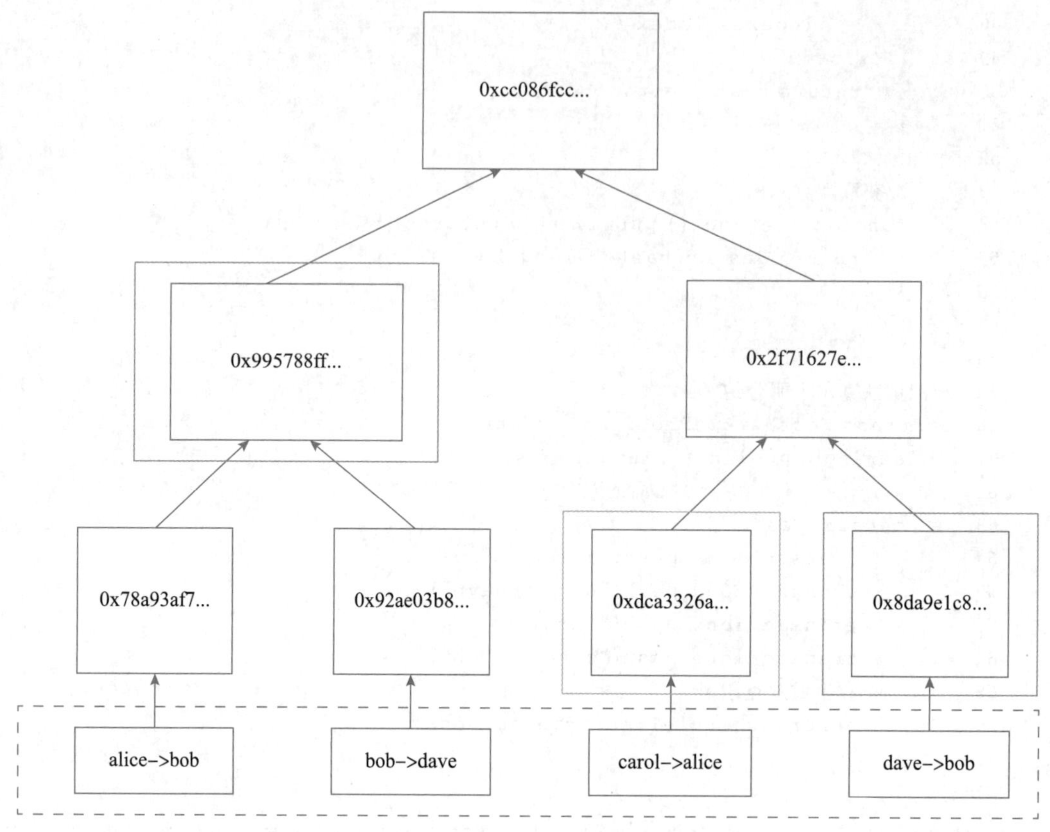

图 5.12　示例合约程序的默克尔树

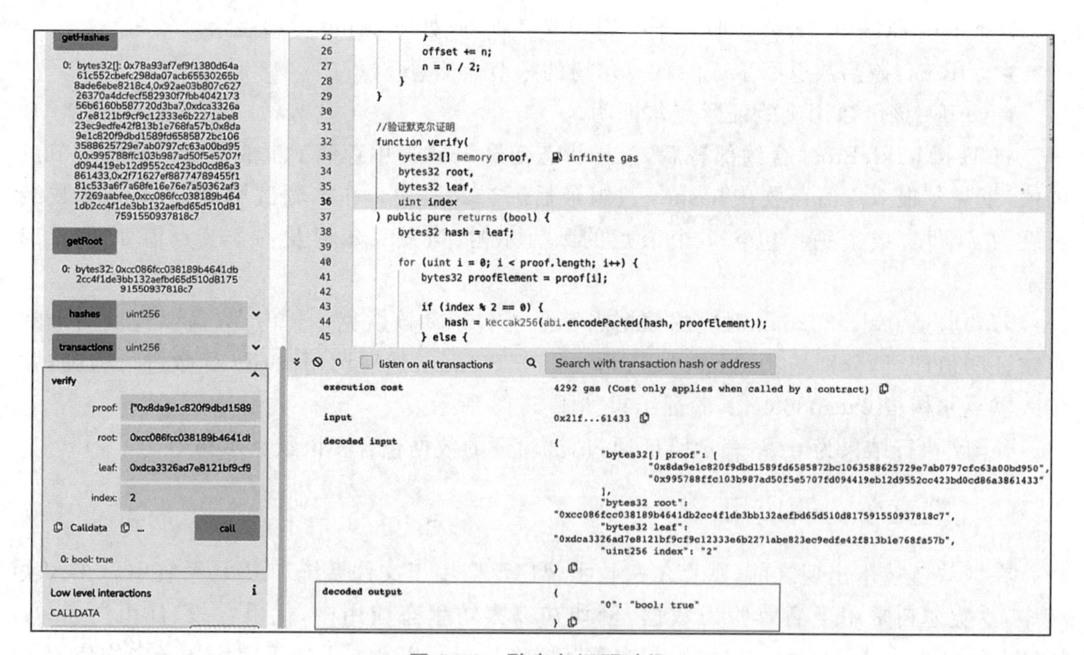

图 5.13　默克尔证明验证

在 NFT(non-fungible token,非同质化代币)的发行合约中,经常采用白名单机制。白名单是一个包含特殊地址的列表,只有在白名单中的地址才能进行相关的操作。具体而言,可以将白名单地址存储在默克尔树中,并提供相应的验证函数。当需要验证一个地址是否在白名单中时,可以通过比较该地址的哈希值与默克尔根的路径来验证,以此确保只有在白名单中的地址才能拥有或者交易特定的 NFT。

1. 生成默克尔树

MerkleTreeJS 是 JavaScript 中的一个库,用于构建和验证默克尔树。该库提供了一组简单易用的函数,可以轻松实现构建默克尔树,获得默克尔树根,获取默克尔树证明以及验证数据的完整性等功能。

MerkleTreeJS 提供了一个 MerkleTree 类,可以使用传入的数组构建一棵默克尔树。MerkleTreeJS 提供了网页交互方式,供读者以在线交互的方式生成验证默克尔树根。在 MerkleTreeJS 网页中,输入测试的白名单地址,如图 5.14 所示。

MerleTree.js example

Input ▾

Leaves (input json array or newline separated)

```
[
  "0x4fda047a0433839ccfa4b4b7a131caa3f5086532",
  "0xfff3639d767be7cb2329a176d795416dba912ee0",
  "0xb315da66d40f1e248df1dfdb24743b52c48dbbfc",
  "0x996d5f0d5865bcb88279e378df5b27318cdcf478"
]
```

Hash function

○ SHA-256 ◉ Keccak-256

Options

☑ hashLeaves ☐ sortLeaves ☑ sortPairs ☐ duplicateOdd ☐ isBitcoinTree ☐ fillDefaultHash

Compute

图 5.14 MerkleTreeJS 输入测试数据

然后选择自定义选项,并生成对应的默克尔树形结构,如图 5.15 所示。

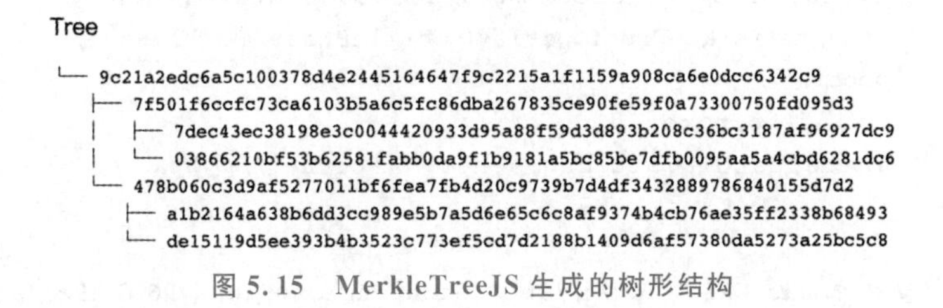

图 5.15 MerkleTreeJS 生成的树形结构

根据图 5.15,可以得到地址 0x4fda047a…的哈希值为 0x7dec43ec…,由该节点进一步可以得到 0x7dec43ec…节点对应的默克尔证明分别是 0x03866210…和 0x478b060c…两个节点。此外,根据图 5.15 还能得到该默克尔树的根为 0x9c21a2ed…。

2. 智能合约的实现

OpenZeppelin 库中包含了 MerkleProof 库合约,在该合约程序中实现了默克尔证明的相关逻辑,以下示例中导入并使用该合约库:

```
1  //SPDX-License-Identifier: GPL-3.0
2  pragma solidity >= 0.8.2 <0.9.0;
3
```

```
4  import "https://github.com/OpenZeppelin/openzeppelin-contracts/blob/
   master/contracts/utils/cryptography/MerkleProof.sol";
5  import "./ERC721.sol";
6
7  contract NFTWhiteList is ERC721{
8      uint public MAX_ERC721 = 5000; //非同质化代币发行上限
9
10     //默克尔树根
11     bytes32 public merkleRoot;
12
13     //白名单的 mint 地址映射
14     mapping(address => bool) public whitelistClaimed;
15
16     //构造函数
17     constructor(string memory name, string memory symbol, bytes32 root)
       ERC721(name,symbol) {
18         merkleRoot = root;
19     }
20
21     function getHash(address to) public pure  returns(bytes32){
22         return keccak256(abi.encodePacked(to));
23     }
24
25     //铸造函数
26     function mint(address to, uint tokenId, bytes32[] calldata _merkleProof)
       external {
27         require(tokenId >= 0 && tokenId < MAX_ERC721, "tokenId out of range");
28         require(!whitelistClaimed[to],"Address has already claimed");
29
30         bytes32 leaf = keccak256(abi.encodePacked(to));
31         require(MerkleProof.verify(_merkleProof, merkleRoot, leaf), "Invalid
           proof.");
32         _mint(to,tokenId);
33         whitelistClaimed[msg.sender] = true;//设置
34     }
35
36     //BAYC 的 baseURI 为 ipfs://QmeSjSinHpPnmXmspMjwiXyN6zS4E9zccariGR3jxcaWtq/
37     function _baseURI() internal pure override returns (string memory) {
38         return "ipfs://QmeSjSinHpPnmXmspMjwiXyN6zS4E9zccariGR3jxcaWtq/";
39     }
40 }
```

上述合约基于 5.2.3 小节的 ERC721 合约进行编写，并引入 OpenZeppelin 的 MerkleProof 库，在 NFTWhiteList 合约中提供白名单地址生成的默克尔树根哈希值，以及白名单地址和状态映射关系数据。部署合约时，用户需要输入自定义代币名称、简称以及默克尔树根值。mint 是代币铸造时调用的函数，相比于 ERC721 中的 mint 函数，该函数新增一个参数，共 3 个参数：第一个参数传入用户地址；第二个参数传入要铸造的 NFT 编号；第三个参数传入该用户地址的默克尔证明数组。

3. 合约调用测试

首先在IDE Remix中编译并部署NFTWhiteList合约，输入代币名称和简称，以及前文已经通过MerkleTreeJS获取到的默克尔树根0x9c21a2ed…，部署操作如图5.16所示。

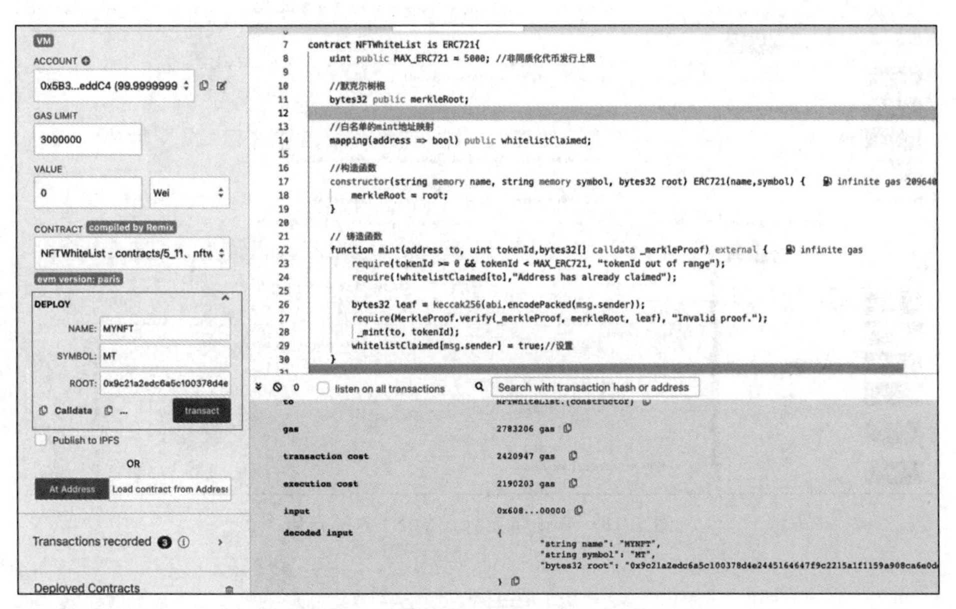

图5.16　部署NFTWhiteList合约

然后调用mint函数，在此例中，第一个参数传入地址0x4fda047a…，第二个参数传入1，第三个参数传入该地址的默克尔证明数组，由前文已知分别是：0x03866210…和0x478b060c…。调用该函数并查看合约调用结果，若白名单验证通过，则会铸造对应的代币，否则合约会抛出异常。调用mint函数如图5.17所示。

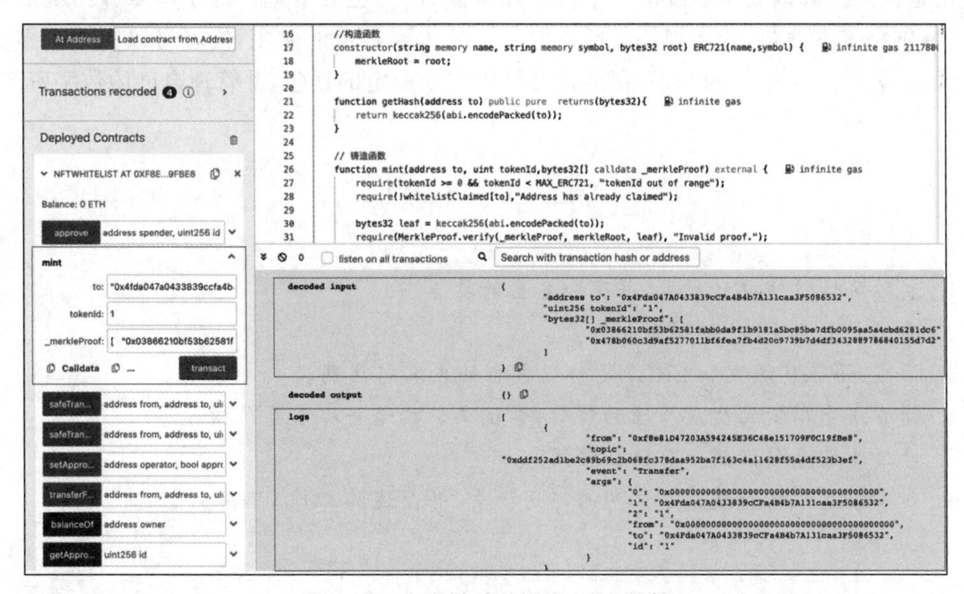

图5.17　白名单地址调用mint函数

最后通过 balanceOf 函数查看地址 0x4fda047a...的持仓数量，结果为 1，表示已经铸造成功，如图 5.18 所示。

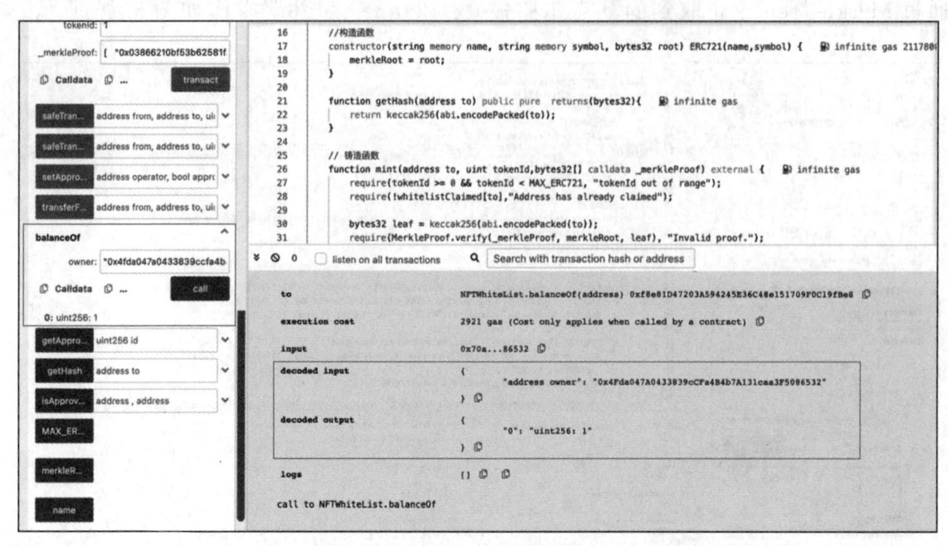

图 5.18 查询特定地址的 NFT 持仓量

本章小结

本章着重介绍了使用智能合约语法可以完成的一些编程应用，并结合具体场景编写了具体的应用代码。其中，ERC 系列是以太坊生态系统学习的一个重点，读者要掌握本章介绍的 ERC20、ERC721 和 ERC1155 等协议的具体内容，并能够区分这些协议。默克尔树及其应用是深入理解以太坊系统的一个重要知识点，读者也要掌握。对于本章介绍到的钱包应用，特别是多签钱包，读者理解其原理即可。具体到钱包的使用，读者可以阅读更多关于软件钱包、硬件钱包相关的知识，帮助自己使用安全稳定的钱包，并管理自己的数字资产。

能力自测

1. 列举区块链钱包的种类，并区分各自的特点。
2. 简述 EIP 和 ERC 的联系与区别。
3. 简述 ERC20 协议和 ERC721 协议各自的内容与区别。
4. 简述默克尔树的生成原理和步骤，尝试举例构造一棵默克尔树。
5. 什么是默克尔证明？有什么作用？
6. 列举默克尔树和默克尔证明的应用场景，并简述其工作原理。

第6章 智能合约安全

作为一种能够自动执行并存储在区块链网络上的预定义规则，智能合约不仅可以处理价值交换，还可以实现各种复杂的业务逻辑。但是，智能合约的安全性问题也不容忽视，因为一旦部署到区块链上，合约就很难被修改，任何漏洞都可能导致巨额资金损失。自以太坊网络上线以来，已经发生了数次智能合约安全事件，大多是因为程序漏洞造成了严重的后果。因此，学习和掌握关于智能合约安全性的常见问题，并探讨相应的防护措施至关重要。在本章中，我们将重点讨论常见的智能合约安全问题，分析安全问题的原因和漏洞所在，并给出对应的解决方法，帮助读者构建更加健壮和安全的智能合约。

在本章中，会向大家介绍的智能合约安全问题主要有：重放攻击、重入攻击、整数溢出、访问控制、条件竞争、选择器冲突和短地址攻击。

6.1 重放攻击

6.1.1 重放攻击原理

在传统的计算机技术中，重放攻击又称重播攻击、回放攻击，是指攻击者发送一个目的主机已经接收过的数据包，达到欺骗系统的目的，最终使自己受益。而区块链中的重放攻击主要发生在有分叉的区块链网络中。

分叉是区块链中很普遍的现象，顾名思义就是原来的一条区块链变成两条或者多条区块链网络。分叉既包括类似网络升级这样的原因而由开发者团队主动发起的分叉，也包括一些攻击者对区块链网络发起的恶意攻击分叉。由于分叉前区块链使用的是同一套地址、密钥对和交易结构等，为了保证分叉后能继承原链的资源，通常分叉后的链也会支持原链的钱包、地址等。

重放攻击是指把原链网络上的交易拿到目标链网络上使用，即一笔交易重复执行。重放攻击又可以分为交易重放和签名重放两种。交易重放是将原链上的交易原封不动地放到目标链上，重放过后交易在目标链上可以正常执行并完成交易验证；签名重放是利用私钥签名的消息进行重放，重放过程中无须像交易重放那样重放整个交易，而是重放相应的签名信息。

6.1.2 事件回顾及分析

2022年6月9日，Optimism项目（以下简称OP）发生重放攻击，2000万枚OP代币被黑客窃取。该事件起源于一次转账，OP项目方与Wintermute团队因业务合作，需要向Wintermute转账2000万枚OP代币，在转账过程中发生了此次重放攻击事件。事件具体经过如下。

(1) 5 月 27 日,OP 项目方从地址 0x2501...(简记为 0x2501)向 OP 项目的 Layer 2(二层网络)地址 0x4f3a...(简记为 0x4f3a)转账 2000 万枚 OP 代币。但此时,OP 项目的 Layer 2 并未部署该地址的合约。

(2) 6 月 1 日,黑客地址 0x8bcf...布置了智能合约(合约 0xe714)。

(3) 6 月 5 日,黑客根据以太坊 Layer 1 上的交易重放,在 GnosisSafe:ProxyFactory1.1.1 合约中建立了代理商合约函数 createProxy,并根据此合约成功构建了 0x4f3a 合约。

(4) 6 月 5 日,多签合约 0x4f3a 接收到 2000 万枚 OP 代币后,将 100 万 OP 代币转账给黑客地址 0x60b2...,并将这 100 万 OP 兑换为以太币。

(5) 6 月 9 日,合约 0x4f3a 向另一地址 0xd8da...继续转账其中的 100 万枚 OP 代币,其余的 1800 万枚 OP 仍在合约 0x4f3a 中。

在此次攻击事件中,Wintermute 提供的是 Layer 1 的地址,而 Optimism 团队转账的是 Layer 2 的地址。两个地址虽然一样,但是该收币地址在 Layer 2 上还未被创建。黑客关注到此信息后,就在 Layer 2 上创建了收币地址,并获取到该收币地址的所有权,然后接收了转账。在实施这一系列的攻击操作过程中,将某些交易进行了重放。

6.1.3 简单重放攻击保护提案

早在 2016 年,由以太坊创始人 Vitalik 就提出了 EIP155 提案,用于预防重放攻击,又称简单重放攻击保护。在以太坊网络中,每个交易都需要使用私钥对其进行签名,以确保交易的合法性和完整性。如果将相同的签名用于不同的网络,就会导致交易被重放,即在一个网络上执行的交易也会在另一个网络上执行,从而导致资金的重复使用和损失。EIP155 提案通过引入链 ID(chain ID)的概念来解决重放攻击问题。链 ID 是一个整数值,用于唯一标识一个以太坊网络。每个以太坊网络都有一个特定的链 ID,以确保交易只能在链 ID 相同的网络上被执行。

具体来说,EIP155 提案中定义了一种新的交易签名的方法,以解决交易重放的问题。在 EIP155 提案之前,计算交易签名时,使用了 nonce、gasprice、startgas、to、value 和 data 六个字段,这其中的 nonce 指的是以太坊账户地址的交易次数,每产生一笔交易,该值就会加 1。即便如此,重放攻击时也是可以人为构造 nonce 值的。而在 EIP155 提案中,将交易签名的计算由六个字段增加为九个字段,增加了 Chain ID 等三个字段。由于每个网络均会有一个自己所属的唯一 Chain ID,因此同一笔交易的签名不会相同。

6.1.4 防止重放攻击

为了防止在去中心化的网络系统中发生重放攻击,推荐开发者采取以下措施保护自己项目的合约程序。

(1) 在签名信息中加入 Chain ID 和 nonce 变量,用于区分链 ID 和计算交易频次。

(2) 记录签名是否已经使用,例如使用 mapping 将签名中的主要参数映射为 bool 值,以防止多次使用同一个签名。

(3) 在项目上线前,联系专业的第三方技术团队对项目合约程序进行安全审计。

6.2　重入攻击

6.2.1　重入攻击原理

重入攻击(reentrancy attack)是一种区块链智能合约中常见的安全漏洞,它利用了智能合约在执行外部函数调用时可能存在的漏洞。通过重入攻击,攻击者可以在智能合约的执行过程中多次调用合约的某个函数,从而实现未经授权的资金转移或执行恶意操作。重入攻击的原理和步骤如下。

(1) 攻击者创建一个恶意合约,并在该合约中实现一个回调函数。

(2) 攻击者向目标合约发送一个交易请求,触发目标合约的函数调用。

(3) 目标合约在执行函数调用时,会将执行权转移到攻击者的恶意合约中。

(4) 攻击者的恶意合约在接收到执行权后,立即调用目标合约的同一个函数。

(5) 目标合约再次执行该函数时,仍然将执行权转移到攻击者的恶意合约中。

(6) 攻击者的恶意合约可以在每次调用目标合约的函数时,重复执行上述步骤,从而实现多次调用和资金转移。

重入攻击本质上与编程里的递归调用类似,发生重入攻击的条件有两个。

(1) 调用了外部合约且该合约是不安全的。

(2) 外部合约的函数调用早于状态变量的修改。

6.2.2　事件回顾及分析

The DAO(decentralized autonomous organization)是一个基于以太坊区块链的去中心化自治组织。该组织于2016年由一群加密货币社区的成员创建,旨在通过智能合约和区块链技术实现去中心化的组织运作和决策。The DAO的目标是建立一个没有中心化管理结构的组织,通过智能合约进行资金管理和决策制订。其成员可以通过购买DAO代币(DAO token)成为The DAO的股东,并有权参与对项目的投票和决策。The DAO的运作是通过智能合约来实现的。成员可以将以太币转入The DAO的智能合约中,作为投资和股权份额。这些资金由智能合约进行管理,成员可以根据自己的股权份额提出提案,并通过投票决定是否接受提案。

2016年,以太坊上运行The DAO项目的合约程序受到攻击,黑客盗取了该项目募集到的360万枚以太币。最终,该事件导致以太坊硬分叉形成了两条链:以太坊和以太经典。

读者可以在线访问该事件对应的源代码,该事件主要涉及两个Solidity文件:DAO.sol和ManagerAccount.sol。

关键代码如图6.1～图6.3所示。

为了方便展示,省略了一些其他代码。根据上述三段关键代码的展示,可以看到基本流程是splitDAO中调用了withdrawRewardFor函数,withdrawRewardFor中调用了payOut函数。

DAO的工作模式是:如果用户不同意其他用户的投票,为了防止资金损失,用户可以选择分裂出去。该用户仍然能够得到一部分分裂之前的投资所得收益,分裂之后原来的DAO的收益就与该用户无关了。

```
600    function splitDAO(uint _proposalID, address _newCurator) noEther onlyTokenholders returns (bool _success) {
601
602        //...
603
604        //Move ether and assign new Tokens
605        uint fundsToBeMoved =
606            (balances[msg.sender] * p.splitData[0].splitBalance) /
607            p.splitData[0].totalSupply;
608        if (p.splitData[0].newDAO.createTokenProxy.value(fundsToBeMoved)(msg.sender) == false)
609            throw;
610
611        //...
612
613        //Burn DAO Tokens
614        Transfer(msg.sender, 0, balances[msg.sender]);
615        withdrawRewardFor(msg.sender); // be nice, and get his rewards
616        totalSupply -= balances[msg.sender];
617        balances[msg.sender] = 0;
618        paidOut[msg.sender] = 0;
619        return true;
620    }
```

图 6.1　splitDAO 关键代码

```
667    function withdrawRewardFor(address _account) noEther internal returns (bool _success) {
668        if ((balanceOf(_account) * rewardAccount.accumulatedInput()) / totalSupply < paidOut[_account])
669            throw;
670
671        uint reward =
672            (balanceOf(_account) * rewardAccount.accumulatedInput()) / totalSupply - paidOut[_account];
673
674        reward = rewardAccount.balance < reward ? rewardAccount.balance : reward;
675
676        if (!rewardAccount.payOut(_account, reward))
677            throw;
678        paidOut[_account] += reward;
679        return true;
680    }
```

图 6.2　withdrawRewardFor 关键代码

```
34    function payOut(address _recipient, uint _amount) returns (bool) {
35        if (msg.sender != owner || msg.value > 0 || (payOwnerOnly && _recipient != owner))
36            throw;
37        if (_recipient.call.value(_amount)()) {
38            PayOut(_recipient, _amount);
39            return true;
40        } else {
41            return false;
42        }
43    }
```

图 6.3　payOut 关键代码

关键代码中的 splitDAO 函数主要用于执行分裂逻辑，而 payOut 函数主要实现将资金转移到分裂的目标地址。在此次黑客的攻击中，该地址就是黑客提供的一个合约地址。在 payOut 函数中，关键语句_recipient. call. value(_amount)()，会将_amount 数量的代币转移至_recipient 地址中，并触发_recipient 的 fallback 函数。如果在合约的 fallback 回调函数中继续调用 DAO 合约的 splitDAO 函数，则继续会调用 payOut 函数，进而继续将_amount 数量的代币转移至目标地址_recipient 中，然后继续触发 fallback 函数。如此一来，就形成了一个循环调用，从 DAO 合约自身的角度看，会不断地执行 splitDAO 函数，就如同调用自身一样，类似于递归调用。如此不断地操作，最终将 DAO 中的所有资金都转移至黑客提供的合约地址中，造成巨大的损失。

6.2.3 解决思路

若要解决上述合约漏洞的问题，只需要调整代码逻辑并增加转账前的判断即可。比如，在转账前先计算可转账的金额，有足够余额时才进行转账，同时将账户余额清零。DAO 漏洞修复的伪代码示例如图 6.4 所示。

```
622  function splitDAO(){
623    //...
624
625    //调整代码顺序
626    uint canWithdraw = balances[msg.sender];
627    totalSupply -= balances[msg.sender];
628    balances[msg.sender] = 0;
629    paidOut[msg.sender] = 0;
630    if(canWithdraw > 0){
631        if(!(msg.sender.send(canWithdraw))){
632            throw;
633        }
634    }
635  }
```

图 6.4 DAO 漏洞修复示意图

上述示例只是解决该问题的思路，具体代码要结合 DAO 源代码的合约逻辑调整变量和参数，以符合原程序的逻辑。根据代码分析可以发现，该漏洞本质是因为智能合约的开发者编写了不严谨的合约程序造成的，而并非以太坊网络本身有问题。但这次事件影响非常大，最终导致以太坊发生了分叉，也造成以太坊社区的分裂。分叉后的以太坊不承认区块高度 1760000 块以后的任何与 DAO 和 child DAO 相关的交易。

6.3 整数溢出

6.3.1 整型溢出问题

计算机语言中的整数类型都有一个范围，即每一个整数类型变量都有一个最大值和一个最小值，其取值范围就是从最小值到最大值的区间。当两个整数进行算术运算时，如果结果大于最大值或者小于最小值，就称为溢出。例如，uint8 的取值范围是 0～255 共 256 个数，当给一个数据类型为 uint8 的变量 a 赋值 260 时，就会导致溢出：0＋(260－256)＝4，变量 a 的取值就会变成 4。同理，当给变量赋的值比 0 小时，会导致下溢问题。比如一个 uint8 类型的变量 b，赋值时 b＝0－5，此时 b 的取值不是－5(因为 uint8 类型是无符号整型，没有负数)，而是 256－5＝251。

以下是程序中可能出现的一些溢出漏洞和问题。

- 加法和减法溢出：当两个正整数相加或相减时，如果结果超出了整型所能表示的范围，就会导致溢出。攻击者可以利用该溢出来实现未经授权的资金转移或其他恶意操作。
- 乘法溢出：两个正整数相乘时，如果结果超出了整型所能表示的范围，就会导致溢出。
- 数组索引溢出：在合约中使用数组时，如果索引超出了数组的范围，就会导致溢出。攻击者可以通过控制索引值来实现数组的越界访问，从而修改合约状态或者执行恶意操作。

6.3.2 溢出漏洞事件分析

Ammbr 项目的主要目标是打造具有高度弹性且易于连接的分布式宽带接入平台，同时降低上网相关成本。该项目主打创建具有人工智能和智能合约功能的高通量区块链平台，在为无线宽带用户清除障碍的同时，确保所有接入基础架构的用户公平参与。该项目自 2017 年 9 月 1 日起发售 AMMBR 代币，简称 AMR 代币。

在该项目发布的智能合约中，其中的 multiTransfer 函数存在漏洞，该漏洞可导致增发任意数额的 AMR 代币到任意的以太坊账户。AMR 合约中 multiTransfer 函数示例代码的截图如图 6.5 所示。

```
29    function multiTransfer(address[] memory destinations, uint[] memory tokens)public returns(bool success){
30        assert(destinations.length > 0);
31        assert(destinations.length < 128);
32        assert(destinations.length == tokens.length);
33
34        //Check total requested bolance
35        uint8 i = 0;
36        uint totalTokensToTransfer =0;
37        for(i=0; i < destinations.length; i++){
38            assert(tokens[i] > 0);
39            totalTokensToTransfer += tokens[i];
40        }
41
42        //Do we have enough tokens in hand?
43        assert(balances[msg.sender] > totalTokensToTransfer);
44        //We have enough tokens, execute the transfer
45        balances[msg.sender] = balances[msg.sender].sub(totalTokensToTransfer);
46        for(i = 0; i < destinations.length; i++){
47            //Add the token to the intended destination
48            balances[destinations[i]] = balances[destinations[i]].add(tokens[i]);
49            //Call the event...
50            emit Transfer(msg.sender,destinations[i],tokens[i]);
51        }
52        return true;
53    }
```

图 6.5 AMR 代币合约代码的截图

上述代码的第 39 行在处理输入参数 tokens 数组元素值累加时，没有使用 SafeMath 库，这使得攻击者有机会构造一次整数溢出，导致后续计算 totalTokensToTransfer 时值可以被攻击者篡改，最终导致绕过第 43 行的余额检查，转出巨额资产。

通过使用 SafeMath 库修复该整型溢出漏洞，将上述第 39 行代码修改为 totalTokensToTransfer = totalTokensToTransfer.add(tokens[i])，SafeMath 库在本书前文中曾经介绍过，是确保计算安全的合约工具库。

6.4 访问控制

6.4.1 访问控制

访问控制是一种机制，用于限定对合约中特定的函数、变量或者功能的访问权限，也称权限管理。通过访问控制确保只有经过授权的账户或者角色才能够执行特定的操作或者特定的功能，以保护合约的安全性，防止未经授权的操作。

通常来说，代币的铸造、资金提现、暂停授权等功能都需要设置较高的权限才能调用。如果权限设置错误，极有可能造成严重后果。以下列举出一些常见的访问控制漏洞。

- 未正确实施权限控制：如果开发者忽视了添加权限控制的逻辑或实现了错误的权限控制，导致合约没有正确实施权限控制机制，任何账户都可以执行敏感操作或访问受限资源，对合约安全造成严重影响。
- 角色分配错误：如果开发者错误地分配了角色或者没有正确验证账户的身份，可能会导致未经授权的账户被赋予了高权限角色，从而执行不应该执行的操作。
- 修改器绕过：修改器是一种常用的权限控制机制，如果开发者没有正确使用修改器或者存在修改器绕过的漏洞，那么未经授权的账户可能会绕过权限检查并执行敏感操作。
- 依赖外部合约的权限：如果合约依赖于外部合约的权限控制，且外部合约的权限控制存在漏洞，那么未经授权的账户可能通过调用外部合约来绕过权限控制。

6.4.2 漏洞分析

有如下示例合约，其中存在一个非常明显的访问控制代码漏洞。

```
1  //SPDX-License-Identifier: GPL-3.0
2  pragma solidity >=0.8.2 <0.9.0;
3
4  contract AccessGame{
5      uint totalSupply = 0;
6      address public owner;
7      mapping (address => uint256) public balances;
8
9      event SendBouns(address _who, uint bouns);
10
11      modifier onlyOwner {
12          if (msg.sender != owner)
13              revert();
14          _;
15      }
16
17      constructor() {
18          initOwner(msg.sender);  //initOwner()初始化管理员权限
19      }
20
21      function initOwner(address _owner) public{
22          owner = _owner;
23      }
24
25      function SendBonus(address lucky, uint bouns) public onlyOwner returns
        (uint){
26          require(balances[lucky]<1000);
27          require(bouns <200);
28          balances[lucky] += bouns;
29          totalSupply += bouns;
30
31          emit SendBouns(lucky, bouns);
32          return balances[lucky];
```

```
33      }
34  }
```

在该合约的构造函数中，调用了 initOwner 函数进行初始化。但 initOwner 函数使用 public 关键字进行修饰，这意味着任何用户均可以调用该函数。攻击者也可以调用 initOwner 函数使自己成为管理员，并调用 SendBonus 函数增加自己的 balances。

解决该合约中 initOwner 函数存在的问题时，应将 initOwner 函数使用 internal 关键字进行修饰，限定只有合约内部可以调用 initOwner 函数。

6.4.3 访问控制总结

智能合约的访问控制漏洞主要体现在两个方面：代码层面的可见性和逻辑层面的权限约束。

代码层面的可见性主要针对函数和变量，用于限制被修改和调用的作用域。对于代码层面的可见性，主要通过函数可见性关键字进行修饰，四个关键字分别是：public、external、internal 和 private。

逻辑层面的权限约束通常是针对函数而言的，用于限制某些用户的访问。Solidity 合约中最常使用的是函数修改器 modifier，用于函数执行前的检查。特别是在 ERC20 代币合约中，modifier 的使用场景主要有以下三种情形。

- 在执行函数逻辑之前，前置判断管理员权限。
- 在执行函数逻辑之前，前置判断合约是否需要暂停执行。
- 对某些原子操作进行加锁、解锁操作。

除此之外，一些好用的合约开发库中也包含了访问控制和权限管理的功能，比如 OpenZeppelin 库。OpenZeppelin 库提供了智能合约的三种访问控制模式：Ownable 合约、Roles 库和 AccessControl 合约。

- Ownable 合约：最简单快捷的访问控制模式，Ownable 合约管理 onlyOwner 修改器，该模式假设合约存在单一的所有者，支持合约所有者将权限转移给另外一个账户，即变更所有者。
- Roles 库：OpenZeppelin 库中的其他合约均使用 Roles 库来实现访问控制，这是因为 Roles 库比 Ownable 合约提供了更多的灵活性。开发者可以使用 using 语句引入 Roles 合约库，为指定的数据类型增加功能。Roles 库为 Role 数据类型实现了三个方法，如图 6.6 所示。

在库合约中定义了 Role 结构体，合约使用该结构定义多个角色及其成员。函数 add、remove、has 提供了与 Role 结构体交互的接口。Roles 库的使用示例如图 6.7 所示。

在上述 MyToken 合约中，继承了 ERC20 合约及其相关接口，引入了 OpenZeppelin 的 Roles 库和 Role 结构体。在 mint 函数中，require 语句确保交易发起方具有 minter 角色，即_minters.has(msg.sender)。

- AccessControl 合约：Roles 库虽然更灵活，但仍然存在局限性。在 OpenZeppelin 3.0 中，新增了专门用于访问控制的 AccessControl 合约，该合约可以满足所有身份验证需求。通过该合约，开发者可以定义具有不同权限的多种角色，也可以定义角色的授权与回收函数。

```
1   //SPDX-License-Identifier: GPL-3.0
2   pragma solidity >=0.8.2 <0.9.0;
3
4   //OpenZeppelin库Roles库
5   library Roles {
6     struct Role {
7       mapping (address => bool) bearer;
8     }
9
10    function add(Role storage role, address account) internal {    undefined gas
11      require(account != address(0));
12      require(!has(role, account));
13
14      role.bearer[account] = true;
15    }
16
17    function remove(Role storage role, address account) internal {    undefined gas
18      require(account != address(0));
19      require(has(role, account));
20
21      role.bearer[account] = false;
22    }
23
24    function has(Role storage role, address account)internal view returns (bool){    undefined gas
25      require(account != address(0));
26      return role.bearer[account];
27    }
28  }
```

图 6.6 OpenZeppelin 的 Roles 库源代码

```
7   //自定义ERC20代币
8   contract MyToken is ERC20, ERC20Detailed {
9       using Roles for Roles.Role;
10
11      Roles.Role private _minters;
12      Roles.Role private _burners;
13
14      constructor(address[] memory minters, address[] memory burners)
15          ERC20Detailed("MyToken", "MTKN", 18)
16          public
17      {
18          for (uint256 i = 0; i < minters.length; ++i) {
19              _minters.add(minters[i]);
20          }
21
22          for (uint256 i = 0; i < burners.length; ++i) {
23              _burners.add(burners[i]);
24          }
25      }
26      //铸造代币函数
27      function mint(address to, uint256 amount) public {
28          // Only minters can mint
29          require(_minters.has(msg.sender), "DOES_NOT_HAVE_MINTER_ROLE");
30
31          _mint(to, amount);
32     毁}
33      //销 代币函数
34      function burn(address from, uint256 amount) public {
35          // Only burners can burn
36          require(_burners.has(msg.sender), "DOES_NOT_HAVE_BURNER_ROLE");
37
38          _burn(from, amount);
39      }
40  }
```

图 6.7 Roles 库的使用示例截图

OpenZeppelin 库的 AccessControl 的部分合约程序如图 6.8 所示。

```
9   abstract contract AccessControl is Context, IAccessControl, ERC165 {
10      struct RoleData {
11          mapping(address => bool) members;
12          bytes32 adminRole;
13      }
14
15      mapping(bytes32 => RoleData) private _roles;
16
17      bytes32 public constant DEFAULT_ADMIN_ROLE = 0x00;
18
19      modifier onlyRole(bytes32 role) {
20          _checkRole(role);
21          _;
22      }
23
24      function supportsInterface(bytes4 interfaceId) public view virtual override returns (bool) {
25          return interfaceId == type(IAccessControl).interfaceId || super.supportsInterface(interfaceId);
26      }
27
28      function hasRole(bytes32 role, address account) public view virtual returns (bool) {
29          return _roles[role].members[account];
30      }
31
32      function _checkRole(bytes32 role) internal view virtual {
33          _checkRole(role, _msgSender());
34      }
35
36      function _checkRole(bytes32 role, address account) internal view virtual {
37          if (!hasRole(role, account)) {
38              revert AccessControlUnauthorizedAccount(account, role);
39          }
40      }
41
42      function getRoleAdmin(bytes32 role) public view virtual returns (bytes32) {
43          return _roles[role].adminRole;
44      }
```

图 6.8 AccessControl 合约部分代码截图

在该访问控制合约中,RoleData 结构体用于存储角色成员;adminRole 变量作为超级管理员,负责角色成员的授权与回收。该合约中同时提供了若干函数执行不同的访问控制功能。

- grantRole 函数:对某个用户角色进行授权操作的函数,进一步调用_grantRole 函数执行授权操作。
- revokeRole 函数:对某个用户的角色权限进行收回操作的函数,进一步调用_revokeRole 函数执行收回权限操作。
- hasRole 函数:判断指定用户是否具备某个角色,返回值为 bool 类型。

在合约开发过程中,开发者可以通过导入并继承 AccessControl 合约,来方便自己的权限管理,通过调用 AccessControl 中的函数实现角色操作的权限判断。

6.5 条件竞争

6.5.1 条件竞争概念

条件竞争漏洞是一种服务器端的漏洞,由于服务器端在处理不同用户的请求时是并发进行的,因此,如果并发处理不当或相关操作逻辑顺序设计不合理,将会导致条件竞争的发生。由于以太坊区块链是公开的,每个人都可以看到其他人的交易记录。这意味着,若某个用户提交了一个有价值的解决方案,恶意用户可以窃取该解决方案并以较高的费用复制其交易,以抢占原始解决方案。

例如,在 ERC20 标准代币合约中有一个 approve 函数,如图 6.9 所示。

```
28    //授权函数
29    function approve(address spender, uint amount) external returns (bool) {    infinite gas
30        allowance[msg.sender][spender] = amount;
31        emit Approval(msg.sender, spender, amount);
32        return true;
33    }
```

图 6.9 approve 函数(一)

该函数的主要功能是授权给第三方让其代替当前账户给其他账户转账,但在该函数中却存在着事务顺序依赖性问题。具体含义可理解为:假设有两个用户分别为用户 A 和用户 B,那么:

(1) 用户 A 通过调用 approve 函数授权允许用户 B 代替自己转账,数量为 $N(N>0)$。

(2) 某一时刻,用户 A 决定将授权数量 N 修改为 $M(M>0)$,再次调用 approve 函数。

(3) 用户 B 在 approve 函数第二次调用且被矿工处理之前,迅速调用 transferFrom 函数,转账数量为 N 的代币。

(4) 用户 A 对 approve 函数的第二次调用成功后,用户 B 便可再次获得数量为 M 的转账额度。即用户 B 通过交易顺序攻击,获得了 $N+M$ 的转账数量。

6.5.2 分析和修复

以太坊官方也曾经就 ERC20 标准代币 approve 函数中的条件竞争问题给出了处理建议,如图 6.10 所示。

```
28    //授权函数
29    function approve(address spender, uint amount) external returns (bool) {    infinite gas
30        require((amount==0)||(allowance[msg.sender][spender]==0));
31        allowance[msg.sender][spender] = amount;
32        emit Approval(msg.sender, spender, amount);
33        return true;
34    }
```

图 6.10 以太坊官方关于条件竞争的处理建议

根据该建议,在 approve 函数中加入 require 条件判断,核心思路为:用户在调用 approve 函数将授权从 N 调整为 M 时,只能先将 N 修改为 0,再将 0 修改为 M。

除了上述官方的解决方案外,OpenZeppelin 也给出了自己的建议:新增两个函数代替 approve 函数,分别是:increaseAllowance 函数和 decreaseAllowance 函数。另外,因为使用的是 ERC20 标准代币,必须要有 approve 函数。三个函数代码示例如图 6.11～图 6.13 所示。

```
141    function approve(address spender, uint256 amount) public virtual returns (bool) {
142        address owner = _msgSender();
143        _approve(owner, spender, amount);
144        return true;
145    }
```

图 6.11 approve 函数(二)

```
182    function increaseAllowance(address spender, uint256 addedValue) public virtual returns (bool) {
183        address owner = _msgSender();
184        _approve(owner, spender, allowance(owner, spender) + addedValue);
185        return true;
186    }
```

图 6.12 新增的 increaseAllowance 函数

```
202    function decreaseAllowance(address spender, uint256 requestedDecrease) public virtual returns (bool) {
203        address owner = _msgSender();
204        uint256 currentAllowance = allowance(owner, spender);
205        if (currentAllowance < requestedDecrease) {
206            revert ERC20FailedDecreaseAllowance(spender, currentAllowance, requestedDecrease);
207        }
208        unchecked {
209            _approve(owner, spender, currentAllowance - requestedDecrease);
210        }
```

图 6.13 新增的 decreaseAllowance 函数

在 OpenZeppelin 中，上述三个函数均调用了含有三个参数的_approve 函数，并最终调用了含有四个参数的_approve 重载函数，该函数代码示例如图 6.14 所示。

```
334    function _approve(address owner, address spender, uint256 amount, bool emitEvent) internal virtual {
335        if (owner == address(0)) {
336            revert ERC20InvalidApprover(address(0));
337        }
338        if (spender == address(0)) {
339            revert ERC20InvalidSpender(address(0));
340        }
341        _allowances[owner][spender] = amount;
342        if (emitEvent) {
343            emit Approval(owner, spender, amount);
344        }
345    }
```

图 6.14 四个参数的_approve 函数

OpenZeppelin 的解决方案思路是：用户在进行重新授权时，根据自己的需要调用 increaseAllowance 函数或者 decreaseAllowance 函数。但是该解决方案仍然不是完美的，因为三个函数都是被 public 修饰的，approve 函数中也没有安全判断，这就意味着开发者仍然可以调用 approve 函数进行重新授权配额，此时的 increaseAllowance 和 decreaseAllowance 函数等同于不存在。因此，OpenZeppelin 的解决方案对合约开发者有明确要求，开发者在重新授权配额时必须要时刻明确自己可以调用哪个函数，否则仍然存在着触发事务顺序依赖性漏洞的可能和风险。

6.6 选择器冲突

6.6.1 选择器冲突概念

本书前面已经介绍过函数选择器的相关概念，函数选择器是根据函数的名称和参数列表生成的唯一标识符，是函数签名的哈希值的前 4 字节。当用户调用合约的函数时，calldata 的前 4 字节就是目标函数的选择器，决定了调用哪个函数。

由于函数选择器只有 4 字节，非常短，因此很容易被碰撞出来：即很容易找到两个不同的函数,两个函数的选择器却相同。

6.6.2 事件回顾分析

区块链桥也称为跨链桥,主要用于连接两个区块链网络,允许用户从一个链向另一个链发送加密货币。跨链桥通过两个独立平台之间的代币转账、智能合约和数据交换等其他反馈与指令,实现资金的跨链操作。一种常见的跨链桥的操作步骤如下。

(1) 用户将资产 A 发送到原链上的一个存储地址,并支付过桥费。

(2) 资产 A 被智能合约中随机选择的验证者或者受信任的托管人锁定。

(3) 在目标链上发布相同数量的资产 A1,并将资产 A1 发送到目标链上的用户地址。

2021 年 8 月 10 日,跨链互操作协议 Poly Network 遭到黑客攻击,使用该协议的 O3 Swap 遭受了严重损失,其在以太坊等三大网络上的资产几乎全部丢失,总损失高达 6.1 亿美元。先看 Poly Network 协议内部。

(1) 中继链验证者的公钥存在于 EthCrossChainData 合约中。

(2) EthCrossChainData 合约的所有者是 EthCrossChainManager 合约。

(3) EthCrossChainData 合约的 putCurEpochConPubKeyBytes 函数可以修改中继链验证者角色。

在 Poly Network 协议合约中,有_executeCrossChainTx 函数和 putCurEpochConPubKeyBytes 函数,如图 6.15 和图 6.16 所示。

```
242     /* @notice              Dynamically invoke the targeting contract, and trigger executation of cross chain tx on Ethereum side
243     *  @param _toContract   The targeting contract that will be invoked by the Ethereum Cross Chain Manager contract
244     *  @param _method       At which method will be invoked within the targeting contract
245     *  @param _args         The parameter that will be passed into the targeting contract
246     *  @param _fromContractAddr From chain smart contract address
247     *  @param _fromChainId  Indicate from which chain current cross chain tx comes
248     *  @return              true or false
249     */
250     function _executeCrossChainTx(address _toContract, bytes memory _method, bytes memory _args, bytes memory _fromContractAddr, uint64 _fromChainId) internal r
251         //Ensure the targeting contract gonna be invoked is indeed a contract rather than a normal account address
252         require(Utils.isContract(_toContract), "The passed in address is not a contract!");
253         bytes memory returnData;
254         bool success;
255
256         //The returnData will be bytes32, the last byte must be 01;
257         (success, returnData) = _toContract.call(abi.encodePacked(bytes4(keccak256(abi.encodePacked(_method, "(bytes,bytes,uint64)"))), abi.encode(_args, _fromC
258
259         //Ensure the executation is successful
260         require(success == true, "EthCrossChain call business contract failed");
261
262         //Ensure the returned value is true
263         require(returnData.length != 0, "No return value from business contract!");
264         (bool res,) = ZeroCopySource.NextBool(returnData, 31);
265         require(res == true, "EthCrossChain call business contract return is not true");
266
267         return true;
268     }
```

图 6.15 _executeCrossChainTx 函数截图

```
44      //Store Consensus book Keepers Public Key Bytes
45      function putCurEpochConPubKeyBytes(bytes memory curEpochPkBytes) public whenNotPaused onlyOwner returns (bool) {
46          ConKeepersPkBytes = curEpochPkBytes;
47          return true;
48      }
```

图 6.16 putCurEpochConPubKeyBytes 函数截图

在_executeCrossChainTx 函数中,没有对传入的参数施加严格的限制,这导致攻击者传入了_toContract,函数参数被攻击者所控制。由于协议的内部关系,攻击者在哈希冲突后传入与 putCurEpochConPubKeyBytes 函数相同的函数选择器，成功调用了 EthCrossChainData 合约的 putCurEpochConPubKeyBytes 函数，直接修改中继链验证者的公钥，使其变得可控，然后利用验证者的权限执行恶意的资金转移操作，获取了大量的资金。

在本次事件中，攻击者使用了一系列的攻击手段，构造函数选择器冲突只是其中一个环节，最终导致了攻击事件的发生，造成了严重的损失。

下列示例合约程序简单地模拟了选择器碰撞漏洞。

```
1  //SPDX-License-Identifier: GPL-3.0
2  pragma solidity >= 0.8.2 <0.9.0;
3  //选择器冲突
4  contract SelectorClash {
5      bool public solved; //攻击是否成功
6      //攻击者调用这个函数，修改变量值
7      function putCurEpochConPubKeyBytes(bytes memory _bytes) public {
8          require(msg.sender == address(this), "Not Owner");
9          solved = true;
10      }
11      //有漏洞，攻击者可以通过改变_method 变量碰撞函数选择器，调用目标函数并完成攻击
12      function executeCrossChainTx(bytes memory _method, bytes memory _bytes,
       bytes memory _bytes1, uint64 _num) public returns(bool success){
13          (success,) = address(this).call(abi.encodePacked(bytes4(keccak256(abi.
          encodePacked(_method, "(bytes,bytes,uint64)"))), abi.encode(_bytes, _
          bytes1, _num)));
14      }
15  }
```

通过调用 executeCrossChainTx 函数，进而调用合约中的 putCurEpochConPubKeyBytes 函数，模拟构造函数选择器冲突实现函数调用的攻击过程。正常情况下，只有合约的所有者才能执行 putCurEpochConPubKeyBytes 函数，而 executeCrossChainTx 允许任一用户进行调用。通过观察分析上述程序源代码，在 executeCrossChainTx 函数中，通过 call 方式进行函数调用。因此，一种攻击该合约的思路是：计算出攻击目标 putCurEpochConPubKeyBytes 函数的选择器值；在调用 executeCrossChainTx 函数时，通过传入合适的参数，尝试构造与目标函数相同的哈希值，造成选择器冲突，进而实现调用 putCurEpochConPubKeyBytes，完成攻击目标。

目标函数 putCurEpochConPubKeyBytes 的选择器是 0x41973cd9。通过程序源代码可以看到，executeCrossChainTx 函数中将_method 以及(bytes，bytes，uint64)两部分作为函数签名计算的选择器。因此，只需要尝试选择合适的_method 内容，满足最终的计算结果为 0x41973cd9，即可完成对 putCurEpochConPubKeyBytes 函数的调用。在 Poly Network 黑客攻击事件中，黑客碰撞出的_method 值为 f1121318093，即 f1121318093(bytes，bytes，uint64)的哈希值的前 4 字节也是 0x41973cd9。将 f1121318093 转换为 bytes 类型：0x6631313231333138303933，然后作为参数传入 executeCrossChainTx 函数调用中，另外三个参数可以任意填写符合内容的值，最后调用 executeCrossChainTx 函数，如图 6.17 所示。

solved 变量初始值为 false，上述 executeCrossChainTx 调用成功后，查看 solved 变量状态为 true，证明已经被修改。

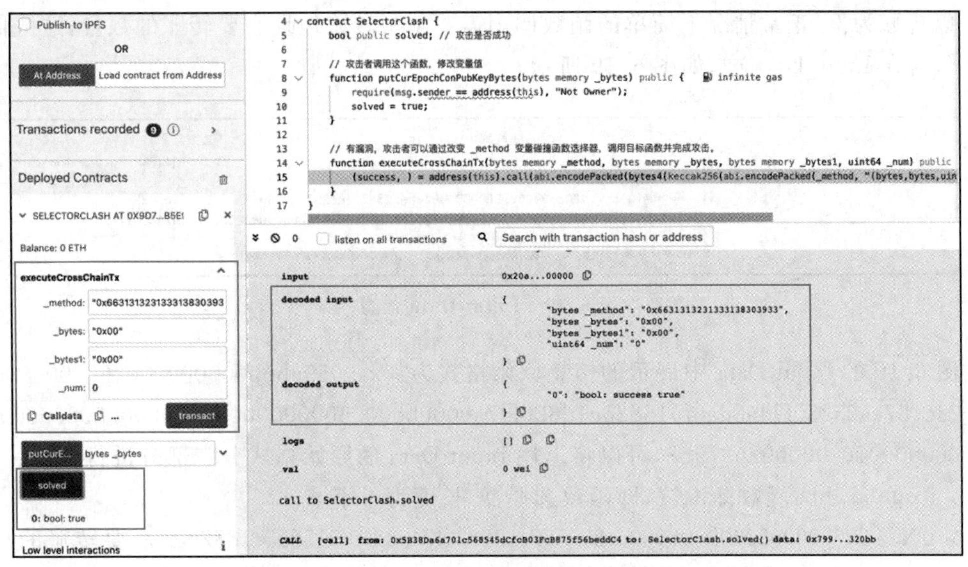

图 6.17 通过 executeCrossChainTx 实施攻击

6.7 短地址攻击

6.7.1 短地址攻击简介

短地址攻击(short address attack)是针对以太坊上的 ERC20 智能合约的一种攻击形式，该攻击方法最早由 Golem 团队在 2017 年 4 月提出，其原理是利用 EVM 对输入字节码的自动补全机制进行攻击。

在 ERC20 标准代币协议中，transfer 函数的定义及实现如图 6.18 所示。

```
function transfer(address _to, uint256 _value) public returns (bool) {
  require(_to != address(0), "Cannot send to all zero address.");
  require(_value <= balances[msg.sender], "msg.sender balance is not enough.");

  // SafeMath.sub will throw if there is not enough balance.
  balances[msg.sender] = balances[msg.sender].sub(_value);
  balances[_to] = balances[_to].add(_value);
  emit Transfer(msg.sender, _to, _value);
  return true;
}
```

图 6.18 transfer 函数

在该函数内部，首先通过 require 条件检查_to 是否为 0，接着通过 require 条件检查转账发起方的账户余额是否足够，最后调用 SafeMath 库的安全函数，执行账户余额的增减操作，问题就在该 transfer 函数中。

用户对智能合约函数的调用，在 EVM 层面都会变成一串字节码。读者查看以太坊的交易信息时，会看到每笔交易中都包含 Input Data 信息。在以太坊协议中：

➢ 当交易为合约创建时，Input Data 是账户初始化程序的 EVM 代码。

➢ 当交易为函数调用时，Input Data 是合约函数的调用数据。

以转账为例，正常情况下简单的函数调用需要填写转账地址和要转账的数量，这些信息都会包含在 Input Data 中，如图 6.19 所示。

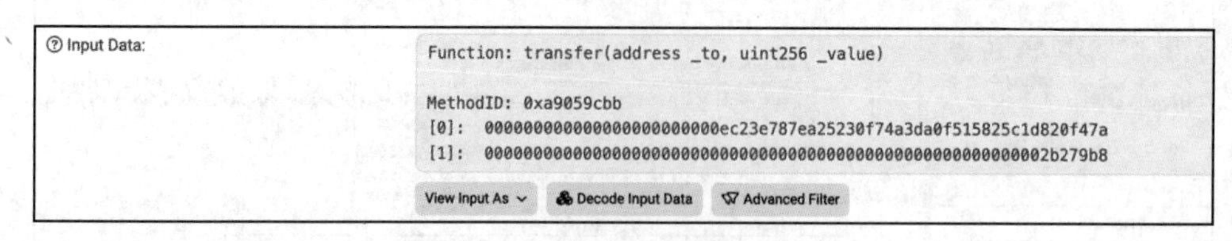

图 6.19　Input Data 信息

图 6.19 的 Input Data 中展示的信息原始格式为：0xa9059cbb000000000000000000000000ec23e787ea25230f74a3da0f515825c1d820f47a0000000000000000000000000000000000000000000000000000000002b279b8，可以将上述 Input Data 的原始格式分三部分进行分析。

- 0xa9059cbb：函数标识符，即函数选择器，长度为 4 字节。
- 000000000000000000000000ec23e787ea25230f74a3da0f515825c1d820f47a：要转账的目的地址，EVM 自动在前面补了零，使其长度达到 64 位的十六进制字符，即 32 字节。
- 0000000000000000000000000000000000000000000000000000000002b279b8：该部分为要转账的 value 数量，同样在前面补位，变为长度为 64 位的十六进制字符，即 32 字节。

通过分析发现，Input Data 的基本结构为函数标识符和参数的拼接串。而 EVM 根据字节码识别所传入的参数，不会进行验证。当用户传入的数据有问题时，EVM 并不会验证，而是直接执行自动补全操作，于是就产生了漏洞。假设有以下以太坊地址 0x0A098Eda01Ce92ff4A4CCb7A4fFFb5A43EBC7000 作为收款地址，但因为某些原因导致收款地址填写错误，变为 0x0A098Eda01Ce92ff4A4CCb7A4fFFb5A43EBC7，相较于原地址少了最后“000”3 位字符。

此时，当少了 3 位字符的地址被传入 EVM 后，EVM 会从金额数据部分取 3 位对地址进行补全，而金额数据部分的字节码前 3 位是“000”，于是补全后的地址重新变为 0x0A098Eda01Ce92ff4A4CCb7A4fFFb5A43EBC7000，但此时的最后三位“000”是取自金额数据部分的高位数据。因为金额数据部分高位被取走 3 位，所以金额数据部分就少了 3 位，此时 EVM 会自动地在金额数据部分末尾进行补 0，缺几位就补几个 0。以本例要转账的金额 0x2b279b8 为例，补全后变为 0x2b279b8000。显而易见，补全后的转账金额相比原来变多了。

6.7.2　短地址攻击防御

结合上述的文字分析，我们已经了解了短地址攻击的漏洞原理。在合约编程中，涉及地址操作时，开发者应该对所有用户输入的地址位数进行合规性检查，同时，作为以太坊网络的验证者，节点在发送交易前需要校验函数的参数位数是否符合要求。

本章小结

去中心化应用的安全问题是一个非常重要的问题，不仅涉及程序安全问题，还通常与用户的数字资产息息相关。作为一个区块链智能合约的开发人员，掌握编码规范，熟练使用智能合约安全库是一项基本素质和要求。本章着重从语法和编码角度向读者介绍了一些可能造成智能合约安全问题的场景,实际的区块链网络及其应用的安全问题远不止这些。

能力自测

1. 分别简述重放攻击和重入攻击,并区分两种攻击。
2. 如何在编写智能合约时使用OpenZeppelin库?简述其步骤。
3. 列举OpenZeppelin库中常见的保证合约安全的智能合约库,并简述其作用。
4. 什么是选择器冲突?简述其原理。
5. 请归纳如何编写出安全规范的智能合约程序,给出具体的措施。

第7章 智能合约交互

开发者编写好的固定业务逻辑的智能合约代码，经过编译后被部署在以太坊区块链上，由EVM执行。与智能合约的交互，主要分为两类。

- 链下程序调用：是指非区块链网络的IT系统向区块链提交交易，与部署在区块链上的智能合约进行通信。
- 链上程序调用：是指智能合约之间的通信和互相调用。

与智能合约的交互必须遵循ABI规范。ABI规范是一套规则和定义，用于规范以太坊生态系统中的智能合约通信，在本书中已经介绍过ABI相关的内容。对于链下实体，通常使用封装好的JavaScript库与以太坊区块链上的智能合约进行交互。这些JavaScript库遵循和封装了JSON-RPC通信协议，用户通过JSON-RPC协议与智能合约交互，如图7.1所示。

图7.1 链下应用与智能合约交互示意图

本章将向大家介绍Web3.js和Ethers.js两个交互库所包含的功能和具体使用方法。

7.1 以太坊JavaScript库及环境准备

Web3.js和Ethers.js是两个在以太坊去中心化应用开发中常用的JavaScript库，它们的作用是实现与以太坊区块链的交互，完成去中心化应用的功能开发。

- Web3.js：Web3.js是以太坊官方提供的JavaScript库，它为开发者提供了与以太坊区块链网络进行交互的工具和函数。使用Web3.js，开发者可以连接到以太坊节点，创建和管理以太坊账户，发送交易，查询区块链上的数据，与智能合约进行交互等。Web3.js提供了一种方便地与以太坊网络进行通信的方式，使开发者能够构建各种类型的DApps和以太坊相关的应用。
- Ethers.js：Ethers.js是一个开源的JavaScript库，它是Web3.js的一个衍生版本，提供了更简化和更易于使用的API。Ethers.js旨在简化以太坊开发过程，提供更高级的抽象和更友好的开发体验。它包含了一系列易于使用的功能和工具，如连接以太坊节点、管理账户、发送交易、与智能合约进行交互等。Ethers.js的设计目标是提供一个简单而强大的工具,使开发者能够更快速地构建以太坊应用程序。

无论是 Web3.js 还是 Ethers.js,都为开发者提供了与以太坊区块链网络进行交互的能力,使他们能够利用以太坊的功能和特性构建 DApps 与智能合约。这些库为开发者提供了一种方便、高效和安全的方式来处理以太坊的交易和数据,并简化了以太坊开发过程中的复杂性。通过使用 Web3.js 和 Ethers.js,开发者可以更轻松地利用以太坊的潜力,构建出更强大和创新的应用程序。

无论是 Web3.js 库还是 Ethers.js 库,都是在项目中进行应用。在实际程序开发中,经常在 Node.js 项目中引入两个 JavaScript 库并实现与以太坊区块链进行交互。除此之外,还可以在前端项目中使用 Web3.js 和 Ethers.js。在本书中,以 Node.js 项目使用场景为例进行讲解。

7.1.1 Node.js 简介

Node.js 诞生于 2009 年,在 Node.js 之前,JavaScript 只能运行在浏览器中,作为网页脚本使用,为网页添加一些特效,或者与服务器进行通信;Node.js 出现以后,JavaScript 可以脱离浏览器,像其他编程语言一样直接在计算机上使用,不再受浏览器的限制。

Node.js 既不是一门新的编程语言,也不是一个 JavaScript 框架,而是一套 JavaScript 运行环境,用来支持 JavaScript 代码的执行。现在的 JavaScript 除了用于 Web 前端编程外,还可以实现很多操作,比如:

- 编写 Node.js 应用程序:可以使用 Node.js 编写服务器端应用程序、命令行工具和后端 API 等。
- 模块和包管理:Node.js 提供了模块化开发的支持,开发者可以使用内置的模块或者第三方模块来扩展应用程序功能。Node.js 使用 npm(全称为 Node Package Manager)作为包管理工具,开发者可以使用 npm 命令安装、管理和发布模块。
- 文件操作:Node.js 提供了丰富的文件操作的 API,开发者能够读取、写入、修改和删除文件,这对处理文件系统相关的任务非常有帮助。
- 网络通信:Node.js 支持多种数据库,包括关系型数据库(比如 MySQL)和非关系型数据库(比如 MongoDB、Redis 等),开发者可以使用适当的数据库驱动连接和操作数据库。
- 异步编程:Node.js 的异步编程模块是其核心特性之一,开发者可以使用回调函数、Promis、async/await 等方式来处理异步操作,确保应用程序的高性能和可伸缩性。

7.1.2 Node.js 环境安装

本书以 macOS 为例,读者可以根据下列步骤安装 Node.js 环境。

(1) 访问 Node.js 官网页面。

(2) 选择对应的操作系统类型的安装包(本文选择 macOS 安装包)并单击符合自己机器的选项,自动进行安装包文件下载。

(3) 等待安装包文件下载完成后双击运行,按照操作提示进行安装配置,如图 7.2 所示。

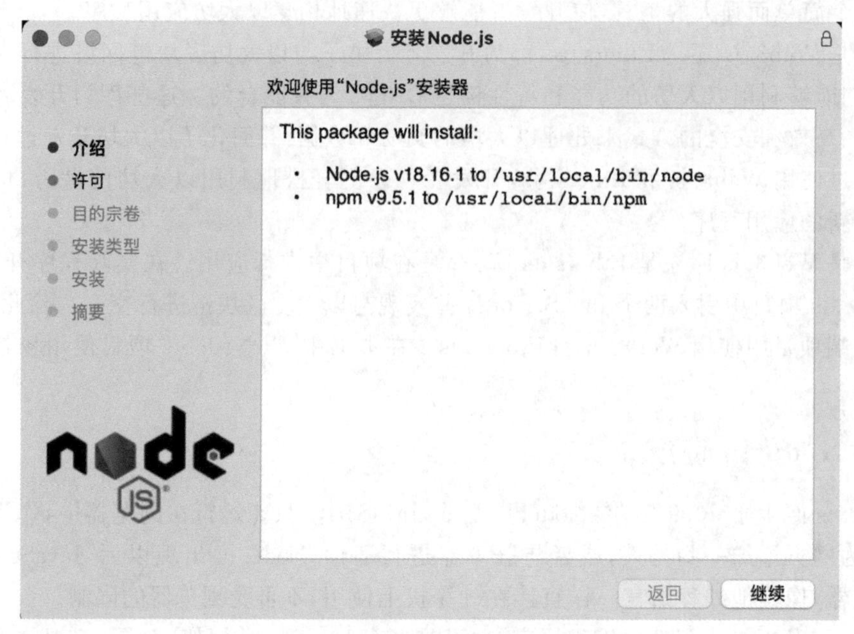

图 7.2 安装

安装完成后，需要验证是否安装配置成功。在终端窗口中分别执行 node -v 和 npm -v 命令，查看 node 的版本和 nmp 的版本，若能够出现对应的版本号，即表示安装配置成功，如图 7.3 所示。

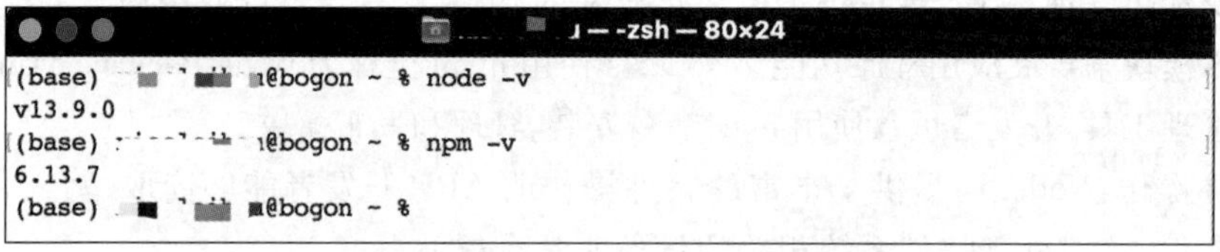

```
-zsh — 80×24
(base) @bogon ~ % node -v
v13.9.0
(base) @bogon ~ % npm -v
6.13.7
(base) @bogon ~ %
```

图 7.3 node 版本和 npm 版本

7.1.3 Node.js 程序示例

Node.js 安装成功后，可以编写一个 Web 服务器程序作为示例程序，并运行该程序。示例程序如下：

```
1 const http = require('http');
2
3 const hostname = '127.0.0.1';
4 const port = 3000;
5
6 const server = http.createServer((req, res) =>{
7   res.statusCode = 200;
8   res.setHeader('Content-Type', 'text/plain');
9   res.end('Hello World\n');
10 });
```

```
11
12 server.listen(port, hostname, () =>{
13   console.log('Server running at http://${hostname}:${port}/');
14 });
```

上述程序使用了 http 模块，用于引入 HTTP 协议模块；http 的 createServer 方法用于创建一个新的 HTTP 服务器并赋值给 server，服务器设置为监听指定的端口和主机名，在本示例程序中端口为 3000，主机名为 127.0.0.1（本机）。当服务器就绪后，回调函数被调用，输出日志告知开发者服务器正在运行。每当收到新请求时，都会调用 request 事件，并提供两个对象：一个是请求对象，提供请求的详细信息，可以从该对象中获取请求头信息和请求数据；另一个是响应对象，用于将数据返回给调用者。在本例中，没有从请求对象中获取信息，而是将响应状态码设置为 200 表示正常，同时设置了响应对象的 Content-Type，将响应作为参数添加到 end 函数中。

在终端中，将工作目录切换至 server.js 所在目录，执行“node server.js”命令，启动运行编写好的服务器程序，终端中输出服务器启动并运行的信息，如图 7.4 所示。

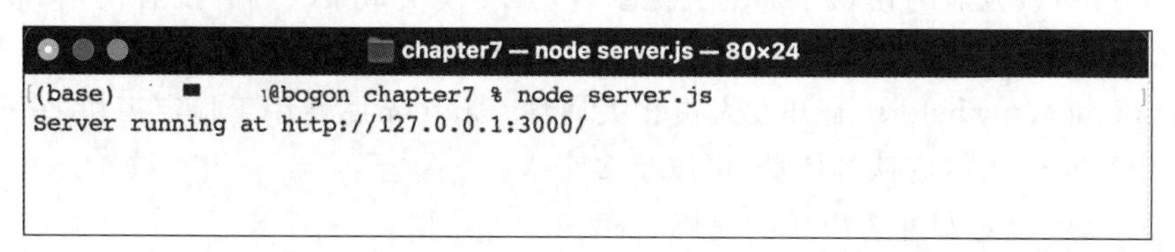

图 7.4 运行 server.js 程序

服务器程序已经正常运行，在浏览器中输入“127.0.0.1:3000”并查看访问结果，浏览器输出“Hello World”，如图 7.5 所示。

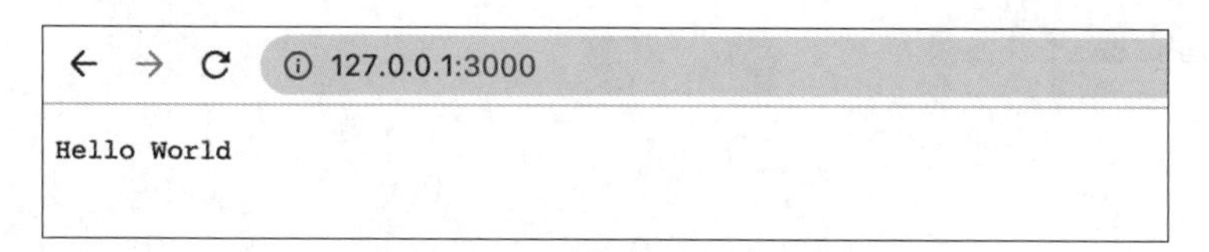

图 7.5 浏览器访问服务器

7.1.4 剖析 package.json

在 Node.js 中，模块是一个库或一个框架，也是一个 Node.js 项目。Node.js 项目遵循模块化的架构。当开发者创建了一个 Node.js 项目时，意味着创建了一个模块，该模块必须有一个描述文件，即 package.json，该文件也是最常见的配置文件。以下展示了一个 package.json 文件，其中包含很多配置，通过这些配置描述一个项目或模块的详细信息。

```
{
  "name": "underscore",    //当前包(项目)的名字
  "description": "JavaScript's functional programming helper library.",
  "homepage": "xxx",
  "keywords": ["util", "functional", "server", "client", "browser"],
  "author": "Jeremy Ashkenas",
```

```
  "contributors": [],
  "dependencies": [],       //生产依赖
  "devDependencies":[],    //开发依赖
  "repository": {"type": "git", "url": "xxxx"},
  "scripts": {
    "build": "node build.js"
  }
  "main": "underscore.js",  //项目(包)入口文件,该文件的导出对象作为模块导出对象
  "version": "1.1.6"
}
```

上述示例 package.json 文件中包含很多属性，主要属性释义如下。

- name 和 version：必填属性，name 属性表示模块名称，version 表示模块的版本，两个属性组成一个 npm 模块的唯一标识。
- description：用于添加模块的描述信息，可理解为模块简介内容。
- homepage：模块的主页，通常是一个网页地址。
- keywords：开发者为模块添加的关键字，可方便模块检索。当开发者使用 npm search 命令检索模块时，会在 description 和 keywords 属性中进行匹配。
- author 和 contributors：是开发人员相关属性。author 属性用于指定模块的开发作者；contributors 描述贡献者信息，可以是多个人。
- repository：指定和配置模块的代码仓库。
- 依赖配置：在实际开发和使用中，项目可能会依赖一个或者多个外部包，根据依赖包的不同用途，可以将其配置在 package.json 的几个属性中，分别是：
  - dependencies：该属性用于指定项目运行所依赖的模块，开发环境和生产环境的依赖模块都可以配置在该属性中。例如有以下配置。

```
"dependencies": {
   "lodash": "^4.17.13",
   "moment": "^2.24.0",
   "axios": "^1.2.6"
}
```

上述配置表示在某个模块或项目中，使用了 3 个第三方依赖模块，并分别指定了原来的第三方库的版本。以上述第三方库配置为例，lodash 库主要提供了一系列用于处理数组、对象、字符串和其他数据类型的函数操作；moment 库提供了方便开发者使用的对日期进行处理的系列操作；axios 库是一个基于 Promise 的 HTTP 客户端库，方便开发者在项目中发起和使用 HTTP 请求操作。

- devDependencies：有一些包可能只是在开发环境中使用到，开发者可以将只在开发环境中使用的依赖包配置在该属性中。
- peerDependencies：该属性用于配置和指定开发者正在开发的模块所依赖的版本以及用户安装的依赖包版本的兼容性。例如，ant-design 的 package.json 中有以下配置。

```
"peerDependencies": {
   "react": ">= 16.0.0",
   "react - dom": ">= 16.0.0"
}
```

假设有一个系统使用了 ant-design,该系统就需要依赖 react。同时 ant-design 也是需要依赖 react 的,它要保持稳定运行,所需要的 react 版本至少是 16.0.0。

- optionalDependencies:某些场景下,依赖包可能不是强依赖的,即该依赖包的功能可有可无。当无法获取依赖包时,开发者希望能继续运行而不会导致失败,此时可以将这个依赖包放到 optionalDependencies 中进行配置。
- bundledDependencies:与以上几个不同属性,bundledDependencies 的值是一个数组,数组里可以指定一些模块,这些模块将在这个包发布时被一起打包。

7.1.5 npm 使用介绍

npm 是随同 Node.js 一起安装的包管理工具,用于安装、管理和共享 JavaScript 代码库。npm 是 Node.js 生态系统中最常用的工具之一,它提供了丰富的功能和命令,帮助开发者轻松地管理项目依赖、发布和共享代码。通过 npm 开发者可以实现以下操作。

➢ 从 npm 服务器下载别人编写的第三方包到本地使用。

➢ 从 npm 服务器下载并安装别人编写的命令行程序到本地使用。

➢ 将自己编写的包或命令行程序上传到 npm 服务器供别人使用。

在本书前文已经通过命令"npm -v"来测试 npm 是否成功安装。开发者可以通过 npm 相关命令来使用 npm 提供的丰富功能,常用的 npm 命令介绍如下。

➢ npm init:初始化一个新的 npm 项目,此命令执行后生成一个 package.json 配置文件。

➢ npm install:此命令用于安装项目的依赖包,执行该命令时,会读取 package.json 配置文件中的配置属性,然后安装依赖包。

➢ npm update:此命令用于更新已经安装的依赖包到最新版本。

➢ npm uninstall:此命令用于卸载不再需要的依赖包,卸载后 package.json 配置文件会更新。

➢ npm search:此命令根据开发者输入的关键字,搜索 npm 仓库中存在的依赖库,并将搜索结果展示给开发者。

➢ npm publish:此命令用于将本地的程序包发布到 npm 仓库。

➢ npm run:此命令用于执行项目中自定义的脚本。

➢ npm list:此命令用于查看当前目录下已安装的依赖包;使用 -g 可选项表示查看全局已经安装的依赖包。

通过 npm 创建一个项目的操作步骤如下,同时展示了 npm 的基本用法。

(1) 在终端中,切换至某自定义目录,新建 web 目录,作为新项目的目录。

(2) 进入 web 目录,执行 npm init 命令,初始化 web 项目。终端会提示用户输入项目的相关信息,比如项目名称、版本号和项目描述等信息,开发者可以输入自定义内容。最后输入 yes,然后回车。npm 初始化 web 项目的操作如图 7.6 所示。

(3) 上述 npm init 命令执行并配置结束后,在 web 目录中会生成 package.json 文件,该文件作为当前项目的配置文件。

(4) 使用 install 命令安装一个第三方依赖库,在本例中安装 axios 依赖库,安装命令为"npm install axios"。安装完成后,在当前目录下会出现 package-lock.json 文件和 node_modules 目录,如图 7.7 所示。安装的 axios 依赖库放在 node_modules 目录中。

```
web — -zsh — 125×41
(base) @bogon chapter7 % mkdir web
(base) @bogon chapter7 % cd web
(base) @bogon web % npm init
This utility will walk you through creating a package.json file.
It only covers the most common items, and tries to guess sensible defaults.

See `npm help json` for definitive documentation on these fields
and exactly what they do.

Use `npm install <pkg>` afterwards to install a package and
save it as a dependency in the package.json file.

Press ^C at any time to quit.
package name: (web)
version: (1.0.0)
description:
entry point: (index.js)
test command:
git repository:
keywords:
author:
license: (ISC)
About to write to /code/chapter7/web/package.json:

{
  "name": "web",
  "version": "1.0.0",
  "description": "",
  "main": "index.js",
  "scripts": {
    "test": "echo \"Error: no test specified\" && exit 1"
  },
  "author": "",
  "license": "ISC"
}


Is this OK? (yes) yes
(base) @bogon web % ls
package.json
```

图 7.6 npm 初始化 web 项目

```
(base) @bogon web % ls
package.json
(base) @bogon web % npm install axios
npm        created a lockfile as package-lock.json. You should commit this file.
npm WARN web@1.0.0 No description
npm WARN web@1.0.0 No repository field.

+ axios@1.4.0
added 9 packages from 25 contributors and audited 9 packages in 2.339s
found 0 vulnerabilities

(base) @bogon web % ls
node_modules        package-lock.json        package.json
(base) @bogon web %
```

图 7.7 使用 install 命令安装 axios 依赖库

（5）在 web 目录下新建 index.js 文件，编写程序代码并保存。程序内容与 7.1.3 小节中的示例程序一致。

（6）在 web 目录下运行 index.js 文件，在终端输入命令 node index.js 并按回车键，执行效果与 7.1.3 小节相同。

7.2 Web3.js 使用方法

7.2.1 Web3.js 简介

Web3.js 是以太坊官方提供的 JavaScript 库，用于与以太坊区块链进行交互和开发去中心化应用程序(DApp)。Web3.js 最早由以太坊创始人之一 Gavin Wood 开发,并于 2014 年发布。初始版本的 Web3.js 提供了基本的以太坊区块链交互功能,包括与以太坊节点的连接、账户管理、交易发送和智能合约调用等。2016 年,对 Web3.js 进行了更新和改进,发布了 1.x 版本。这个版本引入了许多新功能,包括更好的错误处理、更灵活的智能合约调用方法、事件监听和过滤等。目前,Web3.js 库已经发展到 4.x 版本,增加了对 TypeScript 的支持。

7.2.2 Web3.js 安装

通过 npm 安装 Web3 库,使用的命令是"npm install web3"。在 7.1 节的 web 项目中执行该命令,安装 Web3 库。

```
1  npm install web3
```

在终端的 web 目录下,执行上述命令并等待执行结束,完成 Web3 库的配置,查看 package.json 文件,配置信息如图 7.8 所示。

```
web — -zsh — 125x35
npm WARN      Not compatible with your version of node/npm: web3-validator@1.0.1
npm WARN      Unsupported engine for web3-providers-ipc@4.0.2: wanted: {"node":">=14","npm":">=6.12.0"} (current: {"node":"
13.9.0","npm":"6.13.7"})
npm WARN      Not compatible with your version of node/npm: web3-providers-ipc@4.0.2
npm WARN      Unsupported engine for @ethereumjs/rlp@4.0.1: wanted: {"node":">=14"} (current: {"node":"13.9.0","npm":"6.13.
7"})
npm WARN      Not compatible with your version of node/npm: @ethereumjs/rlp@4.0.1
npm WARN web@1.0.0 No description
npm WARN web@1.0.0 No repository field.

+ web3@4.0.2
added 88 packages from 87 contributors and audited 97 packages in 34.355s

12 packages are looking for funding
  run `npm fund` for details

found 0 vulnerabilities

(base) ...@bogon web % cat package.json
{
  "name": "web",
  "version": "1.0.0",
  "description": "",
  "main": "index.js",
  "scripts": {
    "test": "echo \"Error: no test specified\" && exit 1"
  },
  "author": "",
  "license": "ISC",
  "dependencies": {
    "axios": "^1.4.0",
    "web3": "^4.0.2"
  }
}
(base) ...@bogon web %
```

图 7.8 Web3 库依赖配置

图 7.8 中默认安装的是 4.0.2 版本的 Web3 库,在笔者进行程序验证时,发现使用此版本的 Web3 库连接节点时会发生错误。基于此,本书中我们选择安装 1.8.0 版本的 Web3 库。因此首先使用"npm uninstall web3"命令卸载 4.0.2 版本,然后使用如下命令指定安装 1.8.0 版本的 Web 库。

```
1  npm install web3@1.8.0
```

安装成功后,查看 package.json 文件,Web3 库的版本已经被成功修改为 1.8.0,如图 7.9 所示。

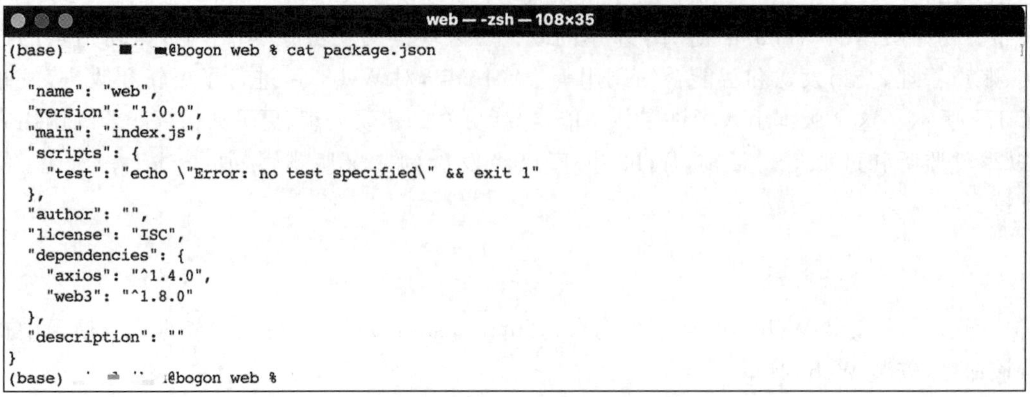

```
(base) @bogon web % cat package.json
{
  "name": "web",
  "version": "1.0.0",
  "main": "index.js",
  "scripts": {
    "test": "echo \"Error: no test specified\" && exit 1"
  },
  "author": "",
  "license": "ISC",
  "dependencies": {
    "axios": "^1.4.0",
    "web3": "^1.8.0"
  },
  "description": ""
}
(base) @bogon web %
```

图 7.9　安装指定版本的 Web3 库

7.2.3　连接到以太坊节点

若希望使用 Web3 库访问以太坊网络，首先需要连接到以太坊节点。

第一种方式是运行自己的 Geth 或者 Parity 节点，启动节点并对外提供连接服务，即可使用 Web3 库进行连接访问。但这种方式需要从以太坊网络下载大量的数据并保持同步，会消耗大量的硬盘存储空间。

第二种方式是使用 Infura 访问以太坊节点。什么是 Infura 呢？Infura 是一个以太坊基础设施服务提供商，它提供了一种简单可靠的方式来与以太坊网络进行交互。Infura 允许开发者通过 API 访问以太坊网络，而无须自己运行和维护以太坊节点。通过使用 Infura 提供的 API，开发者可以发送交易、查询区块链数据和订阅事件等。Infura 负责处理底层的节点管理和数据同步，开发者专注于应用程序的开发，而不必担心节点的运维问题。

在本书的第 2 章内容中，使用 Geth 客户端搭建了私有的区块链网络，优点是：既运行了 Geth 客户端，可以使用 Geth 的功能，又不需要下载和同步以太坊网络的数据，节省了存储空间和内存资源。因此，读者在学习和探索阶段，可以运行 Geth 节点组成的私有区块链网络，用于提供对外访问服务，并使用 Web3 库连接和访问 Geth 节点；进入具体以太坊网络的开发阶段时，再尝试通过 Infura 访问以太坊网络。

以下步骤展示如何使用 Web3 库连接本地 Geth 私有链节点。

(1) 使用与本书第 2 章中私有链搭建相同的配置文件和环境，启动 Geth 节点，运行私有链网络：打开新终端，进入私有链目录，然后启动私有链网络。

```
1  geth --datadir nodedata --networkid 1245 --http --http.port 8545 --
   port 30303 -http.api eth,personal,web3,util,admin,txpool  console
```

私有链 Geth 节点正常启动，如图 7.10 所示。

(2) 在根目录 web 下新建 conn_geth.js 文件，并在该文件中引入已下载的 Web3 模块，尝试连接本地已启动的 Geth 客户端，同时连接本地的 8545 端口，程序如下：

```
1  var Web3 = require("web3");
2  if(typeof web3 != 'undefined'){
3      web3 = new Web3(web3.currentProvider);
```

```
INFO [07-04|17:16:37.772] Loaded local transaction journal        transactions=0 dropped=0
INFO [07-04|17:16:37.773] Regenerated local transaction journal   transactions=0 accounts=0
INFO [07-04|17:16:37.773] Gasprice oracle is ignoring threshold set threshold=2
WARN [07-04|17:16:37.773] Engine API enabled                      protocol=eth
WARN [07-04|17:16:37.773] Engine API started but chain not configured for merge yet
INFO [07-04|17:16:37.774] Starting peer-to-peer node              instance=Geth/v1.10.26-stable-e5eb32ac/darwin-amd64/go1.18
.5
INFO [07-04|17:16:37.913] New local node record                   seq=1,688,460,975,719 id=0ffcedf533e1b46c ip=127.0.0.1 udp
=30303 tcp=30303
INFO [07-04|17:16:37.914] Started P2P networking                  self=enode://44fa232b6e3988f0b7085eba34e192f8be1ea4a2456ed
fd3563b293f17b0edaf7760189b1101362337a349b5935dcd0804d4ad917e4f0762d3139aac2596271b@127.0.0.1:30303
INFO [07-04|17:16:37.916] IPC endpoint opened                     url="[illegible]/node
data/geth.ipc"
INFO [07-04|17:16:37.916] Loaded JWT secret file                  path="[illegible]/nod
edata/geth/jwtsecret" crc32=0xdcff40dd
INFO [07-04|17:16:37.917] HTTP server started                     endpoint=127.0.0.1:8545 auth=false prefix= cors= vhosts=lo
calhost
INFO [07-04|17:16:37.920] WebSocket enabled                       url=ws://127.0.0.1:8551
INFO [07-04|17:16:37.920] HTTP server started                     endpoint=127.0.0.1:8551 auth=true  prefix= cors=localhost
vhosts=localhost
INFO [07-04|17:16:37.965] Etherbase automatically configured      address=0xE8108c702495A3CFBe720f3557AAb6c18afF77FB
Welcome to the Geth JavaScript console!

instance: Geth/v1.10.26-stable-e5eb32ac/darwin-amd64/go1.18.5
coinbase: 0xe8108c702495a3cfbe720f3557aab6c18aff77fb
at block: 0 (Thu Jan 01 1970 08:00:00 GMT+0800 (CST))
 datadir: [illegible]/nodedata
 modules: admin:1.0 debug:1.0 engine:1.0 eth:1.0 ethash:1.0 miner:1.0 net:1.0 personal:1.0 rpc:1.0 txpool:1.0 web3:1.0

To exit, press ctrl-d or type exit
>
```

图 7.10 启动私有链 Geth 节点

```
4  }else {
5        web3 = new Web3(new Web3.providers.HttpProvider("http://localhost:
       8545"));
6  }
7
8  var version = web3.version.api;
9  console.log(version);
10  let account0 = web3.eth.accounts[0];
11  console.log(account0);
12
13  var connet = web3.isConnected();
14  console.log(connet);
```

(3) 新打开一个终端,并切换至 conn_geth.js 文件所在目录下,通过命令"node conn_geth.js"运行该文件,终端中的输出结果如图 7.11 所示。

```
web — -zsh — 108×35
(base) [illegible]@bogon web % node conn_geth.js
1.8.0
(node:99374) ExperimentalWarning: Conditional exports is an experimental feature. This feature could change
at any time
[ '0xE8108c702495A3CFBe720f3557AAb6c18afF77FB' ]
(base) [illegible]@bogon web %
```

图 7.11 conn_geth.js 文件执行结果输出

在 conn_geth.js 程序中,通过 web3.version.api 获取了 Web3 库的版本号;通过 web3.eth.accounts[o]获取了 Geth 节点的账户地址;通过 console.log 在终端中打印输出。

注意:该示例中使用的 Web3 库的版本为 1.8.0。但由于 Web3 库发布的版本较多,且从 0.20.0 到目前最新的 4.x 版本跨度较大,对应的 Web3 库的 API 的设计变化也非常大。因此,读者和开发者在阅读和学习 Web3 库相关资料时,务必要先确定所学习的版本。例如

0.20.0 版本是一个较早的 Web3 库，在 1.0.0 版本中，其 API 的设计就做出了较大的调整，主要调整如下。

- API 设计：0.20.0 版本的 Web3.js 使用回调函数的方式处理异步操作；而 1.0.0 版本采用了 Promise 和 async/await 的方式，使得代码更加简洁和易于理解。
- 包结构：1.0.0 版本的 Web3.js 采用了模块化的包结构，将不同的功能模块分离成单独的包，开发者可以引入所需的模块，减小了整体库的体积。
- 链接提供者：0.20.0 版本的 Web3.js 使用 web3.currentProvider 来获取以太坊节点的链接提供者；1.0.0 版本引入了 web3.providers 模块，使用 web3.providers.HttpProvider 或 web3.providers.WebsocketProvider 来连接以太坊节点。
- 智能合约交互：1.0.0 版本的 Web3.js 引入了更强大和易用的智能合约交互 API，使用 web3.eth.Contract 来代替 0.20.0 版本中的 web3.eth.contract，提供了更多的功能和更好的开发体验。
- 事件订阅：1.0.0 版本的 Web3.js 通过 web3.eth.subscribe 来订阅以太坊事件，支持更多类型的事件订阅；而 0.20.0 版本的 web3.js 使用 web3.eth.filter 来过滤事件。

总之，读者和开发者都要注意自己所参考和使用的 Web3 库的版本。

7.2.4 查看以太坊链上信息

通过 Web3 库，开发者可以查看以太坊区块链网络的状态信息，比如当前区块数量（又称区块高度）、指定区块的信息、指定区块的交易数量和账户地址列表等。在本小节中，我们将逐一展示查看以太坊网络链上状态信息的操作步骤。

在 web 目录下，新建 chain_state.js 文件，编写本小节展示功能的程序代码。首先，同样需要引入 web3 模块，并连接创建 web3 对象。

```
1  var Web3 = require("web3");
2
3  if(typeof web3 != 'undefined'){
4      web3 = new Web3(web3.currentProvider);
5  }else {
6      web3 = new Web3(new Web3.providers.HttpProvider("http://localhost:8545"));
7  }
```

构造了 web3 对象，以供后续功能使用。

1. 获取当前区块高度

在 chain_state.js 文件中添加获取私有链区块高度的代码，并输出获取的结果。

```
1  //获取区块数量
2  web3.eth.getBlockNumber().then(function(res){
3      console.log("当前区块高度:" + res);
4  });
```

在私有链 Geth 节点已经启动运行的情况下，在另外一个终端中执行“node chain_state.js”命令，运行 chain_state.js 文件，终端中输出私有链节点的区块个数，即当前的区块高度，如图 7.12 所示。

```
web — -zsh — 108×35
(base) ■` ` `` ■1@bogon web % node chain_state.js


(node:99478) ExperimentalWarning: Conditional exports is an experimental feature. This feature could change
at any time
当前区块高度:17
```

图 7.12 获取区块高度

2. 获取指定区块信息

添加获取指定区块信息的代码,并输出区块信息。

```
1  //获取指定区块信息
2  const blockNumber = 0; //要获取的区块索引号
3  web3.eth.getBlock(blockNumber).then(function(res){
4      console.log(blockNumber + "区块的信息:");
5      console.log(res);
6  });
```

执行 chain_state.js 文件,输出区块高度为 0 的第一个区块的信息,如图 7.13 所示。

```
web — -zsh — 108×35
0区块的信息:
{
  difficulty: '131072',
  extraData: '0x',
  gasLimit: 4294967295,
  gasUsed: 0,
  hash: '0x04786260f9e2b8a341a6a07949d74365c53bc4fd1edb00ff3b5f209f86906579',
  logsBloom: '0x00000000000000000000000000000000000000000000000000000000000000000000000000000000000000000000
000000000000000000000000000000000000000000000000000000000000000000000000000000000000000000000000000000000000
000000000000000000000000000000000000000000000000000000000000000000000000000000000000000000000000000000000000
000000000000000000000000000000000000000000000000000000000000000000000000000000000000000000000000000000000000
000000000000000000000000000000000000000000000000000000000000000000000000000000000000000000000000',
  miner: '0x0000000000000000000000000000000000000000',
  mixHash: '0x0000000000000000000000000000000000000000000000000000000000000000',
  nonce: '0x0000000000000042',
  number: 0,
  parentHash: '0x0000000000000000000000000000000000000000000000000000000000000000',
  receiptsRoot: '0x56e81f171bcc55a6ff8345e692c0f86e5b48e01b996cadc001622fb5e363b421',
  sha3Uncles: '0x1dcc4de8dec75d7aab85b567b6ccd41ad312451b948a7413f0a142fd40d49347',
  size: 508,
  stateRoot: '0x56e81f171bcc55a6ff8345e692c0f86e5b48e01b996cadc001622fb5e363b421',
  timestamp: 0,
  totalDifficulty: '131072',
  transactions: [],
  transactionsRoot: '0x56e81f171bcc55a6ff8345e692c0f86e5b48e01b996cadc001622fb5e363b421',
  uncles: []
}
```

图 7.13 获取指定区块信息

3. 获取指定区块的交易数量

继续在 chain_state.js 文件中编写代码,通过 Web3 库的 API 获取指定区块的交易数量。

```
1  //获取指定区块的交易数量
2  web3.eth.getBlockTransactionCount(blockNumber).then(function(res){
3      console.log(blockNumber + "区块中的交易数量:" + res);
4  });
```

程序运行后,将会输出指定高度的区块的交易数量。在本例中,高度为 0 的区块中没有交易，因此查询结果为 0，如图 7.14 所示。

```
web — -zsh — 108×35
(base) ...@bogon web % node chain_state.js

(node:99478) ExperimentalWarning: Conditional exports is an experimental feature. This feature could change
at any time
当前区块高度:17
0区块中的交易数量:0
```

图 7.14 获取指定区块的交易数量

4. 获取账户地址列表

继续在 chain_state.js 文件中编写程序，使用 Web3 库的 API 调用获取连接节点的账户地址列表。

```
1  //获取账户地址列表
2  web3.eth.getAccounts().then(function(res){
3      console.log("账户地址列表:");
4      console.log(res);
5  });
```

上述程序将会通过 Web3 库的 API 获取连接节点下的账户地址列表数据，并输出到控制台。在本例中，所连接的私有链节点中只有一个账户地址，因此返回的数组中只包含一个元素，如图 7.15 和图 7.16 所示。

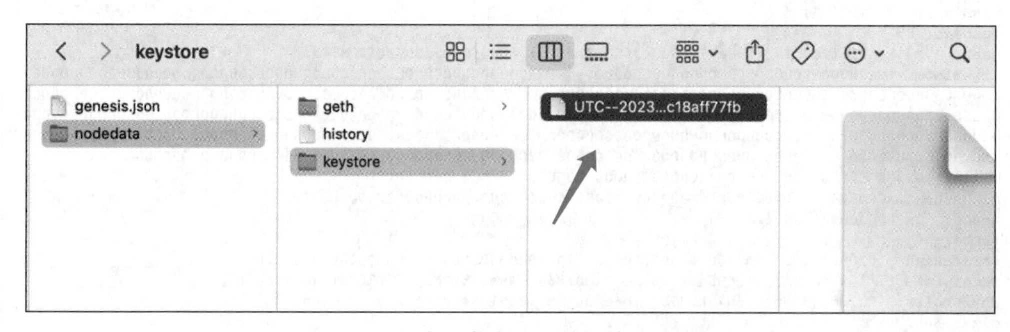

图 7.15 私有链节点生成的账户 keystore

```
web — -zsh — 108×18
  miner: '0x0000000000000000000000000000000000000000',
  mixHash: '0x0000000000000000000000000000000000000000000000000000000000000000',
  nonce: '0x0000000000000042',
  number: 0,
  parentHash: '0x0000000000000000000000000000000000000000000000000000000000000000',
  receiptsRoot: '0x56e81f171bcc55a6ff8345e692c0f86e5b48e01b996cadc001622fb5e363b421',
  sha3Uncles: '0x1dcc4de8dec75d7aab85b567b6ccd41ad312451b948a7413f0a142fd40d49347',
  size: 508,
  stateRoot: '0x56e81f171bcc55a6ff8345e692c0f86e5b48e01b996cadc001622fb5e363b421',
  timestamp: 0,
  totalDifficulty: BigNumber { s: 1, e: 5, c: [ 131072 ] },
  transactions: [],
  transactionsRoot: '0x56e81f171bcc55a6ff8345e692c0f86e5b48e01b996cadc001622fb5e363b421',
  uncles: []
}
账户地址列表:
[ '0xe8108c702495a3cfbe720f3557aab6c18aff77fb' ]
(base) ...@bogon web %
```

图 7.16 通过 Web3 获取私有链的账户地址

可见,查询到的账户地址列表个数与私有链管理下的 keystore 个数相同且对应,表示该功能正常。

本小节通过使用 Web3 库并编写程序,获取私有链网络的基本状态信息,进一步熟悉了 Web3 库及其使用方法。实际上,Web3 库所包含的 API 非常丰富且功能强大,后续的内容中会继续深入学习。

7.2.5　Web3 库的 API 介绍

Web3 库提供的丰富的 API 被封装在不同的功能模块中。熟悉这些库的模块,可以帮助开发者快速定位并找到符合需求的 API。以本书中使用的 1.8.0 版本为例,一个 web3 对象主要包含以下几个类别的操作。

- web3.eth:以太坊核心 API,用于与以太坊网络进行交互,包括获取区块信息、交易信息和账户余额等。
- web3.eth.subscribe:定义以太坊区块链上的事件。
- web3.eth.Contract:与以太坊智能合约进行交互的类,用于创建、部署智能合约并与其进行交互。
- web3.eth.accounts:用于管理以太坊账户的命名空间,包括创建账户、转换私钥为账户对象和签名交易等。
- web3.eth.personal:用于管理以太坊个人账户的扩展 API,包括创建账户、解锁账户和签名交易等。
- web3.eth.ens:ENS(ethereum name service)是以太坊的域名服务,它将人类可读的域名映射到以太坊地址、内容哈希或其他以太坊资源。web3.eth.ens 提供了一系列方法和属性,用于解析和管理 ENS 域名。
- web3.eth.Iban:以太坊国际银行账号(IBAN)是一种标准化的以太坊地址表示方法,用于在以太坊网络中进行跨国转账。web3.eth.Iban 提供了处理 IBAN 地址和相关操作的方法。
- web3.eth.abi:用于处理以太坊智能合约 ABI 的工具类。
- web3.*.net:net 模块提供了与以太坊网络连接和获取网络状态相关的方法和属性。
- web3.bzz:Swarm 是以太坊的去中心化存储和分发平台,它提供了分布式文件存储和访问的功能。web3.bzz 中封装并提供了一系列方法和属性,用于与 Swarm 网络进行文件上传、下载和访问等操作,并实现分布式内容的存储和检索。
- web3.shh:Whisper 是以太坊的点对点消息传递协议,它提供了加密、匿名和不可变性的消息传递功能。web3.shh 提供了一系列方法和属性,用于发送和接收 Whisper 消息,以及管理 Whisper 的身份和过滤条件,实现点对点的加密通信。
- web3.utils:常用的工具函数,用于处理以太坊相关的数据类型和操作,如转换单位、处理地址和处理字节码等。

上述 web3 中所包含的操作和其中所包含的命名空间对应的操作详细介绍如下。

- web3.eth:主要封装了与以太坊网络进行交互的 API,比如:
  - web3.eth.getAccounts():获取当前连接的以太坊节点上的所有账户。
  - web3.eth.getBalance(address [,defaultBlock]):获取指定地址的以太坊余额。

• web3. eth. getTransactionCount(address [,defaultBlock]):获取指定地址的交易数量。
• web3. eth. sendTransaction(transactionObject [,callback]):发送以太坊交易。
• web3. eth. getBlock(blockHashOrBlockNumber [,returnTransactionObjects]):获取指定区块的信息。
• web3. eth. getCode(address [,defaultBlock]):获取智能合约的字节码。
• web3. eth. contract(abi):与智能合约进行交互的 API。
• web3. eth. getBlock(blockHashOrBlockNumber[,returnTransactionObjects][,callback]):获取指定区块的信息,如区块号、时间戳和交易列表等。
• web3. eth. getTransaction():获取指定交易的信息,如发送者、接收者和交易数据等。

➢ web3. eth. subscribe:封装了用于订阅以太坊事件的 API。

web3. eth. subscribe('logs' [,options] [,callback]):订阅日志事件。

➢ web3. eth. Contract:提供了一系列方法和属性,用于创建、部署智能合约并与其进行交互。web3. eth. Contract 的主要功能如下。

• new web3. eth. Contract(jsonInterface[,address][,options]):创建一个智能合约实例,如 myContract。jsonInterface 是智能合约的 ABI,address 是合约部署的地址,options 是可选的配置参数。
• myContract. methods. myMethod([param1[,param2[,...]]]):调用智能合约的方法。myMethod 是合约中定义的方法名,param1、param2 是方法的参数。
• myContract. events. myEvent([options]):订阅智能合约的事件。myEvent 是合约中定义的事件名,options 是可选的配置参数。
• myContract. deploy({data:bytecode,arguments:[param1,param2,...]}):部署智能合约。bytecode 是合约的二进制代码,arguments 是构造函数的参数。
• myContract. options:合约的配置选项,如默认账户、默认 Gas 限制等。
• myContract. methods:合约的方法集合,包含合约中定义的所有方法。
• myContract. events:合约的事件集合,包含合约中定义的所有事件。

➢ web3. eth. accounts:封装了用于管理以太坊账户的相关 API,比如:

• web3. eth. accounts. create():创建一个新的以太坊账户,返回一个包含私钥和公钥的对象。
• web3. eth. accounts. privateKeyToAccount():将私钥转换为以太坊账户对象。
• web3. eth. accounts. signTransaction():使用指定的私钥对交易进行签名。
• web3. eth. accounts. recoverTransaction():从交易中恢复签名者的地址。
• web3. eth. accounts. encrypt():使用指定的密码对私钥进行加密,生成加密的 JSON 格式的 keystore 文件。
• web3. eth. accounts. decrypt():使用指定的密码和 keystore 文件解密私钥。
• web3. eth. accounts. wallet:一个包含已解锁账户的钱包对象,可以用于管理多个账户和签名交易。

➢ web3. eth. personal:封装了与以太坊个人账户进行交互的 API,例如:

• web3. eth. personal. unlockAccount(address,password [,duration]):解锁指定地址的以太坊账户。

- web3. eth. personal. lockAccount(address[,callback]):锁定某个以太坊账户。
- web3. eth. personal. newAccount(password,[callback]):创建一个新的以太坊账户。
- web3. eth. personal. signTransaction(transaction,password [,callback]):用于签名一笔交易。
- web3. eth. personal. sendTransaction(transactionOptions,password [,callback]):用于发送一笔交易。

➢ web3. eth. ens:用于解析和管理 ENS 域名。主要功能如下。

- web3. eth. ens. getAddress():获取指定 ENS 域名的关联地址。
- web3. eth. ens. getName():获取指定地址的关联 ENS 域名。
- web3. eth. ens. setContent():设置指定 ENS 域名的内容。
- web3. eth. ens. setSubnodeOwner():设置指定 ENS 域名下子节点的所有者。
- web3. eth. ens. setResolver():设置指定 ENS 域名的解析器。
- web3. eth. ens. setOwner():设置指定 ENS 域名的所有者。
- web3. eth. ens. setTTL():设置指定 ENS 域名的 TTL(生存时间)。
- web3. eth. ens. setSubnodeRecord():设置指定 ENS 域名下子节点的记录。
- web3. eth. ens. resolver():获取指定 ENS 域名的解析器地址。
- web3. eth. ens. owner():获取指定 ENS 域名的所有者地址。
- web3. eth. ens. ttl():获取指定 ENS 域名的 TTL(生存时间)。
- web3. eth. ens. reverse():获取指定地址的反向解析 ENS 域名。

➢ web3. eth. Iban 主要的函数如下。

- web3. eth. Iban. fromAddress(address):将以太坊地址转换为对应的 IBAN 地址。
- web3. eth. Iban. fromBban(bban):根据国家代码和基本账号号码(BBAN)创建 IBAN 地址。
- iban. toAddress():将 IBAN 地址转换为对应的以太坊地址。
- iban. checksum():获取 IBAN 地址的校验和。
- iban. isValid():检查 IBAN 地址是否有效。
- iban. isDirect():检查 IBAN 地址是否为直接转账地址。
- iban. isIndirect():检查 IBAN 地址是否为间接转账地址。
- iban. toIBAN():获取标准格式的 IBAN 地址。

➢ web3. eth. abi 主要的操作函数如下。

- web3. eth. abi. encodeFunctionSignature(functionName):根据函数名称生成函数签名,用于在合约调用中标识函数。
- web3. eth. abi. encodeEventSignature(eventName):根据事件名称生成事件签名,用于在合约事件监听中标识事件。
- web3. eth. abi. encodeParameter(type,value):将给定的值编码为指定类型的 ABI 参数。
- web3. eth. abi. encodeParameters(typesArray,valuesArray):将给定的值数组按照对应的类型数组进行编码。
- web3. eth. abi. encodeFunctionCall(abiItem,values):根据函数的 ABI 描述和参数值

数组生成函数调用数据。
- web3. eth. abi. decodeParameter(type,encodedValue):将给定的 ABI 编码的参数值解码为指定类型的值。
- web3. eth. abi. decodeParameters(typesArray,encodedData):将给定的 ABI 编码的参数数据解码为对应的类型数组。

➢ web3. *. net:在 Web3. js 库中,web3. *. net 命名空间有以下几个子命名空间。
- web3. eth. net:用于获取以太坊网络的信息和状态。
- web3. bzz. net:用于获取 Swarm 网络的信息和状态。
- web3. shh. net:用于获取 Whisper 协议网络的信息和状态。

在这里我们重点关注 web3. eth. net,其中所包含的状态信息和函数如下。
- web3. eth. net. getId():获取当前连接的以太坊网络的 ID。
- web3. eth. net. isListening():检查当前节点是否正在监听网络连接。
- web3. eth. net. getPeerCount():获取当前节点连接的对等节点数量。

➢ web3. bzz 主要功能如下。
- web3. bzz. upload():上传文件到 Swarm 网络。
- web3. bzz. download():从 Swarm 网络下载文件。
- web3. bzz. list():列出指定路径下的文件和目录。
- web3. bzz. getInfo():获取指定内容的元数据信息。
- web3. bzz. retrieve():从 Swarm 网络检索指定内容的原始数据。
- web3. bzz. isAvailable():检查指定内容是否在 Swarm 网络上可用。
- web3. bzz. isFile():检查指定路径是否是一个文件。
- web3. bzz. isDir():检查指定路径是否是一个目录。
- web3. bzz. createFeed():创建一个 Swarm Feed,用于发布和更新订阅内容。

➢ web3. shh 主要功能如下。
- web3. shh. newKeyPair():生成一个新的 Whisper 密钥对。
- web3. shh. addPrivateKey():将私钥添加到 Whisper 身份中。
- web3. shh. deleteKeyPair():删除指定的 Whisper 密钥对。
- web3. shh. getPublicKey():获取指定 Whisper 身份的公钥。
- web3. shh. getPrivateKey():获取指定 Whisper 身份的私钥。
- web3. shh. getSymKeyFromPrivateKey():从私钥获取对应的 Whisper 对称密钥。
- web3. shh. generateSymKeyFromPassword():根据密码生成一个 Whisper 对称密钥。
- web3. shh. post():发送 Whisper 消息。
- web3. shh. subscribe():订阅符合指定过滤条件的 Whisper 消息。
- web3. shh. newMessageFilter():创建一个用于过滤指定条件的 Whisper 消息过滤器。
- web3. shh. deleteMessageFilter():删除指定的 Whisper 消息过滤器。

➢ web3. utils:utils 提供了一系列与以太坊开发相关的实用工具方法。web3. utils 的主要功能如下。
- web3. utils. toWei():将以太坊的数量转换为 Wei 单位。
- web3. utils. fromWei():将以太坊的数量从 Wei 单位转换为指定单位。

- web3. utils. toBN():将数字或字符串转换为 BigNumber 对象,用于处理大数。
- web3. utils. isAddress():检查指定字符串是不是有效的以太坊地址。
- web3. utils. isBN():检查指定对象是不是 BigNumber 对象。
- web3. utils. hexToAscii():将十六进制字符串转换为 ASCII 字符串。
- web3. utils. asciiToHex():将 ASCII 字符串转换为十六进制字符串。
- web3. utils. hexToUtf8():将十六进制字符串转换为 UTF-8 字符串。
- web3. utils. utf8ToHex():将 UTF-8 字符串转换为十六进制字符串。
- web3. utils. sha3():计算给定数据的 SHA3 哈希值。

本小节中关于 Web3 库 API 的介绍只是其中一部分,如果读者希望更加全面地学习和掌握 Web3 库,可以访问 Web3. js 的官方说明文档。

7.2.6 使用 Web3 编译部署合约

通过本书前面的章节的学习,读者已经掌握了 Solidity 编程语法,同时学习了如何编写规范且符合要求的智能合约程序,并通过在线 IDE Remix 工具进行了编译、部署以及调用操作。在本章学习了 Web3. js 库极其丰富的 API 后,我们尝试通过 Web3. js 库,实现对智能合约的编译和部署。

1. 编写智能合约

开发者首先需要使用编程工具,编写符合规范的智能合约程序。有一些集成开发环境(IDE)专门支持 Solidity 智能合约的开发,如 Visual Studio Code(使用 Solidity 插件)、Atom(使用 Solidity 插件)和 IntelliJ IDEA(使用 Solidity 插件)等,开发者可以根据自己的习惯和偏好进行选择。

在本例中,编写一个简单的智能合约程序,命名为 SimpleStorage. sol,在该合约中仅存储一个 uint256 类型的变量,智能合约源代码如下:

```
1  //SPDX-License-Identifier: GPL-3.0
2  pragma solidity >=0.8.2 <0.9.0;
3
4  contract SimpleStorage {
5      uint256 public data;
6
7      function setData(uint256 _data) public {
8          data = _data;
9      }
10 }
```

上述示例合约程序中,定义了 uint256 类型的状态变量 data,并提供了 setData 函数供外部调用,用于设置 data 变量的数值。

2. 编译智能合约

编写好智能合约文件后,需要对智能合约进行编译。在前文中,可以使用 IDE Remix 中自带的编译器进行编译,此处选择通过 Web3 库进行编译。

在前文的 web 项目根目录下,新建 contracts 目录,并将 SimpleStorage. sol 文件保存至 contracts 目录中。项目目录结构如图 7.17 所示。

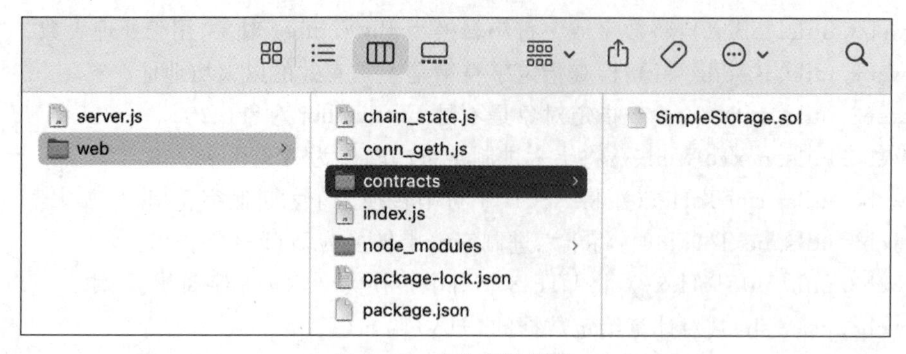

图 7.17 合约存储目录

接下来需要新建 JavaScript 文件，并编写编译合约的程序代码。在 web 目录下新建名为 compile.js 的文件，并编写代码。compile.js 文件的源代码如下：

```
1  const path = require('path');
2  const fs = require('fs');
3  const solc = require('solc');
4
5  const contractDir = './contracts/SimpleStorage.sol';
6  const contractPath = path.resolve(__dirname, contractDir);
7  const contractSource = fs.readFileSync(contractPath, 'utf8');
8
9  const input = {
10     language: 'Solidity',
11     sources: {
12         'SimpleStorage.sol': {
13             content:contractSource,
14         },
15     },
16     settings: {
17         outputSelection: {
18             '*': {
19                 '*': ['*'],
20             },
21         },
22     },
23 };
24
25 const output = JSON.parse(solc.compile(JSON.stringify(input)));
26
27 //bytecode
28 const contractBytecode =
29 output.contracts['SimpleStorage.sol']['SimpleStorage'].evm.bytecode.object;
30 //abi
31 const contractAbi = output.contracts['SimpleStorage.sol']['SimpleStorage'].abi;
32
33 console.log("智能合约字节码数据:" + contractBytecode);
34 console.log("智能合约 ABI 数据:" + JSON.stringify(contractAbi));
```

上述 JavaScript 程序中，使用了三个模块或依赖库，分别是 path 模块、fs 模块和 solc 库。它们的作用分别如下。

➢ path 模块：path 是 Node.js 的内置模块，用于处理文件路径。该模块提供了一系列的方法，用于解析、拼接和转换文件路径。程序中直接通过 require 引入 path 模块即可使用。path 模块的一些常用方法如下。

- path.join([...paths])：将多个路径片段连接起来，并返回规范化的路径。
- path.resolve([...paths])：将多个路径片段解析为绝对路径，并返回规范化的路径。相对路径将根据当前工作目录进行解析。
- path.basename(path[,ext])：返回路径的最后一部分(文件名)，可选择性地指定扩展名。
- path.dirname(path)：返回路径的目录部分。
- path.extname(path)：返回路径的扩展名部分。

在本示例中，使用了 path 模块的 resolve 方法。

➢ fs 模块：fs 模块是 Node.js 官方提供的用来操作文件的模块，包括文件的读取和写入等操作。该模块提供了一系列的方法，用来满足使用者对文件的操作需求。若在 js 文件中使用 fs 模块，可以使用 require 进行导入。fs 模块的常用方法如下。

- fs.mkdir(path[,options],callback)：根据 path 创建一个目录。
- fs.readdir(path,callback)：读取某个目录的方法，返回一个数组。
- fs.writeFile(file,data[,options],callback)：向某个文件中写入数据。该文件与 fs.writeFileSync()方法的作用相同，区别在于一个是异步的，另一个是同步的。在本例中使用的是后者。

➢ solc 库：Solidity Compiler(简称 solc)是 Solidity 智能合约编译器，用于将 Solidity 源代码转换为以太坊虚拟机可以执行的字节码。solc 是以太坊生态系统中最常用和最受认可的 Solidity 编译器之一。开发者可以通过 npm 包管理器安装 solc 库。在 Node.js 中，可以使用 solc 将 Solidity 源代码编译为字节码和 ABI，以便在以太坊网络上部署和执行智能合约。本例在终端中切换至 web 目录下，执行 npm install solc 命令，安装 solc 库。安装完成后查看 web 目录下的 package.json 文件，可以发现已经成功依赖了 solc 库，如图 7.18 所示。

```
web — -zsh — 108×35
(base) [illegible]1@bogon web % cat package.json
{
  "name": "web",
  "version": "1.0.0",
  "main": "index.js",
  "scripts": {
    "test": "echo \"Error: no test specified\" && exit 1"
  },
  "author": "",
  "license": "ISC",
  "dependencies": {
    "axios": "^1.4.0",
    "solc": "^0.8.20",
    "web3": "^1.8.0"
  },
  "description": ""
}
(base) [illegible]1@bogon web %
```

图 7.18　使用 npm 安装 solc 库

成功安装 solc 库并编写完 compile.js 代码逻辑后，在终端中通过命令“node compile.js”执行编译文件，程序执行完成后有两个输出，分别是：智能合约的字节码数据和 ABI 数据，如图 7.19 所示。

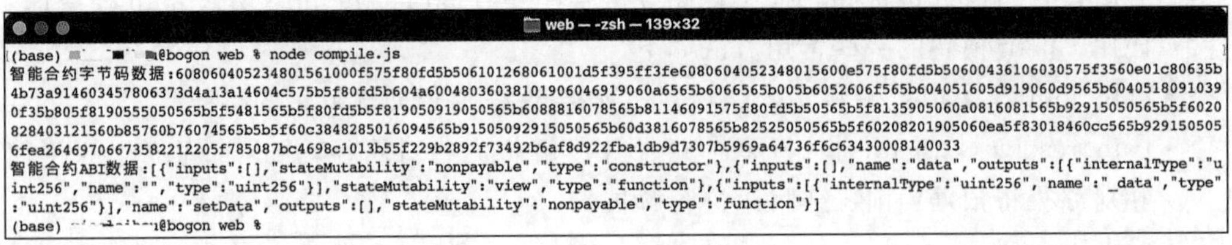

```
web — -zsh — 139×32
(base)       @bogon web % node compile.js
智能合约字节码数据:608060405234801561000f575f80fd5b506101268061001d5f395ff3fe6080604052348015600e575f80fd5b5060043610603057 5f3560e01c80635b
4b73a914603457806373d4a13a14604c575b5f80fd5b604a60048036038101906046919060a6565b6066565b005b6052606f565b604051605d919060d9565b6040518091039
0f35b805f8190555050565b5f5481565b5f80fd5b5f819050919050565b6088816078565b81146091575f80fd5b50565b5f8135905060a0816081565b92915050565b5f6020
828403121560b85760b76074565b5b5f60c3848285016094565b91505092915050565b60d3816078565b82525050565b5f60208201905060ea5f83018460cc565b929150505
6fea26469706673582212205f785087bc4698c1013b55f229b2892f73492b6af8d922fba1db9d7307b5969a64736f6c63430008140033
智能合约ABI数据:[{"inputs":[],"stateMutability":"nonpayable","type":"constructor"},{"inputs":[],"name":"data","outputs":[{"internalType":"u
int256","name":"","type":"uint256"}],"stateMutability":"view","type":"function"},{"inputs":[{"internalType":"uint256","name":"_data","type"
:"uint256"}],"name":"setData","outputs":[],"stateMutability":"nonpayable","type":"function"}]
(base)       @bogon web %
```

图 7.19 编译输出结果

上述合约中 contractAbi 是对象，为了方便读者观察，使用 JSON 库对 ABI 数据进行了处理。

3. 部署智能合约

在 compile.js 文件中继续编写代码，实现部署合约的功能。新增代码如下：

```
1  ...//导入其他库
2  const Web3 = require('web3');//导入 web3 库
3
4  //创建 web3 对象
5  if(typeof web3 ! = 'undefined'){
6    web3 = new Web3(web3.currentProvider);
7  }else {
8    web3 = new Web3(new Web3.providers.HttpProvider("http://localhost:8545"));
9  }
10
11  ...//省略编译的代码
12
13  //合约
14  contract = new web3.eth.Contract(contractAbi);
15
16  web3.eth.getAccounts().then(function(accounts){
17      //显示所有账户
18      console.log("Accounts:", accounts);
19
20      mainAccount = accounts[0];
21
22      //要部署的智能合约地址
23      console.log("Default Account:", mainAccount);
24
25      contract
26          .deploy({ data: '0x'+ contractBytecode })
27          .send({ from: mainAccount, gas: '80000000' })
28          .on("receipt", function(error,receipt){
29              //智能合约地址
30              console.log("Contract Address:", receipt.contractAddress);
31          });
32  });
```

上述代码编写完成后，原本的 compile.js 就具备了两个功能，即编译和部署合约。因此修改 compile.js 文件名为 compile_deploy.js。

上述部署程序中，首先通过 web3.eth.Contract 构造一个新的合约实例，其次通过 web3.eth.getAccounts()获取所连接节点的账户列表，最后借助 then 中的回调函数处理函数返回后的逻辑，获取账户列表的第一个账户信息。通过调用合约对象的 deploy 函数设置要部署的合约数据，接着调用 send 函数发送该合约部署的交易。在本书前文已经提到，无论是新建合约还是普通转账，本质都是在区块链网络上发起一笔交易。另外，通过 on 监听 receipt 交易事件，并输出部署好的合约地址信息到终端窗口。

接下来启动私有链的 Geth 节点，并执行 compile_deploy.js 文件。在执行编译和部署过程中会出现一些问题，此处作以下说明和解释。

(1) 终端窗口 1 中，私有链 Geth 节点正常启动后，在终端窗口 2 中尝试通过命令 node comile_deploy.js 执行该文件，终端通常会输出如图 7.20 所示错误。

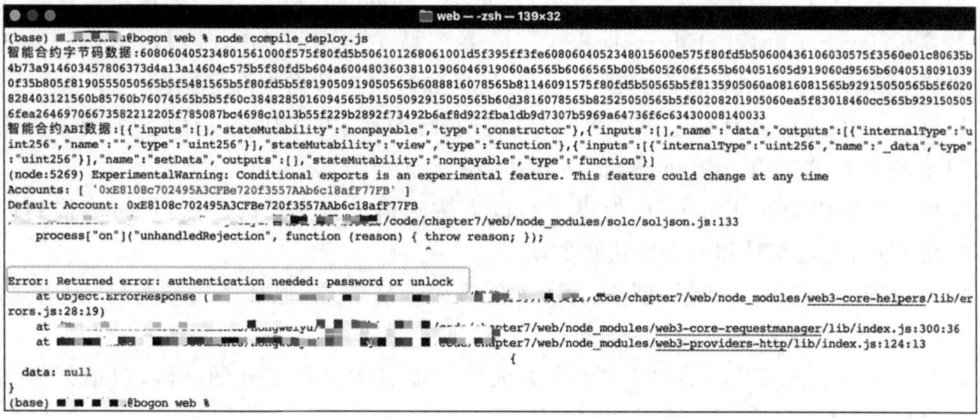

```
web — -zsh — 139×32
(base) @bogon web % node compile_deploy.js
智能合约字节码数据:6080604052348015610 00f575f80fd5b506101268061001d5f395ff3fe6080604052348015600e575f80fd5b5060043610603057 5f3560e01c80635b4b73a914603457806373d4a13a14604c575b5f80fd5b604a600480360381019060469190 60a6565b6066565b005b6052606f565b604051605d919060d9565b60405180910390f35b805f81905550505 65b5f5481565b5f80fd5b5f819050919050565b6088816078565b8114609157 5f80fd5b50565b5f8135905060a0816081565b92915050565b5f6020828403121560b85760b76074565b5b5f 60c384828501609456 5b91505092915050565b60d3816078565b82525050565b5f60208201905060ea5f83018460cc565b92915050 56fea26469706673582212205f785087bc4698c1013b55f229b2892f73492b6af8d922fba1db9d7307b5969a64736f6c63430008140033
智能合约ABI数据:[{"inputs":[],"stateMutability":"nonpayable","type":"constructor"},{"inputs":[],"name":"data","outputs":[{"internalType":"uint256","name":"","type":"uint256"}],"stateMutability":"view","type":"function"},{"inputs":[{"internalType":"uint256","name":"_data","type":"uint256"}],"name":"setData","outputs":[],"stateMutability":"nonpayable","type":"function"}]
(node:5269) ExperimentalWarning: Conditional exports is an experimental feature. This feature could change at any time
Accounts: [ '0xE8108c702495A3CFBe720f3557AAb6c18afF77FB' ]
Default Account: 0xE8108c702495A3CFBe720f3557AAb6c18afF77FB
/code/chapter7/web/node_modules/solc/soljson.js:133
    process["on"]("unhandledRejection", function (reason) { throw reason; });
                                                            ^

Error: Returned error: authentication needed: password or unlock
    at Object.ErrorResponse (/code/chapter7/web/node_modules/web3-core-helpers/lib/errors.js:28:19)
    at /chapter7/web/node_modules/web3-core-requestmanager/lib/index.js:300:36
    at chapter7/web/node_modules/web3-providers-http/lib/index.js:124:13
                                                                              {
  data: null
}
(base) @bogon web %
```

图 7.20　compile_deploy.js 文件执行错误

上述错误提示在使用账户进行部署智能合约前，应先进行账户解锁。因此需要到终端窗口 1 中执行账户解锁操作，账户解锁的命令如下：

```
personal.unlockAccount(eth.accounts[0]);
```

上述命令用于解锁指定的账户，需要输入账户密码进行解锁。但在该例中，解锁账户会提示失败，如图 7.21 所示。

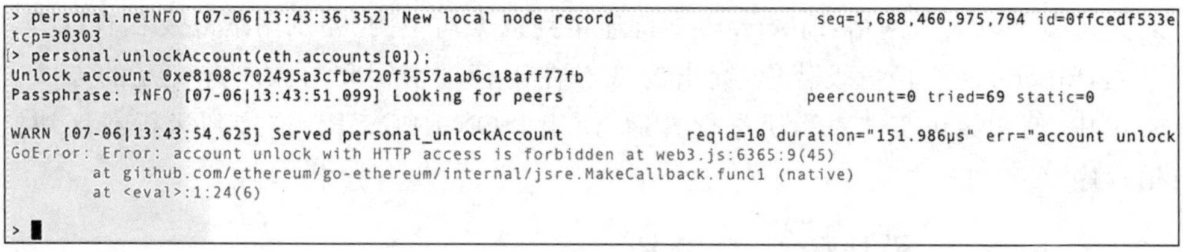

```
> personal.neINFO [07-06|13:43:36.352] New local node record                    seq=1,688,460,975,794 id=0ffcedf533e
tcp=30303
> personal.unlockAccount(eth.accounts[0]);
Unlock account 0xe8108c702495a3cfbe720f3557aab6c18aff77fb
Passphrase: INFO [07-06|13:43:51.099] Looking for peers                        peercount=0 tried=69 static=0

WARN [07-06|13:43:54.625] Served personal_unlockAccount              reqid=10 duration="151.986μs" err="account unlock
GoError: Error: account unlock with HTTP access is forbidden at web3.js:6365:9(45)
        at github.com/ethereum/go-ethereum/internal/jsre.MakeCallback.func1 (native)
        at <eval>:1:24(6)

>
```

图 7.21　解锁账户报错截图

出现上述错误的原因是，Geth 客户端基于安全考虑，默认禁止 HTTP 通道解锁账户的操作。

(2) 若要解决解锁账户失败的问题，可以在启动 Geth 客户端的命令中增加 --allow-insecure-unlock 配置选项进行设置。因此，重启 Geth 客户端，使用如下命令：

```
1  geth --datadir nodedata --networkid 1245 --http --http.port 8545 --
   port 30303 -http.api eth,personal,web3,util,admin,txpool   --allow-
   insecure-unlock console
```

解决了上述两个错误后，再次进行账户解锁操作，即可正常执行 compile_deploy.js 文件，进行合约编译和部署。

7.3 Ethers.js 使用方法

7.3.1 Ethers.js 简介

Ethers.js 是以太坊开发工具套件(ethereum development kit)，是一个用于构建以太坊应用程序的 JavaScript 库。Ethers.js 提供了一系列易于使用的 API，使得以太坊开发人员可以在 JavaScript 中完成智能合约编写、交易发送和区块链数据查询等操作。

Ethers.js 库的设计目标是提供更简单、更便捷的操作方式和交互体验，采用了更简洁的 API 和更清晰的结构。Ethers.js 的主要功能特点如下。

- 以太坊网络交互：Ethers.js 提供了与以太坊网络进行交互的功能，包括连接到以太坊节点、发送交易和查询区块链数据等。
- 账户管理：Ethers.js 允许创建、导入和管理以太坊账户，包括生成私钥、公钥和地址，以及对账户进行签名和加密操作。
- 智能合约交互：Ethers.js 提供了与以太坊智能合约进行交互的功能，包括部署智能合约、调用合约方法和监听合约事件等。
- 交易操作：Ethers.js 允许创建和发送以太坊交易，包括指定交易的发送者、接收者、金额和 Gas 费用等。
- 事件监听：Ethers.js 允许监听以太坊网络上的事件，包括区块确认、交易确认和智能合约事件等。
- 工具函数：Ethers.js 提供了一些实用的工具函数，用于处理以太坊地址、转换数据类型和计算哈希值等。
- 钱包集成：Ethers.js 可以与各种以太坊钱包集成，包括 MetaMask、WalletConnect 等。
- 支持多个以太坊网络：Ethers.js 支持连接到以太坊主网、测试网络以及私有链等。

总之，Ethers.js 以轻量级著称，突出的特点在于管理密钥和与区块链交互的方式。在 Ethers.js 中，使用钱包实体对私钥进行管理，使用 JSON-RPC URL 连接到运行在区块链上的应用程序。

7.3.2 Ethers.js 模块及 API 介绍

在 Ethers.js 中，包含提供者、合约、钱包和工具四个模块，它们构成了 Ethers.js API 的核心。读者可以访问 Ethers.js 的官方文档了解更多详细内容。

1. 提供者

提供者(provider)是一个连接以太坊网络的抽象,用于查询以太坊网络状态或者发送更改状态的交易。EtherscanProvider 和 InfuraProvider 连接由第三方服务商 Etherscan 和 Infura 提供的公开节点,无须自己运行任何以太坊节点。JsonRpcProvider 和 IpcProvider 允许连接到开发者自己控制或可以访问的以太坊节点(包括主网、测试网、权威证明(PoA)节点或 Geth、Ganache 等)。

Provider 可以使用的常用方法如下。

- getBalance(address [,blockTag=latest]):返回指定地址的账户余额。
- getCode(address [,blockTag=latest]):返回指定地址对应的合约字节码数据。
- getTransactionCount(address [,blockTag = latest]):获取指定地址转账的数量。
- getBlock(block):获取指定区块高度的区块信息。
- getBlockNumber():返回当前连接节点的区块高度。
- getGasPrice():返回当前连接节点的 Gas 价格信息。
- getNetWork():返回当前连接节点的区块链网络信息。
- call(transaction [,blockTag=latest]):执行一笔交易。
- estimateGas(transaction):预估交易的费用,返回预估需要消耗的 Gas 数量。
- getTransaction(hash):根据指定的哈希值获取交易详细信息。
- sendTransaction(transaction):发送一笔交易。
- on(eventName,listener):添加对某个事件的监听。
- once(eventName,listener):对某事件执行一次监听,之后移除。

除了上述列出的方法以外,Provider 还有很多其他的方法,读者可以阅读 Ethers.js 的说明文档进行学习。

2. 合约

合约是在以太坊区块链上可执行程序的抽象。合约由两部分组成:代码(称为字节码)以及分配的长期存储(storage)。每个已部署的合约都有一个地址,可以通过该地址连接到合约,也可以通过该地址向智能合约发送消息来调用合约方法。合约还可以触发事件,可以应用于程序监听(也称订阅),当合约执行了特定操作时,应用程序将收到通知。事件是无法在合约内读取的。Ethers.js 中合约模块的 API 提供了连接一个合约并调用其方法的简单方法,作为 JavaScript 对象上的函数,可以处理所有的二进制协议转换、内部名称修改和主题构造。这使得合约对象可以像任何标准的 JavaScript 对象一样使用,而不必担心以太坊虚拟机或区块链的底层实现细节。合约(Ethers.js 库中称为 Contract)对象是一个元类,它是一个在运行时定义的类。它可以提供合约定义并将可用的方法和事件动态添加到对象中。

Contract 中可以使用的方法主要如下。

- new ethers.Contract(address,abi,signerOrProvider):新创建一个合约实例,该方法会返回一个合约地址。
- contract.attach(addressOrName):将一个已经部署的智能合约与一个新的地址或 ENS 域名进行关联。它返回一个新的 Contract 对象,该对象与指定的地址或域名关联。

➢ contract.deployed():获取已经部署的合约实例。

➢ contract 包含的属性如下。

• address:该属性用于获取已部署合约的地址。

• deployTransaction:该属性用于获取与合约部署相关的交易对象。

读者可以参考 Ethers.js 的官方文档了解更多关于 Contract 的操作。

3. 钱包

在 Ethers.js 库中,钱包(Ethers.js 中称为 Wallet) 类管理着一个公私钥对,在以太坊网络上用于密码签名交易以及所有权证明。钱包类实现了签名器的 API,因此可以在任何需要签名器(Signer)的地方使用钱包类,它包含了签名器(Signer)所有的属性。

Wallet 中可使用的常见方法如下。

➢ new Wallet(privateKey [,provider]):根据参数私钥创建一个钱包实例,还可以提供一个可选的提供者参数用作连接节点。

➢ Wallet.createRandom([options]):创建一个随机钱包实例。确保钱包(私钥)存放在安全的位置,如果钱包丢失,就没有办法找回。

➢ Wallet.fromEncryptedJson(json,password [,progressCallback]):通过解密一个 JSON 钱包文件创建钱包实例,JSON 钱包文件即 keystore 文件。

➢ Wallet.fromMnemonic(mnemonic [,path [,wordlist]]):通过助记词(及路径)创建钱包实例,助记词及路径由 BIP-039 和 BIP-044 定义,默认使用英文助记词。

➢ sign(transaction):对交易进行签名。

➢ signMessage(message):对特定的消息进行签名。

➢ sendTransaction(transaction):发送一笔交易。

读者可以通过 Ethers.js 的官方文档查看更多的操作方法。

4. 工具

工具包(Ethers.js 库中称为 utils)提供了大量的通用实用函数,实现了编写 DApps、处理用户输入和格式化数据等功能。

utils 中包含的常用方法如下。

➢ utils.getAddress(address):将用户输入的地址转换为标准化格式的地址,如果用户传入的是无效地址,将会抛出异常。

➢ utils.getContractAddress(transaction):当部署合约时,可以通过该方法来计算即将部署的合约地址。

➢ utils.isArrayish(object):使用该方法用于判断特定的对象是否可以当作数组处理。

➢ add(otherValue):执行大数处理的加法。与之类似的还有 sub、mul、div、mod 等方法。

➢ utils.bigNumberify(value):通过给定的值,创建一个大数对象并返回。

➢ utils.computeAddress(publicOrPrivateKey):根据给定的私钥或公钥,计算出地址并返回。

➢ utils.keccak256(hexStringOrArrayish):Ethers.js 中提供的 keccak256 哈希算法。

➢ utils.parseEther(etherString):将以 Ether 为单位的以太币数量字符串解析为以 Wei 为单位的 BitNumber 类型并返回。

➢ utils.formatEther(wei):将以 Wei 为单位的以太币数量格式化为以 Ether 为单位的十

进制字符串。

➢ utils. serializeTransaction(transaction [,signature]):将输入的交易进行序列化,返回十六进制格式的序列化结果。

➢ utils. parseTransaction(rawTransaction):将序列化数据解析为交易数据,构造一个交易对象并返回。

上述列出的方法只是 utils 模块中的部分方法,更多的方法读者可以查看官方文档。

7.3.3 安装 Ethers.js 库

Ethers. js 库的安装与 Web3. js 库的安装方式相同,可以使用“npm install”命令完成。如下操作步骤展示了 Ethers. js 的安装过程。

(1) 在自定义目录中,新建名为 ethjs 的目录。打开终端窗口,并切换至新建的 ethjs 目录中。

(2) 在终端窗口中执行 npm init 命令,初始化 ethjs 为 Node. js 项目,生成 package. json 配置文件,如图 7.22 所示。

```
ethjs — -zsh — 139×49
(base) ...@bogon chapter7 % mkdir ethjs
(base) ...@bogon chapter7 % cd ethjs
(base) ...@bogon ethjs % ls
(base) ...@bogon ethjs % npm init
This utility will walk you through creating a package.json file.
It only covers the most common items, and tries to guess sensible defaults.

See `npm help json` for definitive documentation on these fields
and exactly what they do.

Use `npm install <pkg>` afterwards to install a package and
save it as a dependency in the package.json file.

Press ^C at any time to quit.
package name: (ethjs)
version: (1.0.0)
description:
entry point: (index.js)
test command:
git repository:
keywords:
author:
license: (ISC)
About to write to /Users/...ackage.json:

{
  "name": "ethjs",
  "version": "1.0.0",
  "description": "",
  "main": "index.js",
  "scripts": {
    "test": "echo \"Error: no test specified\" && exit 1"
  },
  "author": "",
  "license": "ISC"
}


Is this OK? (yes)
(base) ...@bogon ethjs % cat package.json
{
  "name": "ethjs",
  "version": "1.0.0",
  "description": "",
  "main": "index.js",
  "scripts": {
    "test": "echo \"Error: no test specified\" && exit 1"
  },
```

图 7.22 ethjs 项目初始化

(3) 在终端窗口的 ethjs 目录下,执行“npm install ethers”命令安装 Ethers. js 库,等待安装完成,查看 package. json 配置文件,显示 Ethers 库的版本号,代表已安装成功。本书安装的 Ethers 库的版本为 6.6.2,如图 7.23 所示。

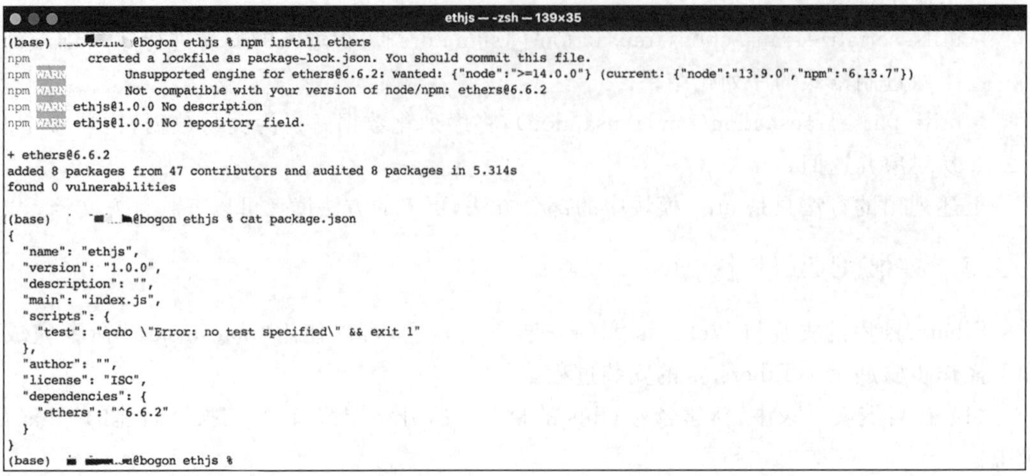

```
ethjs — -zsh — 139×35
(base) ...@bogon ethjs % npm install ethers
npm       created a lockfile as package-lock.json. You should commit this file.
npm WARN       Unsupported engine for ethers@6.6.2: wanted: {"node":">=14.0.0"} (current: {"node":"13.9.0","npm":"6.13.7"})
npm WARN       Not compatible with your version of node/npm: ethers@6.6.2
npm WARN ethjs@1.0.0 No description
npm WARN ethjs@1.0.0 No repository field.

+ ethers@6.6.2
added 8 packages from 47 contributors and audited 8 packages in 5.314s
found 0 vulnerabilities

(base) ...@bogon ethjs % cat package.json
{
  "name": "ethjs",
  "version": "1.0.0",
  "description": "",
  "main": "index.js",
  "scripts": {
    "test": "echo \"Error: no test specified\" && exit 1"
  },
  "author": "",
  "license": "ISC",
  "dependencies": {
    "ethers": "^6.6.2"
  }
}
(base) ...@bogon ethjs %
```

图 7.23　安装 Ethers 库

7.3.4　使用 Ethers.js 连接到本地节点

在 ethjs 目录中，新建 JavaScript 文件并命名为 connect.js，在该文件中引入已经安装的 Ethers 库，并连接本地节点。connect.js 文件源代码如下所示。

```
1  const ethers = require('ethers');
2
3  const provider = new ethers.providers.JsonRpcProvider('http://localhost:
   8545');
4
5  console.log(provider);
6
7  provider.getBlockNumber().then(function(res){
8      console.log("当前连接节点的区块高度为:" + res);
9  });
```

使用已安装的 6.6.2 版本的 Ethers 库执行上述程序会报错，因此更换使用目前较为稳定的 5.x 版本。于是使用“npm uninstall ethers”命令卸载 Ethers 库，然后使用“npm install ethers@5.7.2”指定安装 5.7.2 版本，等待安装成功后，即可在终端窗口中执行 connect.js 文件。上述 js 文件首先引入了 Ethers 库，然后使用基础的 JsonRpcProvider 构建 provider 对象，可以将 provider 理解为与区块链交互的桥梁，程序中将获取的 provider 输出在控制台，最后通过调用 getBlockNumber 方法获取本地节点上的区块数量，将获得的区块数量输出到控制台窗口。上述操作过程结果如图 7.24 所示。

上述程序的执行结果为 204，表示所连接的私有链节点中有 204 个区块。可以通过已经启动的以太坊私有链节点进行查询并对比。在 Geth 私有链节点运行终端窗口中，执行 eth.blockNumber，以获取节点的区块个数。查询结果为 204，与上述程序获得的结果一致，证明连接私有链节点成功。Geth 私有链节点区块个数查询如图 7.25 所示。

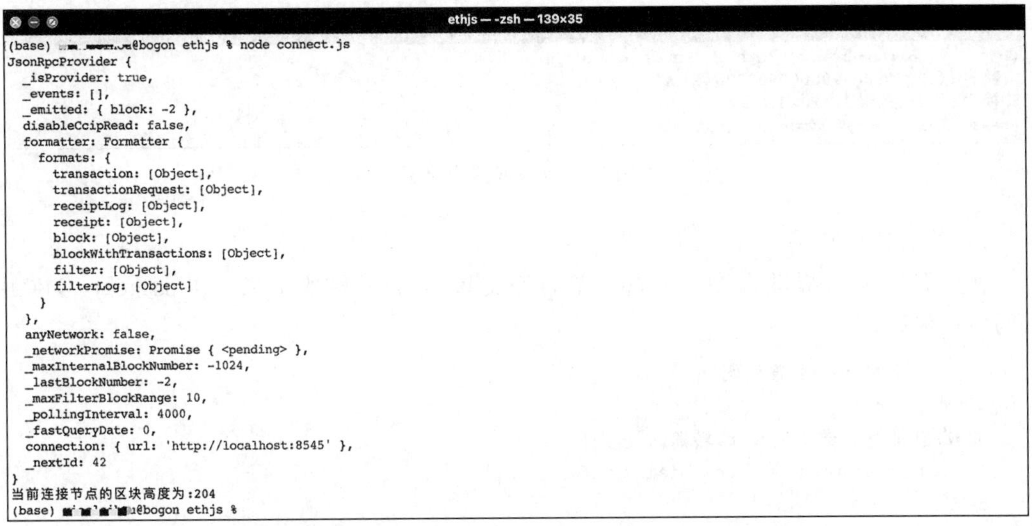

```
(base) @bogon ethjs % node connect.js
JsonRpcProvider {
  _isProvider: true,
  _events: [],
  _emitted: { block: -2 },
  disableCcipRead: false,
  formatter: Formatter {
    formats: {
      transaction: [Object],
      transactionRequest: [Object],
      receiptLog: [Object],
      receipt: [Object],
      block: [Object],
      blockWithTransactions: [Object],
      filter: [Object],
      filterLog: [Object]
    }
  },
  anyNetwork: false,
  _networkPromise: Promise { <pending> },
  _maxInternalBlockNumber: -1024,
  _lastBlockNumber: -2,
  _maxFilterBlockRange: 10,
  _pollingInterval: 4000,
  _fastQueryDate: 0,
  connection: { url: 'http://localhost:8545' },
  _nextId: 42
}
当前连接节点的区块高度为:204
(base) @bogon ethjs %
```

图 7.24 connect.js 文件的执行结果

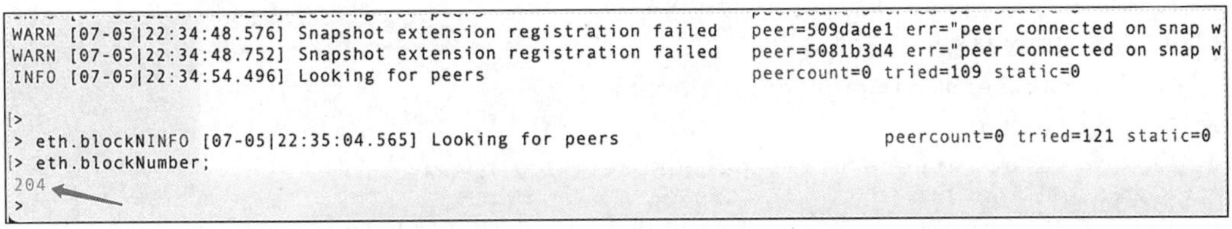

```
WARN [07-05|22:34:48.576] Snapshot extension registration failed    peer=509dade1 err="peer connected on snap w
WARN [07-05|22:34:48.752] Snapshot extension registration failed    peer=5081b3d4 err="peer connected on snap w
INFO [07-05|22:34:54.496] Looking for peers                         peercount=0 tried=109 static=0

>
> eth.blockNINFO [07-05|22:35:04.565] Looking for peers             peercount=0 tried=121 static=0
> eth.blockNumber;
204
>
```

图 7.25 Geth 私有链节点区块个数查询

7.3.5 Ethers.js 的基本使用方法

Ethers.js 成功连接节点后，可以继续编写程序，使用 Ethers.js 提供的 API 执行访问和操作。在 ethjs 目录下，新建 usage.js 文件，编写代码使用 Ethers.js 库的 API 练习其用法。

1. 账户余额

编写代码，获取指定账户地址的余额，并将余额的学位转换为 ETH。获取余额代码如下：

```
1  const ethers = require('ethers');
2  const provider = new ethers.providers.JsonRpcProvider('http://localhost:8545');
3
4  //账户地址
5  const from = "0xe8108c702495a3cfbe720f3557aab6c18aff77fb";
6
7  //获取账户地址的余额
8  provider.getBalance(address).then((value) =>{
9      console.log("余额为:" + value + "Wei");
10     const ethBalance = ethers.utils.formatEther(value.toString());
11     console.log("转换为 Ether,余额为:" + ethBalance);
12 })
```

执行上述程序，获取到 Wei 单位的余额和转换后的 ETH 余额，如图 7.26 所示。

```
(base) ■■■■■■@bogon ethjs % node usage.js
余额为:1020000000000000000000Wei
转换为Ether,余额为:1020.0
(base) ■■■■■■@bogon ethjs %
```

图 7.26 获取账户余额

2. 发送转账交易

使用 Ethers.js 提供的 API，发起一笔转账交易，并查看转账结果。在 usage.js 文件中编写转账代码。

```
1  ... //省略若干前置代码
2
3  //获取签名器 Signer，转账时需要用
4  const signer = provider.getSigner();
5
6  //接收地址
7  const to = "0x1890fa3b810690f03c2f5ce29af1288cfb42c465";
8
9  //发起转账交易
10  signer.sendTransaction({
11      to: to,
12      value: ethers.utils.parseEther("1.0"),
13  })
14  .then(
15      (resp) =>{
16          console.log('>>> transaction response: ', resp);
17      },
18      (error) =>{
19          console.log('>>> send tx error: ', error);
20      },
21  );
```

上述程序中，首先获取到签名器(signer)，在 Ethers.js 中，Signer 是 Wallet 的父类。在转账签名中，需要用到签名器发起交易并对交易进行签名。然后调用了 sendTransaction 发起一笔交易，在 then 中接收回调信息并输出到控制台窗口。同样地，在执行上述转账程序时，仍然需要先解锁账户，否则程序会报错。执行 usage.js 文件，窗口输出如图 7.27 所示。

3. 查询信息

根据上述交易的返回信息，上述转账交易的哈希值为 0x3f15ba56 开头的字符串。可以根据该交易哈希值查询区块信息。例如通过 getTransactionReceipt 获取指定交易的回执信息，代码如下：

```
1  ... //省略
2
3  //交易的哈希值
4  const hash ="0x3f15ba56184c0c27725d61cd7d85c9a440de0f57758630ac4b111ff4e958a158";
5
6  //获取指定交易的回执信息
```

```
(base) [illegible]@bogon ethjs % node usage.js
余额为:1020000000000000000000wei
转换为Ether,余额为:1020.0
>>> transaction response:  {
  hash: '0x3f15ba56184c0c27725d61cd7d85c9a440de0f57758630ac4b111ff4e958a158',
  type: 0,
  accessList: null,
  blockHash: null,
  blockNumber: null,
  transactionIndex: null,
  confirmations: 0,
  from: '0xE8108c702495A3CFBe720f3557AAb6c18afF77FB',
  gasPrice: BigNumber { _hex: '0x3b9aca00', _isBigNumber: true },
  gasLimit: BigNumber { _hex: '0x5208', _isBigNumber: true },
  to: '0x1890Fa3b810690F03C2F5Ce29AF1288cfb42c465',
  value: BigNumber { _hex: '0x0de0b6b3a7640000', _isBigNumber: true },
  nonce: 12,
  data: '0x',
  r: '0xe56cd3fa59f91844075a638b816dfb488cb3c925357a64cecb23ab51bb9c540d',
  s: '0x4b7068dfbbc2889313a98ec6bf6db29949b6e120af9e842f16d72c8b7317702e',
  v: 2526,
  creates: null,
  chainId: 1245,
  wait: [Function (anonymous)]
}
(base) [illegible]@bogon ethjs %
```

图 7.27 提交交易

```
7 provider.getTransactionReceipt(hash)
8     .then((resp) =>{
9         console.log(resp);
10    });
```

根据交易哈希值查询交易回执信息,输出结果如图 7.28 所示。

```
(base) [illegible]@bogon ethjs % node usage.js
余额为:1084000000000000000000wei
转换为Ether,余额为:1084.0
{
  to: '0x1890Fa3b810690F03C2F5Ce29AF1288cfb42c465',
  from: '0xE8108c702495A3CFBe720f3557AAb6c18afF77FB',
  contractAddress: null,
  transactionIndex: 0,
  root: '0xb4ef064d1edd80099bc35c8b2e8b4cce25637d8477de67b8c8a129947f826f2f',
  gasUsed: BigNumber { _hex: '0x5208', _isBigNumber: true },
  logsBloom: '0x0000000000000000000000000000000000000000000000000000000000000000000000000000000000000000000000000000000000000000000
00000000000000000000000000000000000000000000000000000000000000000000000000000000000000000000000000000000000000000000000000000000000
00000000000000000000000000000000000000000000000000000000000000000000000000000000000000000000000000000000000000000000000000000000000
00000000000000000000000000000000000000000000000000000000000000000000000000000000000000000000000000000000000000000000000000000000000
0000',
  blockHash: '0x2fb4037c5830f81c4b3847ccb2e438bf97300855cad7f3ebeb5dd62e274fad3b',
  transactionHash: '0x3f15ba56184c0c27725d61cd7d85c9a440de0f57758630ac4b111ff4e958a158',
  logs: [],
  blockNumber: 205,
  confirmations: 13,
  cumulativeGasUsed: BigNumber { _hex: '0x5208', _isBigNumber: true },
  effectiveGasPrice: BigNumber { _hex: '0x3b9aca00', _isBigNumber: true },
  type: 0
}
(base) [illegible]@bogon ethjs %
```

图 7.28 获取指定交易的回执信息

在回执信息中,包含该交易所在的区块的哈希值,即 blockHash,因此可以进一步通过 Ethers.js 库的 API 获取指定的区块信息,代码如下:

```
1 ... //省略代码
2
3 const blockHash ="0x2fb4037c5830f81c4b3847ccb2e438bf97300855cad7f3ebeb5dd62e274fad3b";
```

```
4
5 provider.getBlock(blockHash)
6     .then((resp) =>{
7         console.log("区块信息:");
8         console.log(resp);
9     })
```

除上述代码通过哈希值获取指定的区块信息外，还可以输入指定查看区块的区块高度值进行获取。程序执行后，输出的区块信息如图 7.29 所示。

```
ethjs — -zsh — 131x31
(base) ...@bogon ethjs % node usage.js
区块信息:
{
  hash: '0x2fb4037c5830f81c4b3847ccb2e438bf97300855cad7f3ebeb5dd62e274fad3b',
  parentHash: '0x84288edc19fc8dfdd17ad75c5f0adbd8776742e03d17df793e0a4da1969e8c29',
  number: 205,
  timestamp: 1688625920,
  nonce: '0x78b41e82da8f15ab',
  difficulty: 131072,
  gasLimit: BigNumber { _hex: '0xd1889df9', _isBigNumber: true },
  gasUsed: BigNumber { _hex: '0x5208', _isBigNumber: true },
  miner: '0xE8108c702495A3CFBe720f3557AAb6c18afF77FB',
  extraData: '0xd983010a1a846765746888676f312e31382e358664617277696e',
  transactions: [
    '0x3f15ba56184c0c27725d61cd7d85c9a440de0f57758630ac4b111ff4e958a158'
  ],
  _difficulty: BigNumber { _hex: '0x020000', _isBigNumber: true }
}
余额为:1084000000000000000000wei
转换为Ether,余额为:1084.0
```

图 7.29 查询指定区块的信息

本章小结

Web3.js 和 Ethers.js 是两个流行的以太坊 JavaScript 库，用于与以太坊区块链进行交互。本章内容向读者介绍了 Node.js 环境的安装，并使用 npm 安装两个 JavaScript 库。Web3.js 库是一个发布时间较早且开发者人数相对较多的以太坊库，该库提供丰富的 API，可供开发者实现连接以太坊节点、管理以太坊账户、发送和接收以太币，以及与智能合约进行交互等功能。而 Ethers.js 库是一个优秀的后起之秀，该库以简洁、轻量级著称，特别是最近两年，Ethers.js 的用户群迅速扩大，在以太坊社区有很高的口碑。

本章中，受限于笔者的知识水平，只介绍了两个库的部分用法。读者学习并掌握两个库的基本用法后，可以自己访问官方文档和社区进行更加深入的学习。

能力自测

1. 简述 Web3.js 库的使用步骤。
2. 简述 Ethers.js 库的使用步骤。
3. 编写程序，连接以太坊任一类型的节点，获取以太坊链上基本信息，比如，当前区块高度、节点版本、指定交易信息和指定区块信息等。
4. 编写程序，使用 Ethers.js 库提供的 API，完成转账交易操作，获取交易结果信息并输出。
5. 对比 Web3.js 和 Ethers.js 两个库，总结两个库各自的特点，并列举其 API。

第8章 智能合约开发框架

在实际项目开发中，为了提高开发效率，通常会采用开发框架。开发框架提供了一系列的工具和功能，简化了开发过程中的烦琐任务，如编译、部署和测试等。通过预定义的模板和库，可以快速构建和部署智能合约，节省开发时间和精力。其次，使用开发框架可以提供一致的开发流程和最佳实践，减少了开发者对复杂性的关注。开发者可以专注于合约的逻辑和业务逻辑，而不必过多担心底层技术细节。另外，开发框架经过广泛的测试和验证，具有较高的安全性和可靠性。它们提供了内置的错误检测和异常处理机制，帮助开发者避免一些常见的安全漏洞和错误。

智能合约开发框架是当今区块链开发者的得力助手，通过提供一系列强大的工具和功能，使得智能合约的开发过程更加简单、高效和可靠。选择合适的框架，将为开发者提供更好的开发体验和更高效的开发过程，从而加速区块链应用的开发和推广。

8.1 框架的功能和举例

框架通常提供以下功能。

- 编译合约：框架提供了编译器或编译工具，用于将智能合约的源代码编译成可在区块链上执行的字节码。
- 部署合约：框架提供了部署工具，用于将已编译的合约部署到区块链网络中。它通常提供了配置文件或脚本，用于指定部署参数和网络连接。
- 测试合约：框架提供了测试工具和库，用于编写测试用例，实现智能合约的单元测试和集成测试。这些工具可以模拟区块链环境，执行合约的函数调用，并验证合约的行为和逻辑。
- 脚本支持：框架提供了脚本编写和执行的功能，可以通过编写自定义的脚本来执行各种操作，如批量部署合约、执行合约函数等。
- 开发环境：框架提供了集成的开发环境，包括编辑器、调试器和交互式控制台，以便于开发者进行合约开发、调试和交互。

本章将向读者介绍一些常用的智能合约开发框架，并选择其中两个进行着重介绍。

- Truffle：该框架是最受欢迎的智能合约开发框架之一。它提供了一整套工具和功能，用于编译、部署和测试智能合约。Truffle 还提供了一个开发环境，可以方便地进行合约开发和调试。
- Embark：Embark 框架提供了类似于 Truffle 的功能，包括编译、部署和测试合约。Embark 还提供了集成的开发服务器，可以快速进行合约开发和调试。
- Hardhat：Hardhat 是一个功能强大的智能合约开发框架，它提供了广泛的开发工具和插件。Hardhat 支持智能合约的编译、部署、测试和脚本编写,具有良好的可扩展性和灵活性。

➢ Brownie:Brownie 是一个用 Python 编写的智能合约开发框架,它提供了简单易用的工具和库,用于编写、测试和部署智能合约。Brownie 支持以太坊和其他区块链平台,具有灵活的插件系统。

8.2 Truffle 框架基础

8.2.1 Truffle 简介

Truffle 是一个基于 JavaScript 开发的智能合约开发框架,它有一套自动的项目构建机制,集成了开发、测试和部署的各个流程细节,不用开发人员关注。Truffle 框架提供了项目开发所需的诸多实用功能,比如:

➢ 支持内置的智能合约编译、链接、部署和二进制文件的管理。

➢ 支持自动化的合约测试,以提高开发效率。

➢ 支持脚本化、可扩展的部署与发布操作,非常灵活。

➢ 支持部署到多个不同的公网或者私有网络的环境管理功能。

➢ 支持 ERC190 标准,使用 EthPM & NPM 进行包管理。

➢ 提供可以与合约直接通信的交互控制台,开发者编写完智能合约后可以立即进行验证。

➢ 支持可配置的构建流程。

➢ 支持在 Truffle 环境中执行外部脚本。

8.2.2 Truffle 的构成及作用

Truffle 主要由三个模块构成。

➢ Truffle:以太坊区块链 DApp 的开发环境。

➢ Ganache:Ganache 可以创建本地区块链网络,用于测试智能合约,可以在本地区块链网络上部署合约、开发应用程序、运行测试和执行其他任务,不需要支付任何费用。

➢ Drizzle:前端库的集合,使编写 DApp 用户界面更容易。

Truffle 框架对客户端做了深度集成。借助该框架,智能合约程序的开发、测试和部署只需要一行命令即可完成。开发者不需要记多个环境地址,也不需要在繁重的配置更改工作中分配精力。

Truffle 框架提供了一套类似于 maven 或 gradle 工作原理的项目构建机制,能自动生成相关目录,默认是基于 Web 的,同时支持开发者自定义配置打包流程。

该框架还提供了合约抽象接口,可以直接通过“var meta = MetaCoin.deployed();”拿到合约对象,在 JavaScript 中直接操作对应的合约函数。

8.2.3 Truffle 安装

Truffle 框架依赖于 Node.js,需要使用 npm 安装。首先需要安装 Node.js,若已安装可使用如下命令查看其版本。

```
1 node -v
```

使用 npm 安装 Truffle 框架。

```
1 npm install -g truffle
```

-g 参数表示全局安装。安装成功后，可通过以下命令验证 Truffle 是否安装成功。

```
1 truffle version
```

输出 Truffle 的版本号，表示安装成功，如图 8.1 所示。

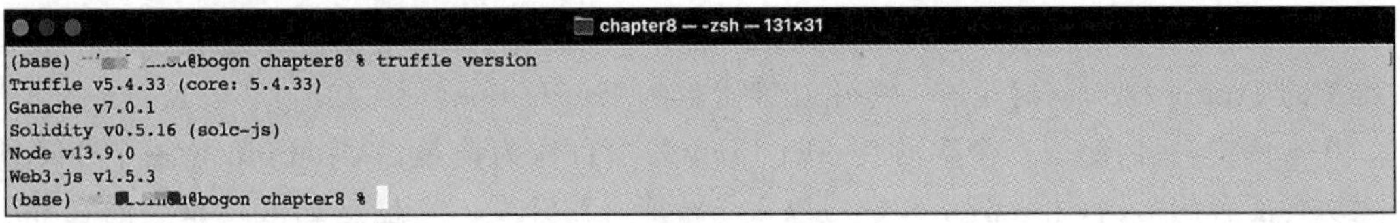

```
(base) ...@bogon chapter8 % truffle version
Truffle v5.4.33 (core: 5.4.33)
Ganache v7.0.1
Solidity v0.5.16 (solc-js)
Node v13.9.0
Web3.js v1.5.3
(base) ...@bogon chapter8 %
```

图 8.1 Truffle 版本信息

8.2.4 Truffle 命令

在使用 Truffle 框架进行项目开发的过程中，不同的开发阶段会伴随着不同的 Truffle 操作。掌握一些常见的 Truffle 命令及其用法是有必要的，常用命令如下。

- truffle init：创建一个新的 Truffle 项目。运行该命令会在当前目录下创建一个基本的 Truffle 项目结构，包括合约、配置文件、测试和迁移脚本等。
- truffle compile：编译合约。运行该命令会将 Solidity 合约代码编译为 EVM 可执行的字节码，并生成相应的合约 ABI 和二进制文件。
- truffle migrate：部署合约。运行该命令会根据迁移脚本中的定义，将合约部署到指定的以太坊网络上。Truffle 会自动跟踪已经部署的合约，避免重复部署。
- truffle test：运行合约测试。运行该命令会执行测试脚本中定义的合约测试。Truffle 提供了一个内置的测试框架，可以编写测试用例，实现智能合约的单元测试和集成测试。
- truffle console：打开交互式控制台。运行该命令会打开一个交互式环境，可以与部署的合约进行交互。开发者可以在控制台中执行合约函数调用、合约状态查询等操作。
- truffle develop：启动 Truffle 开发环境。运行该命令会启动一个本地的以太坊开发网络，并提供一个交互式控制台和内置的开发者账户。开发者可以在该环境中进行合约开发、调试和测试。
- truffle build：构建前端资源。运行该命令会将合约的 ABI 和部署信息导出到指定的目录，以便前端应用程序使用。
- truffle networks：查看已配置的网络信息。运行该命令会显示当前 Truffle 项目中已配置的以太坊网络信息，包括网络 ID、主机和端口等。

8.2.5 使用 Truffle 创建项目

Truffle 提供了 truffle init 命令，用于创建一个新的项目，并生成默认的项目结构。同时，Truffle 中还提供了 Truffle Box 产品供开发者使用和学习。简单地说，Truffle Box 是 Truffle 框架提供的一种模板，是用于快速启动和构建区块链应用的基础结构，包含了一些常用的合约、库、配置文件和示例代码。Truffle Box 提供了一些常见的区块链应用场景和功能，例如去中心化金融(DeFi)、非同质化代币(NFTs)、多签钱包和投票系统等。开发者可以根据自己的需求选择适合的 Truffle Box，从而快速搭建起一个具备基本功能的区块链应用。使用 Truffle Box，开发者可以避免从零开始构建项目的烦琐过程，节省了搭建基础结构的时间和精力。同时，Truffle Box 还提供了一些示例代码和最佳实践，帮助开发者更好地理解和应用 Truffle 框架的功能。开发者要使用 Truffle Box，只需在命令行中运行以下命令。

```
1  truffle unbox <box-name>
```

其中，＜box-name＞是使用的 Truffle Box 的名称。另外，Truffle 官方网站也提供了一些官方维护的 Truffle Box，同时也有一些由社区贡献的 Truffle Box。

在本例中，我们使用一个名称为 MetaCoin 的项目作为模板。MetaCoin 是一个简单的以太坊智能合约示例，用于演示和学习以太坊智能合约开发。它也是 Truffle 框架的官方示例之一，用于展示 Truffle 框架的基本功能和用法。MetaCoin 合约实现了一个简单的代币系统，允许用户在以太坊网络上进行代币转账和余额查询。它包含一些基本的合约函数，如 mint()(代币铸造函数)、sendCoin()(代币转账函数)和 getBalance()(余额查询函数)，以及一些事件(如 Transfer 事件)，用于记录代币的转账操作。

将 MetaCoin 项目作为模板的具体操作步骤如下。

(1) 在终端窗口中创建自定义目录，并进入该目录。此例中，将目录命名为 MetaCoin 的缩写，即 mc。

(2) 在 mc 目录中执行 truffle unbox metacoin 命令，执行结果如图 8.2 所示。

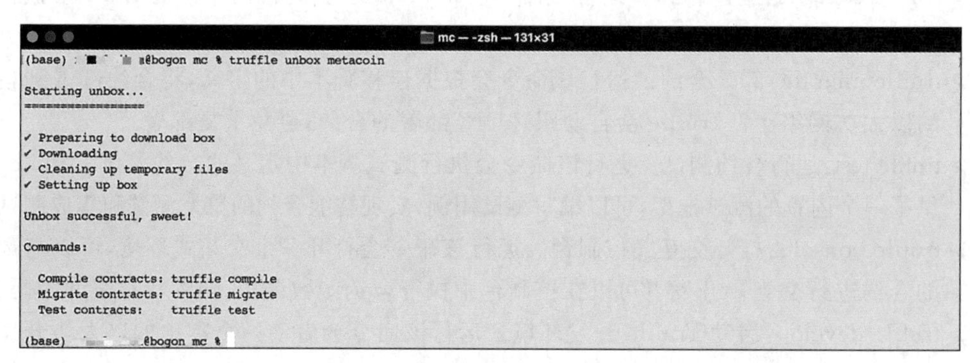

图 8.2　使用 MetaCoin 的 Box

(3) 查看 mc 目录，如图 8.3 所示。

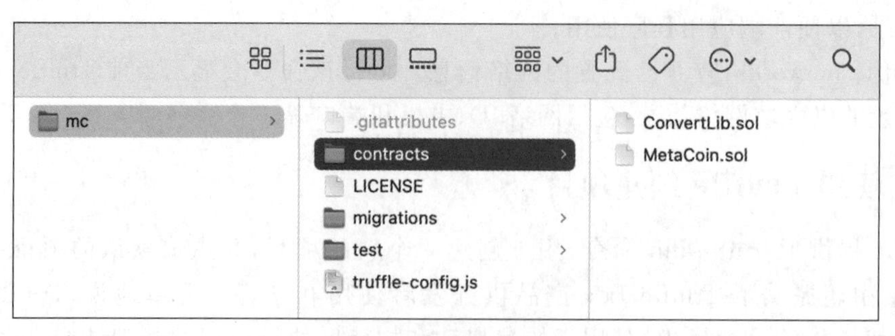

图 8.3　mc 目录结构

该项目的目录结构及其作用说明如下。

- contracts：存放智能合约的目录，在本例中包含两个智能合约文件，分别是：MetaCoin.sol 和 ConvertLib.sol。
- migrations：该目录是项目的迁移文件目录，迁移文件都是 JavaScript 脚本，帮助开发者将智能合约部署到以太坊。
- test：存放有关测试代码的目录。
- truffle-config.js：该文件作为 Truffle 项目的配置文件，开发者可以编辑该文件，完成各种自定义配置。例如，可以在该文件中配置网络。

如果开发者不想使用 Box 项目 MetaCoin 作为模板，也可以使用“truffle init”命令自己初始化创建 Truffle 项目。具体步骤如下。

(1) 新建自定义目录，此例中为 truffle_code，并进入 truffle_code 目录。

(2) 在 truffle_code 目录中执行 truffle init 命令，等待执行完成。

(3) 生成的目录结构就是 Truffle 项目初始的结构，如图 8.4 所示。

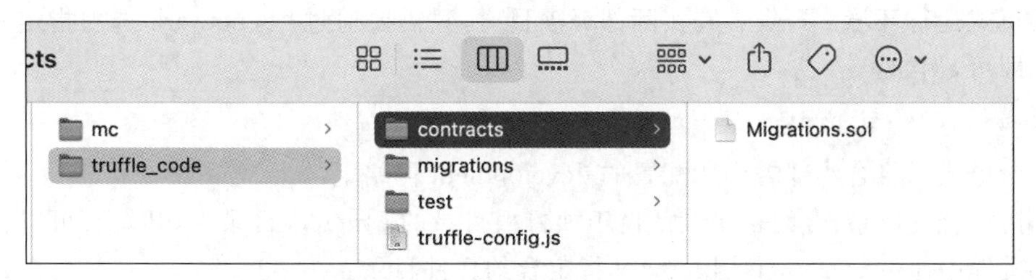

图 8.4　truffle init 命令初始化的 Truffle 项目结构

在 contracts 目录中，包含有 Migrations.sol 源文件，是默认生成的智能合约文件。

8.2.6　truffle-config.js 文件解析

上文已经提到，在成功初始化 Truffle 项目后，会在项目的根目录中生成一个 truffle-config.js 文件，该文件是 Truffle 项目的核心配置文件，配置文件中所有的配置均需要被导出，语法格式如下：

```
1  module.exports = {
2    //开发者对配置选项的详细配置
3    ...
4  };
```

下面介绍几个开发者常用的配置选项。

- 网络：networks 属性用于网络相关的配置。开发者可以在 truffle-config.js 文件中配置多个 networks 对象，用于描述不同的网络环境，并为每个网络环境自定义名称。每个网络环境都可以配置 host/port、provider 和 network_id 等基本信息，还有 gas、gasPrice、from 和 websockets 等可选项配置。需要注意的是，host/port 和 provider 在一个网络环境中只能二选一。例如，有以下的网络配置。

```
1  module.exports = {
2     //网络配置
3     networks: {
```

```
4        //开发网络环境
5        development: {
6          host: "127.0.0.1",
7          port: 8545,
8          network_id: "*",          //匹配任何网络
9          websockets: true
10       },
11       //正式运行环境
12       live: {
13         host: "192.25.19.88",     //仅示例
14         port: 80,
15         network_id: 1,            //以太坊主网
16       }
17     }
18   };
```

在该示例中，配置了两个网络环境，名称分别为 development 和 live，分别用于开发网络环境和正式运行环境。开发者在实际部署项目时，只需要通过 - - network 选项指定网络环境名称即可，例如：

```
1  truffle  migrate  --network  development
```

该命令表示将合约部署到所配置的 development 网络上。

- 指定合约目录：合约目录默认位于项目根目录的 contacts 目录中，开发者可以在配置文件中通过 constracts_directory 指定合约文件目录。
- 指定合约编译生成目录：合约编译后的默认输出目录是：./build/contracts，开发者可以通过 contracts_build_directory 属性指定输出目录。
- 迁移文件目录：默认使用./migrations 目录中的合约文件进行部署迁移，开发者也可以通过 migrations_directory 属性设置迁移文件目录。
- 测试配置：mocha 属性用于配置测试框架 MochaJS 的相关信息。
- 指定编译器：compilers 属性用于配置编译器相关信息。开发者既可以使用 solc 编译器，也可以使用外部编译器。如下示例是 solc 的配置。

```
1  compilers: {
2      solc: {
3        version: "0.8.11",
4      }
5  },
```

上述示例在 compilers 中配置了 solc 的相关信息，并指定了使用的 solc 版本。

了解配置文件 truffle-config.js 的相关配置选项之后，下面尝试配置 Truffle 项目的配置文件。在 mc 目录下打开 truffle-config.js 文件，完成自定义配置，配置内容如下：

```
1  module.exports = {
2     //网络配置
3     networks:{
4       //开发网络环境
5       development: {
6         host: "localhost",
```

```
7         port: 8545,
8         network_id: "*"
9       }
10    },
11
12    mocha:{
13      //timeout: 100000
14    },
15
16    compilers: {
17      solc: {
18        version: "0.8.11"
19      }
20    },
21  };
```

在 truffle-config.js 文件中，配置了网络、测试框架和编译器。网络配置中定义了一个名为 development 的网络环境，并在 compilers 配置中指定了 solc 编译器版本。

8.2.7 编译部署合约

此处仍以 mc 目录下的 MetaCoin 模板项目为例，演示合约的编译和部署操作。在终端窗口中，切换至项目的根目录 mc 下，在终端中执行编译命令。

```
1  truffle  compile
```

编译过程结束后，在根目录中生成 build 目录，存放智能合约编译后的结果，如图 8.5 所示。

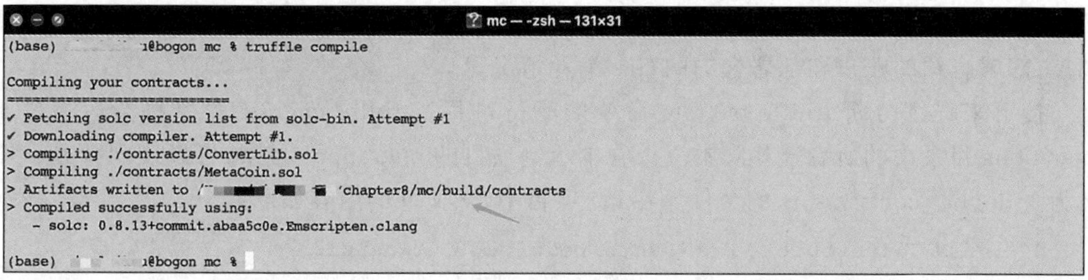

```
mc — -zsh — 131×31
(base) 1@bogon mc % truffle compile

Compiling your contracts...
===========================
✔ Fetching solc version list from solc-bin. Attempt #1
✔ Downloading compiler. Attempt #1.
> Compiling ./contracts/ConvertLib.sol
> Compiling ./contracts/MetaCoin.sol
> Artifacts written to / chapter8/mc/build/contracts
> Compiled successfully using:
   - solc: 0.8.13+commit.abaa5c0e.Emscripten.clang

(base) 1@bogon mc %
```

图 8.5 使用 truffle compile 命令编译合约

首次执行 truffle compile 编译命令时，将编译所有合约。在随后的执行中，Truffle 将只编译更改过的合约。如果开发者想全部编译，那么可以使用 --all 选项执行上面的命令，即：

```
1  truffle  compile  --all
```

接下来是部署合约。可以使用 truffle migrate 命令执行部署动作，即在终端窗口的项目根目录 mc 下，执行下列命令。

```
1  truffle  migrate  --network  development
```

上述命令用于部署合约到指定的网络环境。在本地私有链 Geth 节点已经启动的前提下，上述命令会将合约部署至私有链 Geth 节点，如图 8.6 所示。

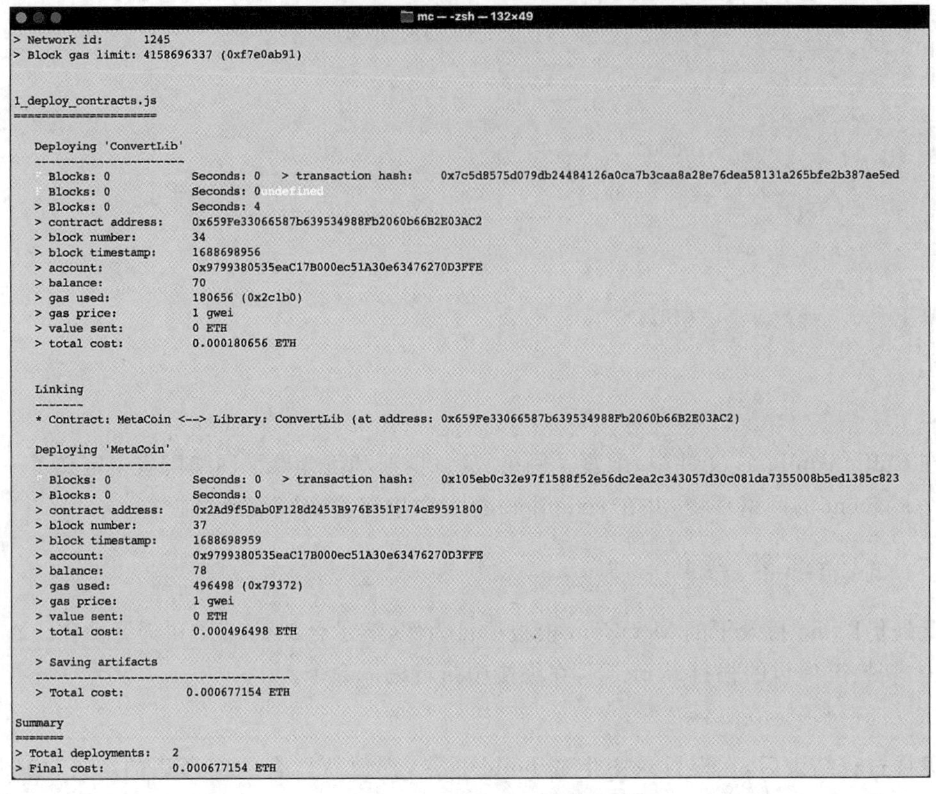

图 8.6 Truffle 部署合约到指定网络

图 8.6 中，输出了合约部署操作过程的细节信息，包括合约部署后的地址、所在区块的高度、部署合约的账户和部署合约的 Gas 消耗情况等。

接下来详细分析 truffle migrate 命令的运行过程。truffle migrate 命令将会运行位于 migrations 目录中的所有迁移脚本。查看本示例项目的 migrations 目录，可以发现存在一个名为 1_deploy_contracts.js 的文件。在 mc 项目中，该文件的内容如下：

```
1 const ConvertLib = artifacts.require("ConvertLib");
2 const MetaCoin = artifacts.require("MetaCoin");
3
4 module.exports = function(deployer) {
5   deployer.deploy(ConvertLib);
6   deployer.link(ConvertLib, MetaCoin);
7   deployer.deploy(MetaCoin);
8 };
```

该脚本文件中的程序代码就是用于实现合约部署操作的代码，主要的代码说明如下。

- artifacts.require：通过 artifacts.require 方法告诉 Truffle 希望与哪些合约进行交互。此方法与 Node.js 的 require 类似，返回一个合约抽象对象，后续代码可以使用该抽象对象。方法的参数是合约名称，需要注意的是，不要传递源文件的名称，因为一个合约文件中可能包含多个合约。以上述代码为例，加载了两个合约，并得到了两个合约抽象对象，供后续使用。

➢ module.exports：通过 module.exports 导出一个函数，该函数将 deployer 对象作为其第一个参数。deployer 称为部署器，是 Truffle 框架中的一个重要组件，用于管理和执行智能合约的部署操作。部署器可以理解为一个中间层，它与以太坊网络进行交互，负责将合约部署到指定的网络上，并记录已部署的合约地址和相关信息。部署器提供了一些常用的方法和属性，用于管理合约的部署过程。以下是部署器常用的方法和属性。

- deploy：部署合约。使用 deploy 方法可以将指定的合约部署到目标网络上。该方法将合约构造函数的参数作为参数，并返回一个合约实例对象。
- link：在部署合约之前，将已经部署的合约与待部署的合约进行关联。
- deployed：获取已部署的合约实例。使用 deployed 方法可以获取已经在目标网络上部署的合约实例。该方法将合约的名称作为参数，并返回一个合约实例对象。
- then：异步操作的链式调用。部署器返回一个 Promise 对象，开发者可以使用 then 方法进行异步操作的链式调用，以便在部署完成后执行后续操作。
- network：当前部署的网络信息。部署器提供了一个 network 属性，可以获取当前部署的网络信息，包括网络 ID、主机和端口等。

在本例中使用的是部署器的 deploy 方法和 link 方法。

8.3 Truffle 框架进阶

8.3.1 控制台交互

Truffle 为开发者提供了两种交互式控制台，用来与区块链网络进行交互。

➢ truffle console：可以连接到任何以太坊区块链网络节点的基本交互控制台。当开发者已经有了自己运行的客户端节点时，例如 Ganache 或者 Geth，就可以选择将智能合约部署在自己运行的节点上，即可以使用 truffle console 连接对应的网络，并通过 --network 属性指定网络。例如，在终端窗口执行如下命令，打开与 development 网络交互的控制台。

```
1  truffle console  --network  development
```

➢ truffle develop：创建一个开发用的本地区块链，并连接到它的交互控制台上。若开发者自己没有运行的区块链节点，仅在智能合约编写过程中做合约程序的调试工作，可以选择使用 truffle develop 命令，进入 Truffle 提供的 develop 环境。默认情况下，该命令将在端口 954 上生成一个用于本地开发的区块链。truffle develop 执行后的终端窗口输出如图 8.7 所示。

8.3.2 与合约交互

结合 8.3.1 小节介绍的 truffle 控制台，尝试连接 development 环境，并实现与节点和合约进行交互。详细的操作步骤如下。

(1) 进入 truffle console。在执行部署合约命令的终端窗口中，执行 truffle console --network development 命令，打开控制台，并指定连接 development 网络环境，如图 8.8 所示。

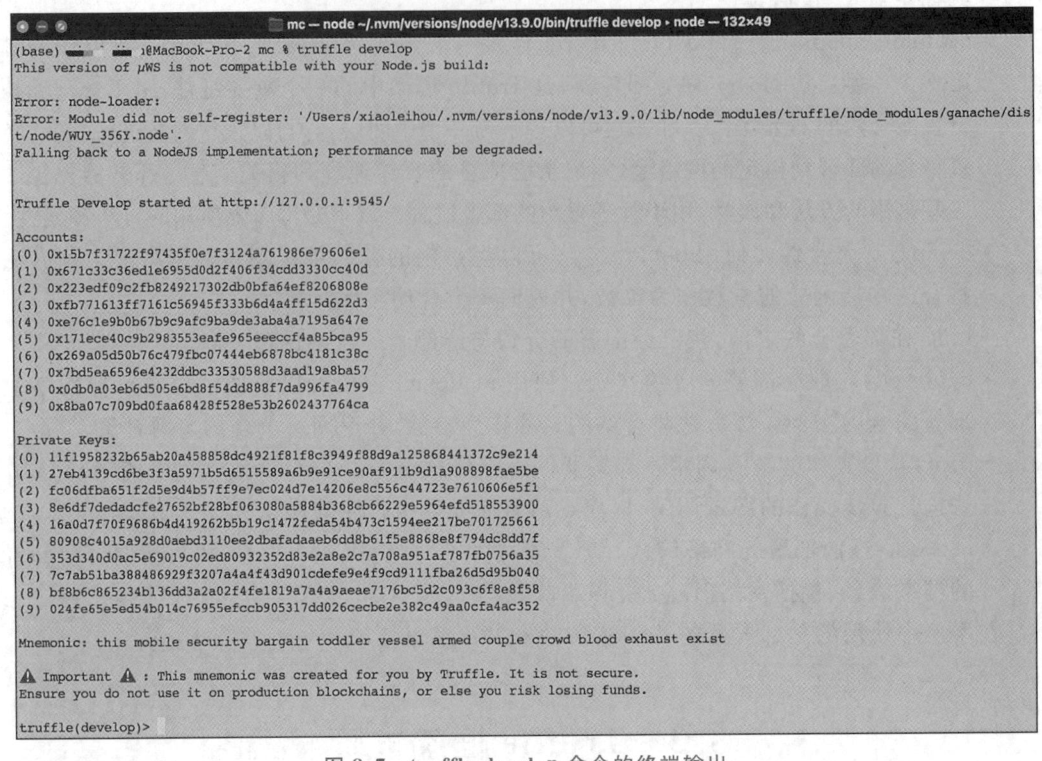

图 8.7 truffle develop 命令的终端输出

```
mc — node ~/.nvm/versions/node/v13.9.0/bin/truffle console --network development — 132×49
(base) @MacBook-Pro-2 mc % truffle console --network development
This version of μWS is not compatible with your Node.js build:

Error: node-loader:
Error: Module did not self-register: '/Users/xiaoleihou/.nvm/versions/node/v13.9.0/lib/node_modules/truffle/node_modules/ganache/dis
t/node/WUY_356Y.node'.
Falling back to a NodeJS implementation; performance may be degraded.

truffle(development)>
```

图 8.8 进入 truffle console

(2) 获取合约抽象对象。在本示例中，编译并部署了 MetaCoin 合约，该合约中包含 sendCoin、getBalanceInEth 和 getBalance 三个函数。可以在控制台中编写如下语句，通过 deployed 方法返回合约抽象对象。

```
1  truffle(development)> let meta = await MetaCoin.deployed();
2  undefined
3  truffle(development)> meta
```

上述操作获取了合约抽象对象，并命名为 meta，随后输出 meta 信息，输出结果如图 8.9 所示。

输出的合约抽象对象信息有很多，包括描述该合约的所有信息。比如合约的地址、所包含的函数方法、事件、源代码和 ABI 数据等。部分数据如图 8.10 所示。

(3) 使用 Web3 库获取账户信息。在 truffle 控制台环境中已经包含了 Web3 库，可以直接使用。先通过 version 命令查看各个环境的版本信息，如图 8.11 所示。

```
mc — node ~/.nvm/versions/node/v13.9.0/bin/truffle console --network development — 132×49
truffle(development)> let meta = await MetaCoin.deployed();
undefined
truffle(development)> meta
TruffleContract {
  constructor: [Function: TruffleContract] {
    _constructorMethods: {
      configureNetwork: [Function: configureNetwork],
      setProvider: [Function: setProvider],
      new: [Function: new],
      at: [AsyncFunction: at],
      deployed: [AsyncFunction: deployed],
      defaults: [Function: defaults],
      hasNetwork: [Function: hasNetwork],
      isDeployed: [Function: isDeployed],
      detectNetwork: [AsyncFunction: detectNetwork],
```

图 8.9 获取合约抽象对象

```
   methods: {
     sendCoin: [Function: bound _createTxObject],
     '0x90b98a11': [Function: bound _createTxObject],
     'sendCoin(address,uint256)': [Function: bound _createTxObject],
     getBalanceInEth: [Function: bound _createTxObject],
     '0x7bd703e8': [Function: bound _createTxObject],
     'getBalanceInEth(address)': [Function: bound _createTxObject],
     getBalance: [Function: bound _createTxObject],
     '0xf8b2cb4f': [Function: bound _createTxObject],
     'getBalance(address)': [Function: bound _createTxObject]
   },
   events: {
     Transfer: [Function: bound ],
     '0xddf252ad1be2c89b69c2b068fc378daa952ba7f163c4a11628f55a4df523b3ef': [Function: bound ],
     'Transfer(address,address,uint256)': [Function: bound ],
     allEvents: [Function: bound ]
   },
   _address: '0x2Ad9f5Dab0F128d2453B976E351F174cE9591800',
   _jsonInterface: [ [Object], [Object], [Object], [Object], [Object] ]
 },
```

图 8.10 合约抽象对象的部分数据截图

```
mc — node ~/.nvm/versions/node/v13.9.0/bin/truffle console --network development — 132×49
(base) xiaoleihou@MacBook-Pro-2 mc % truffle console --network development
This version of µWS is not compatible with your Node.js build:

Error: node-loader:
Error: Module did not self-register: '/Users/xiaoleihou/.nvm/versions/node/v13.9.0/lib/node_modules/truffle/node_modules/ganache/dis
t/node/WUY_356Y.node'.
Falling back to a NodeJS implementation; performance may be degraded.


truffle(development)> version
Truffle v5.4.33 (core: 5.4.33)
Ganache v7.0.1
Solidity - 0.8.11 (solc-js)
Node v13.9.0
Web3.js v1.5.3

truffle(development)>
```

图 8.11 version 版本信息

直接使用 Web3 库的 API 获取账户列表信息,操作如下:

```
1  truffle(development)> let accounts = await web3.eth.getAccounts();
2  undefined
3  truffle(development)> accounts
```

上述命令执行后,列出所连接节点的账户列表信息,如图 8.12 所示。

```
truffle(development)> let accounts = await web3.eth.getAccounts();
undefined
truffle(development)> accounts
[
  '0x9799380535eaC17B000ec51A30e63476270D3FFE',
  '0x679AFD4C0C5E57068FA8030DFdeFA53dA4b5cDF4'
]
truffle(development)>
```

图 8.12 获取账户列表信息

(4) 调用合约函数。使用合约抽象对象,可以方便地在以太坊网络上执行合约函数。在前面章节的 MetaCoin 合约中有三个函数,此例中调用 sendCoin 函数,执行下列操作。

```
1  truffle(development)> let instance = await MetaCoin.deployed();
2  undefined
3  truffle(development)> instance.sendCoin(accounts[1],2,{from:accounts[0]});
```

首先获取到 MetaCoin 抽象合约对象,然后调用其 sendCoin 函数,传入所需的参数。在私有链 Geth 节点中执行区块打包操作后,该函数调用被成功确认。truffle 控制台终端中输出该调用的详细信息,如图 8.13 所示。

```
truffle(development)> instance.sendCoin(accounts[1],2,{from:accounts[0]});
{
  tx: '0xecf993598c286d537893a0dd95ff84629e3f0203e2a0cd2fb445d37c17345d9a',
  receipt: {
    blockHash: '0x4c4b21acf5db0e7869e4694d74b2b6a55a354d3926303ce585722590e230f019',
    blockNumber: 50,
    contractAddress: null,
    cumulativeGasUsed: 51985,
    effectiveGasPrice: '0x3b9aca00',
    from: '0x9799380535eac17b000ec51a30e63476270d3ffe',
    gasUsed: 51985,
    logs: [ [Object] ],
    logsBloom: '0x000000000000000000000000000000000000000000000000000800040000000000000000000000000000000000000000000000000000000000
000000000000000000000000000008000000080000000000000000000000000000000004000000000000000040000000000000000000000000000000000000
100000020000000000000000000000000000000200000000000000000000000000000000000000000000000000000000000000000000000000000000000000
000000000000020000000000001000000000000000000000000000000000000000000000000000000000000000000000000000000000002000000000000000
00',
    status: true,
    to: '0x2ad9f5dab0f128d2453b976e351f174ce9591800',
    transactionHash: '0xecf993598c286d537893a0dd95ff84629e3f0203e2a0cd2fb445d37c17345d9a',
    transactionIndex: 0,
    type: '0x0',
    rawLogs: [ [Object] ]
  },
  logs: [
    {
      address: '0x2Ad9f5Dab0F128d2453B976E351F174cE9591800',
      blockNumber: 50,
      transactionHash: '0xecf993598c286d537893a0dd95ff84629e3f0203e2a0cd2fb445d37c17345d9a',
      transactionIndex: 0,
      blockHash: '0x4c4b21acf5db0e7869e4694d74b2b6a55a354d3926303ce585722590e230f019',
      logIndex: 0,
      removed: false,
      id: 'log_97dbaa3d',
      event: 'Transfer',
      args: [Result]
    }
  ]
}
truffle(development)>
```

图 8.13 执行 sendCoin 函数

函数调用本质上也是以太坊网络上的一笔交易,当执行函数时,执行结束将获得一个 result 对象,其中包含了大量交易信息,如图 8.13 显示的是 SendCoin 函数返回的详细信息。具体来说,result 对象包含以下信息。

- result.tx(string):交易哈希值,是一个字符串。
- result.receipt(object):交易单据,包含了 Gas 消耗量等信息。
- result.logs(array):交易日志,其中描述了交易相关的信息。

8.4 Hardhat 框架

8.4.1 Hardhat 简介

Hardhat 是一个用于以太坊智能合约开发和测试的开发框架。它提供了一套强大的工具和功能,帮助开发者更高效地编写、部署和测试智能合约。Hardhat 的前身是 Buidler,最初由

Nomic Labs 开发。2020 年，为了更好地满足开发者的需求，Buidler 团队决定对框架进行重构和改进。因此重新设计了架构，并引入了一些新的功能和工具，新版本被命名为 Hardhat。

Hardhat 框架具备强大的功能，而且使用体验很好，其主要特点如下。

- 灵活的插件系统：Hardhat 具有灵活的插件系统，可以轻松实现扩展和定制功能。开发者可以根据项目的需求选择和配置不同的插件，例如代码覆盖率、静态分析和 Gas 优化等。
- 快速编译和部署：Hardhat 提供了快速的智能合约编译和部署功能。它支持 Solidity 合约的编译，并可以与不同的网络进行交互，包括本地开发网络、测试网络和主网。
- 强大的测试框架：Hardhat 内置了一个强大的测试框架，支持编写各种类型的智能合约测试脚本，包括单元测试、集成测试以及端到端测试。可以使用 Hardhat 的测试工具来编写和运行测试脚本，确保智能合约的正确性和安全性。
- 本地开发网络：Hardhat 提供了一个本地开发网络，可在本地快速搭建一个以太坊测试网络。可以使用该网络进行合约的开发、调试和测试，不需要连接到外部的以太坊网络。
- 丰富的开发工具：Hardhat 提供了丰富的开发工具，包括交互式控制台、调试器和网络模拟器等。这些工具可以帮助开发者更好地理解和调试智能合约的逻辑与行为。

8.4.2 安装 Hardhat

要安装 Hardhat 框架，首先需要安装 Node.js 和 npm，然后在终端或命令提示符中运行以下命令。

```
1 npm install --g hardhat@2.10.2
```

上述命令用于在本地环境中安装 Hardhat 框架的 2.10.2 版本。

8.4.3 创建智能合约应用

在终端窗口中，新建目录作为项目的根目录，此例中新目录命名为 hard_code，然后进入到该目录中，执行 Hardhat 项目的初始化命令。

```
1 mkdir hard_code
2 cd hard_code
3 npx hardhat init
```

初始化命令执行后会自动生成配置目录，并下载项目所需的依赖库，初始化命令执行效果如图 8.14 所示。

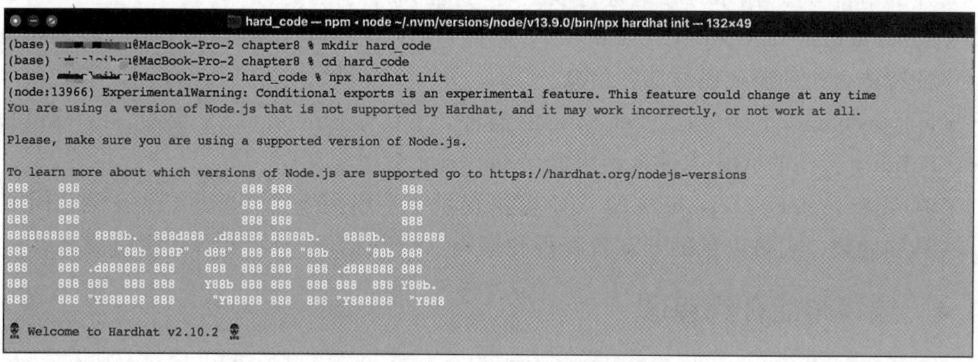

图 8.14 Hardhat 项目初始化结果

初始化完成后，会自动生成默认的项目结构及配置文件，默认的目录结构主要如下。

- contracts 目录：存放 Solidity 智能合约代码程序文件的目录。
- node_modules 目录：Hardhat 框架在项目初始化时会询问开发者是否要下载项目所需的一些依赖库，开发者若同意，框架会自动将依赖库下载存放在该目录中。
- scripts 目录：存放脚本文件的目录，比如部署合约的脚本文件就存放在该目录中。
- test 目录：存放测试程序的目录。
- hardhat.config.js 文件：Hardhat 项目的配置文件。
- package.json 文件：该文件是 Node.js 项目的配置文件，项目下载的依赖库会在该文件中进行配置。Hardhat 会默认安装的库如下。
  - chai：JavaScript 和 Node.js 的断言库，用于编写可读性强的测试代码。它提供了一组简洁、灵活的断言方法，可以用于各种测试场景。
  - ethers：以太坊开发的 JavaScript 库，提供了一组易于使用的工具和 API，用于与以太坊网络进行交互、构建和签名交易、部署和调用智能合约等。
  - solidity-coverage：Solidity 智能合约代码覆盖率的测试工具。它可以帮助开发者评估智能合约的代码覆盖率，并提供详细的覆盖率报告。
  - typechain：以太坊智能合约的类型安全工具。它可以根据 Solidity 合约的 ABI 文件自动生成 TypeScript 类型定义，以提供更好的类型检查和自动完成功能。
  - @nomicfoundation/hardhat-toolbox：Hardhat 框架的插件，提供了一些实用的工具和功能，如合约验证、部署脚本和测试辅助函数等。
  - @ethersproject/providers：ethers 提供的 providers 模块是用于与以太坊网络进行交互的提供者库。它提供了一组提供者类，可以连接到不同的以太坊节点，用于发送交易和查询区块链数据。
  - hardhat-gas-reporter：Hardhat 框架的插件，用于生成详细的 Gas 消耗报告。它可以帮助开发者评估智能合约的 Gas 消耗情况，并进行优化。
  - @nomiclabs/hardhat-ethers：Hardhat 框架的插件，用于与 Ethers.js 库集成。它提供了一些额外的功能，如自动部署合约、硬件钱包支持等。
  - @nomicfoundation/hardhat-network-helpers：Hardhat 框架的插件，提供了一些方便的网络辅助函数，如切换网络、挖矿等。
  - @nomicfoundation/hardhat-chai-matchers：一个插件库，为 chai 断言库提供了一些额外的断言方法，用于方便地进行以太坊相关的断言。
  - @nomiclabs/hardhat-etherscan：一个插件，用于与 Etherscan 集成，方便地上传和验证智能合约的源代码与部署信息。
  - @typechain/ethers-v5：TypeChain 的插件，用于与 Ethers.js v5 集成。它可以根据 Solidity 合约的 ABI 文件自动生成 TypeScript 类型定义。
  - @ethersproject/abi：ethers 的 ABI 模块提供了一组用于处理 Solidity 合约 ABI 的工具和函数。它可以帮助开发者解析和编码 ABI 数据，并与智能合约进行交互。

8.4.4 编写智能合约程序

项目初始化完成以后，进入程序编码阶段。在本小节中，将完成自定义合约的编写，并使用 Hardhat 框架功能进行编译部署。

(1) 安装 OpenZeppelin 等第三方库。在实际的智能合约开发中,很多功能代码已经有了非常完善的解决方案,通常以第三方库的方式存在。作为一名合格的智能合约开发者,一定要善于学习并使用一些优质开源的第三方库,比如本书中提到的 OpenZeppelin 库。使用这些开源的第三方库,不仅可以提高编码效率,还可以确保开发的合约代码更加安全。开发者在本地环境中,可以通过 npm install 命令安装所需要的第三方库,例如安装 OpenZeppelin 的命令为:

```
1 npm install @openzeppelin/contracts
```

在 hard_code 项目的根目录中执行上述安装命令,即可安装 OpenZeppelin 库,可以通过 package.json 文件中的依赖配置进行确认,如图 8.15 所示。

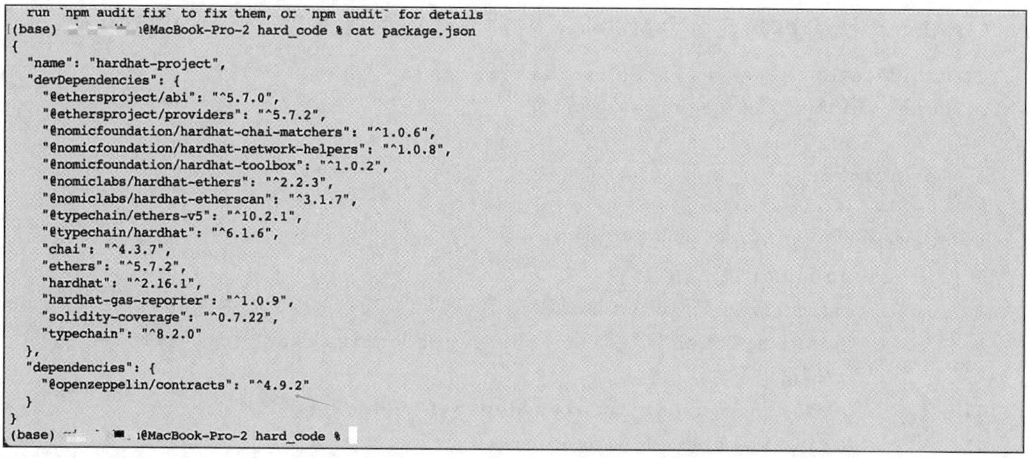

```
  run `npm audit fix` to fix them, or `npm audit` for details
(base) ...@MacBook-Pro-2 hard_code % cat package.json
{
  "name": "hardhat-project",
  "devDependencies": {
    "@ethersproject/abi": "^5.7.0",
    "@ethersproject/providers": "^5.7.2",
    "@nomicfoundation/hardhat-chai-matchers": "^1.0.6",
    "@nomicfoundation/hardhat-network-helpers": "^1.0.8",
    "@nomicfoundation/hardhat-toolbox": "^1.0.2",
    "@nomiclabs/hardhat-ethers": "^2.2.3",
    "@nomiclabs/hardhat-etherscan": "^3.1.7",
    "@typechain/ethers-v5": "^10.2.1",
    "@typechain/hardhat": "^6.1.6",
    "chai": "^4.3.7",
    "ethers": "^5.7.2",
    "hardhat": "^2.16.1",
    "hardhat-gas-reporter": "^1.0.9",
    "solidity-coverage": "^0.7.22",
    "typechain": "^8.2.0"
  },
  "dependencies": {
    "@openzeppelin/contracts": "^4.9.2"
  }
}
(base) ...@MacBook-Pro-2 hard_code %
```

图 8.15 确认成功安装了 OpenZeppelin 库

(2) 在 hard_code/contracts 目录中,编写自定义智能合约。下面编程实现一个自定义 ERC20 代币合约,该合约继承自 OpenZeppelin 库提供的 ERC20 标准。智能合约源代码如下:

```
1  // SPDX-License-Identifier: GPL-3.0
2  pragma solidity >=0.8.2 <0.9.0;
3
4  //引入 OpenZeppelin 库的 ERC20 合约
5  import "@openzeppelin/contracts/token/ERC20//ERC20.sol";
6
7  //自定义 ERC20 代币合约,继承自 ERC20 库合约
8  contract MyToken is ERC20 {
9
10     //自定义代币合约构造函数,开发者自己填写代币名称,代号
11     constructor(string memory name, string memory symbol) ERC20(name, symbol) {
12         //默认铸造 100 枚自定义代币,** 为指数运算
13         _mint(msg.sender, 100 * 10 ** uint(decimals()));
14     }
15 }
```

上述示例实现了自定义的 ERC20 代币合约 MyToken，该合约程序在本书的 5.2.2 小节中曾经编写过，此处只是将 import 导入语句替换为本地安装的 OpenZeppelin 库的合约文件。将上述合约程序保存为 MyToken.sol 文件。在本合约的构造函数中，调用了 ERC20 合约的_mint 函数，并传入参数：第一个参数代表合约的执行者；第二个参数表示铸造的代币数量是 100 枚。

8.4.5 编写测试合约

智能合约程序开发完成以后，正式编译部署之前，开发者可以编写测试用例代码，对智能合约代码的逻辑和功能正确性进行验证，测试工作也是必不可少的一个环节。在本例中，笔者使用 Hardhat 提供的内置网络，并使用 Ethers.js 库与合约程序进行交互，同时使用 Mocha 作为测试运行器。测试工作的操作步骤如下。

（1）在 test 目录中，新建名为 MyToken.js 的测试文件，编写以下所示的测试代码。

```
1  const {ethers} = require("hardhat");
2  const {expect} = require("chai");
3
4  let mytoken;
5
6  describe("MyToken", function(){
7      async function init(){
8          const [owner, otherAccount] = await ethers.getSigners();
9          const MyToken = await ethers.getContractFactory("MyToken");
10         //输出构造方法的参数
11         mytoken = await MyToken.deploy("YHWToken","YT");
12         await mytoken.deployed();
13         console.log("myToken address :" + mytoken.address);
14     }
15
16     before(async function(){
17         await init();
18     });
19
20     //验证代币总发行量函数
21     it("init equals 100",async function(){
22         //预期为 100.0,与结果进行比较
23         await mytoken.totalSupply().then((result) =>{
24           const tokenNum = ethers.utils.formatEther(result);
25           expect(tokenNum).to.equal("100.0");
26         });
27     });
28 });
```

上述测试代码，首先部署合约，然后调用合约的 totalSupply 函数，并输入预期结果，通过 expect 语句判断程序执行结果与预期是否一致。

（2）在终端窗口项目的根目录下执行以下测试命令。

```
1 npx  hardhat  test
```

上述测试文件执行结果如图 8.16 所示，表示合约已经正常在测试环境中测试通过。

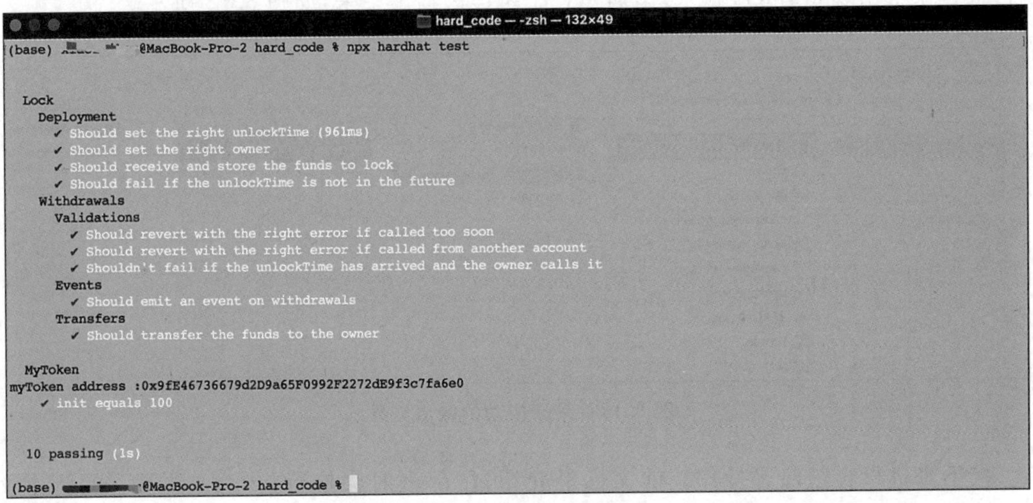

```
hard_code — -zsh — 132×49
(base) @MacBook-Pro-2 hard_code % npx hardhat test


  Lock
    Deployment
      ✓ Should set the right unlockTime (961ms)
      ✓ Should set the right owner
      ✓ Should receive and store the funds to lock
      ✓ Should fail if the unlockTime is not in the future
    Withdrawals
      Validations
        ✓ Should revert with the right error if called too soon
        ✓ Should revert with the right error if called from another account
        ✓ Shouldn't fail if the unlockTime has arrived and the owner calls it
      Events
        ✓ Should emit an event on withdrawals
      Transfers
        ✓ Should transfer the funds to the owner

  MyToken
myToken address :0x9fE46736679d2D9a65F0992F2272dE9f3c7fa6e0
    ✓ init equals 100


  10 passing (1s)

(base) @MacBook-Pro-2 hard_code %
```

图 8.16 合约测试结果

8.4.6 编译和部署合约

在项目根目录下的 hardhat.config.js 文件中，有默认的 Solidity 编译器配置信息，如下所示。

```
1  require("@nomicfoundation/hardhat-toolbox");
2
3  /** @type import('hardhat/config').HardhatUserConfig */
4  module.exports = {
5    solidity: "0.8.9",
6  };
```

编译是 Hardhat 的内置任务之一，开发者可以在终端窗口中运行如下编译命令。

```
1  npx  hardhat  compile
```

注意：在执行编译操作时，对 Node.js 版本是有要求的。如果开发者的 Node.js 的版本与 Hardhat 框架的版本不匹配，则会报错。例如，笔者使用 13.9.0 版本的 Node.js，2.10.2 版本的 Hardhat，执行上述编译命令时，提示编译失败，如图 8.17 所示。

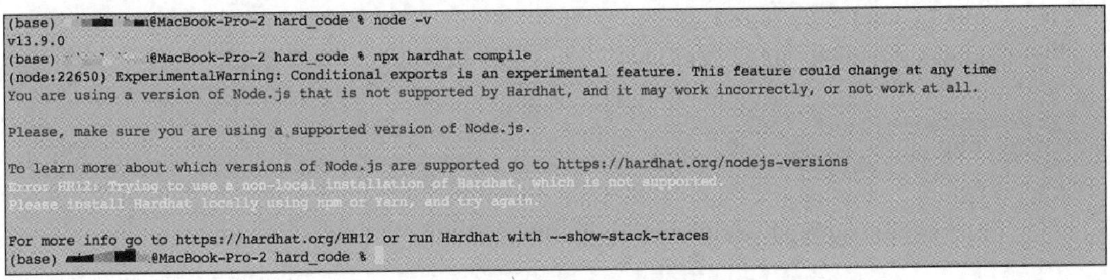

```
(base) @MacBook-Pro-2 hard_code % node -v
v13.9.0
(base) @MacBook-Pro-2 hard_code % npx hardhat compile
(node:22650) ExperimentalWarning: Conditional exports is an experimental feature. This feature could change at any time
You are using a version of Node.js that is not supported by Hardhat, and it may work incorrectly, or not work at all.

Please, make sure you are using a supported version of Node.js.

To learn more about which versions of Node.js are supported go to https://hardhat.org/nodejs-versions
Error HH12: Trying to use a non-local installation of Hardhat, which is not supported.
Please install Hardhat locally using npm or Yarn, and try again.

For more info go to https://hardhat.org/HH12 or run Hardhat with --show-stack-traces
(base) @MacBook-Pro-2 hard_code %
```

图 8.17 版本不匹配时的编译失败提示

经过资料查询，需要重新安装 16.x 版本的 Node.js。笔者安装的是 16.20.1 版本的

Node.js,并修改安装2.6.1版本的Hardhat,继续尝试编译,最终编译成功。编译成功后,在项目根目录下出现artifacts目录,里面包含了编译的输出结果,如图8.18所示。

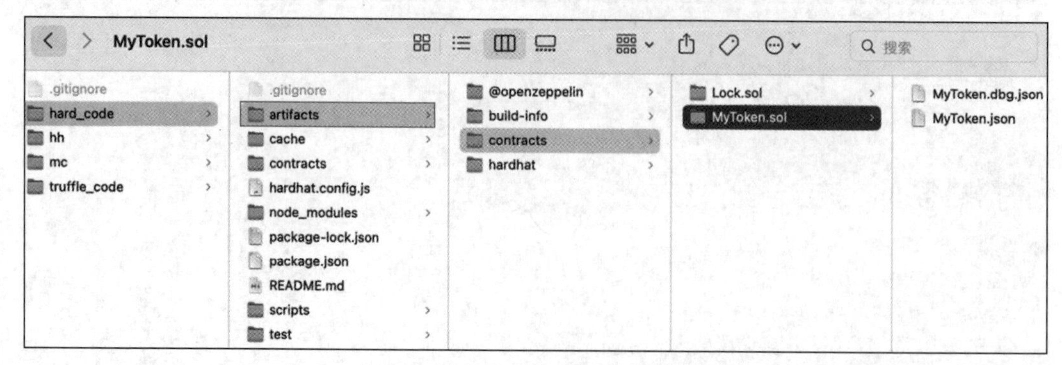

图8.18 编译成功的输出结果

接下来进行合约部署操作。前文已经介绍过,部署时会执行scripts目录下的脚本文件。在本示例中,scripts目录中存在名为deploy.js的脚本文件。因为编写了自定义合约程序,因此需要修改deploy.js文件的代码,以完成自定义合约文件的部署。修改后的deploy.js文件代码如下所示。

```
1  const hre = require("hardhat");
2
3  async function main() {
4    const currentTimestampInSeconds = Math.round(Date.now() / 1000);
5    const ONE_YEAR_IN_SECS = 365 * 24 * 60 * 60;
6    const unlockTime = currentTimestampInSeconds + ONE_YEAR_IN_SECS;
7
8    const lockedAmount = hre.ethers.utils.parseEther("1");
9
10   const Lock = await hre.ethers.getContractFactory("Lock");
11   const lock = await Lock.deploy(unlockTime, {value: lockedAmount});
12
13   const tokenName = "YHWToken";     //代币名称
14   const tokenSymbol = "YT";         //代币简称
15   const MyToken = await hre.ethers.getContractFactory("MyToken");
16   const mytoken = await MyToken.deploy(tokenName,tokenSymbol);
17
18   await lock.deployed();
19   await mytoken.deployed();          //执行 deployed 部署操作
20
21   console.log(
22     'Lock with 1 ETH and unlock timestamp ${unlockTime} deployed to ${lock.address}'
23   );
24   console.log('MyToken contract deployed to ${mytoken.address}');
25 }
26
27 //使用异步监听的方式处理程序执行时出现的异常信息
28 main().catch((error) => {
```

```
29     console.error(error);
30     process.exitCode = 1;
31   });
```

上述 deploy.js 部署脚本中，引入了 Hardhat 框架，在 main 函数中实现合约部署的逻辑。通过 hardhat.ethers 中的 getContractFactory 传入指定的合约名称，得到要部署的合约的抽象对象实例，接着调用合约抽象对象实例的 deploy 方法，如果合约有构造方法，则需要传入参数，按照构造方法的参数顺序依次传入自定义参数。最后调用 deployed 方法完成合约部署。在本例中，一共部署了两个合约：Lock 合约是默认生成的合约示例；MyToken 是自定义的合约。

运行 npx hardhat run scripts/deploy.js 命令，可以将合约部署到 Hardhat 内置网络上。部署的两个合约的地址信息输出结果如图 8.19 所示。

```
hard_code — -zsh — 132×49
(base) u@MacBook-Pro-2 hard_code % npx hardhat run scripts/deploy.js
Lock with 1 ETH and unlock timestamp 1720258753 deployed to 0x5FbDB2315678afecb367f032d93F642f64180aa3
MyToken contract deployed to 0xe7f1725E7734CE288F8367e1Bb143E90bb3F0512
(base) u@MacBook-Pro-2 hard_code %
```

图 8.19 部署合约到 Hardhat 内置网络上

8.4.7 部署到指定网络环境

如果开发者有自己运行的 Geth 节点或者 Ganache 节点，则可以指定部署到自己运行的节点网络，也可以配置部署到公共的测试网络或者主网络。与 Truffle 框架一样，Hardhat 框架支持开发者自定义配置多个网络环境，该项配置需要在 hardhat.config.js 文件中完成。编辑 hardhat.config.js 文件内容如下：

```
1   require("@nomicfoundation/hardhat-toolbox");
2
3   //开发者申请的 apikey 和开发者的 privatekey
4   const INFURA_API_KEY = "KEY";
5   const SEPOLIA_PRIVATE_KEY = "YOUR SEPOLIA PRIVATE KEY";
6
7   /** @type import('hardhat/config').HardhatUserConfig */
8   module.exports = {
9
10    solidity: "0.8.9",
11    networks: {
12      //hardhat 提供的网络
13      hardhat: {
14
15      },
16      //自定义的本地节点网络
17      deployment: {
18        url: 'http://127.0.0.1:8545',
19        chainId: 1245
20      },
21      //sepolia 测试网络
```

```
22      sepolia: {
23        url: 'https://sepolia.infura.io/v3/${INFURA_API_KEY}',
24        accounts: [SEPOLIA_PRIVATE_KEY]
25      }
26    }
27  };
```

上述代码配置了三个网络环境，分别是 hardhat、deployment 和 sepolia。hardhat 作为默认的 Hardhat 内置网络，开发者可以在执行部署命令时指定所要部署的网络环境，命令如下：

```
1 npx hardhat run scripts/deploy.js --network deployment
```

启动本地私有链 Geth 节点，执行上述命令，可以将合约部署至本地私有链网络，如图 8.20 所示。

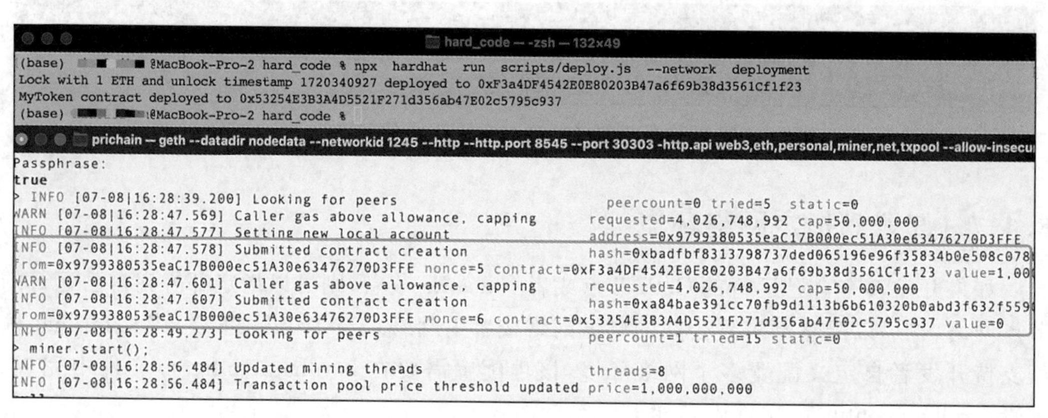

图 8.20 部署到指定网络

图 8.20 是两个窗口的截图，灰色背景终端是 Hardhat 项目根目录的窗口，用于执行项目的测试、编译和部署等功能；黑色背景终端是私有链 Geth 节点运行的终端，图中方框内显示的是私有链节点接收到的关于部署合约的交易及详细信息。

本 章 小 结

Truffle 和 Hardhat 是两个非常流行的以太坊开发框架，用于构建和测试智能合约。它们提供了一系列强大的工具和功能，使得以太坊开发变得更加简单和高效。本章介绍了两个框架的基础用法，读者要注意掌握框架的特点，特别要总结和掌握框架学习的基本流程：创建项目、编写智能合约、编写测试代码、编译和部署合约以及与智能合约进行交互。两个框架的功能远比本章的内容丰富和强大，读者在掌握了本章介绍的基础用法以后，可以自行搜集资料进一步学习其他高级功能和用法。

另外，无论哪种框架，其出发点和目的都是提高项目开发人员的开发效率，降低项目管理的复杂度。读者在学习了框架以后，应尽快运用到实际的项目开发中，以实际的场景体会框架的优势。

能力自测

1. 简述 Truffle 框架的使用步骤,举例说明 Truffle 框架使用过程中所涉及的命令,并解释其作用。

2. 尝试从 Truffle Box 中获取一个项目,并查看项目结构,在该项目的基础上开发新智能合约。

3. 叙述 Hardhat 框架的使用步骤,列举框架使用过程中涉及的命令,并解释其作用。

4. 使用 Hardhat 框架创建并管理智能合约项目,在项目中安装本章中介绍的插件库,并学习和尝试使用对应的插件库功能,体会 Hardhat 框架的特点。

附录　本书教学资源

序号	二维码	名　称	序号	二维码	名　称
1		源代码	10		第 5 章　智能合约应用(上)
2		第 1 章　以太坊和智能合约(上)	11		第 5 章　智能合约应用(下)
3		第 1 章　以太坊和智能合约(下)	12		第 6 章　智能合约安全(上)
4		第 2 章　搭建以太坊智能合约环境(上)	13		第 6 章　智能合约安全(下)
5		第 2 章　搭建以太坊智能合约环境(下)	14		第 7 章　智能合约交互(上)
6		第 3 章　Solidity 基础(上)	15		第 7 章　智能合约交互(下)
7		第 3 章　Solidity 基础(下)	16		第 8 章　智能合约开发框架(上)
8		第 4 章　Solidity 高级用法(上)	17		第 8 章　智能合约开发框架(下)
9		第 4 章　Solidity 高级用法(下)			

参考文献

[1] 安德烈亚斯·M.安东波罗斯,加文·伍德.精通以太坊:开发智能合约和去中心化应用[M].喻勇,杨镇,阿剑,等译.北京:机械工业出版社,2019.

[2] 王欣,史钦锋,程杰.深入理解以太坊[M].北京:机械工业出版社,2019.

[3] 瑞提什·莫迪.Solidity 编程[M].毛明旺,林海龙,陈冬林,译.北京:机械工业出版社,2019.

[4] 江海,熊丽兵,段虎.智能合约技术与开发[M].北京:清华大学出版社,2022.

[5] 嘉文,管健,李万胜.以太坊 Solidity 智能合约开发[M].北京:机械工业出版社,2020.